农业图像检测技术与实践研究

许　杰　邱国辉　著

哈尔滨工程大学出版社
Harbin Engineering University Press

内容简介

本书在介绍数字图像处理、计算机视觉和分形理论基本原理的基础上，以农业图像为主要研究对象，重点探讨了玉米、大豆、甘薯、树木等图像的信息采集、分析和处理过程。同时，对传统图像处理算法中存在的缺点给出了改进模型和新算法，并将其应用于农业工程中，实现了对农业图像信息的有效处理，进一步拓展了实践应用领域。

本书可供广大科研人员、农业工程技术人员使用，也可供计算机类、电子信息类、农学类等相关专业本科生和研究生学习参考。

图书在版编目(CIP)数据

农业图像检测技术与实践研究 / 许杰，邸国辉著.
—哈尔滨 ：哈尔滨工程大学出版社，2018.7
ISBN 978-7-5661-1981-0

Ⅰ. ①农… Ⅱ. ①许… ②邸… Ⅲ. ①数字图象处理-应用-农业技术-研究 Ⅳ. ①S-39

中国版本图书馆 CIP 数据核字(2018)第141378号

选题策划 石 岭
责任编辑 张忠远 宗盼盼
封面设计 张 骏

出版发行 哈尔滨工程大学出版社
社 址 哈尔滨市南岗区南通大街145号
邮政编码 150001
发行电话 0451-82519328
传 真 0451-82519699
经 销 新华书店
印 刷 哈尔滨市石桥印务有限公司
开 本 787mm×1 092mm 1/16
印 张 11.25
字 数 315千字
版 次 2018年7月第1版
印 次 2018年7月第1次印刷
定 价 49.80元
http://www.hrbeupress.com
E-mail:heupress@hrbeu.edu.cn

前　言

随着信息技术的普及与快速发展，电子技术、自动化技术、计算机技术等一大批先进技术在农业生产中的应用日益显现，逐步成为现代化农业的重要组成部分。现代信息技术应用于农业，大致始于20世纪60年代，短短数十年，以计算机为基础的现代信息技术使农业生产实现了自动化，极大地提高了生产效率。数字图像处理作为信息处理技术的重要支撑技术之一，已经成为工程学、计算机科学、信息科学、生物学、医学等领域中各学科学习和研究的对象，其以信息量大、传输速度快、作用距离远等一系列优点成为人类获取信息的重要来源及利用信息的重要手段，图像处理技术逐步向其他学科领域渗透并为其他学科所利用是科学发展的必然。农业是关乎国家安全、粮食安全的核心要素，是与国计民生紧密相连的，农业图像信息检测技术作为农业信息化的重要技术手段，对现代化大农业的发展与农业技术的提高具有重要的现实意义。农业图像检测技术是农业领域科学研究、社会生产及人类生活不可缺少的重要技术手段，它的发展及应用与我国现代化大农业建设密切相关。在信息化社会中，农业图像处理技术无论在理论上还是在实践上都存在着巨大的潜力和发展前景。

本书首先介绍了数字图像处理的基本知识、计算机视觉成像机理，以及分形参数基本理论，然后介绍了具体理论在玉米、大豆、甘薯、树木等农业技术领域的应用及效果分析。本书根据作者多年的教学及科研实践经验凝练而成，是理论与实践应用的统一。本书内容丰富，理论与实践相结合，对农林类高等院校师生及科研人员具有重要的参考价值。

本书共分10章，由黑龙江八一农垦大学电气与信息学院许杰和邸国辉共同完成。其中，前言、第1章、第2章、第4章、第8章、第9章、第10章由许杰撰写；第3章、第5章、第6章、第7章由邸国辉撰写。全书由许杰统稿。

本书的出版得到了黑龙江省科技攻关项目（GC01KC156）、黑龙江省青年科学基金项目（QC2015070）、黑龙江省教育厅科学技术研究项目（12531445，11531261，12541583）、黑龙江省教学改革工程项目（JG2013010450）、黑龙江八一农垦大学博士学成归来科研启动基金项目（XDB－2016－18）、黑龙江八一农垦大学引进博士科研启动基金项目（XYB2013－23）、大庆市科学技术研究项目（ZD－2016－38）等项目，以及黑龙江八一农垦大学学术专著论文基金的资助。

在此，我们要感谢黑龙江八一农垦大学电气与信息学院领导对我们的培养和对本书的支持，还要特别感谢东北林业大学的王立海教授、哈尔滨工业大学的宿富林教授，感谢他们对我们在博士课题研究中给予的指导和帮助，感谢哈尔滨工业大学和东北林业大学的培育。

另外，本书参考了一些国内外相关的文献，并引用了国内外一些重要的文献资料。由于篇幅所限，不能一一列出，在此对这些文献的作者表示衷心的感谢！

由于作者水平有限，不妥和错误之处在所难免，恳请读者批评指正。

著　者

2018年3月于黑龙江八一农垦大学

目 录

第1章　绪　　论

随着科学技术,特别是电子技术和计算机技术的快速发展,近年来,图像的采集、应用和加工技术得到极大的重视和长足的发展,新理论、新技术、新算法和新手段的出现,使图像处理技术在科学研究、农业生产、工业生产、医疗卫生、教育、娱乐、通信等方面得到了广泛应用,对推动社会发展、加快技术进步、改善人们生活水平起到了重要作用。

1.1　研究背景与意义

人类传递信息的主要媒介是语音和图像。据统计,在人类接收的各种信息中,听觉信息占20%,视觉信息占60%,其他信息(如味觉、触觉、嗅觉等)加起来仅占20%。所以,图像信息是传递信息的重要媒介和手段。俗话说“百闻不如一见”“一目了然”,这些都反映了图像在传递信息中的独到之处。

目前,图像处理技术已日趋成熟,在各领域的应用取得了巨大的成功,获得了显著的经济效益。其在工程领域、农业生产、工业生产、军事、医学以及科学研究中的应用已经十分普遍,如利用红外线、遥感技术不仅可以进行农作物估产、环境污染监测、国土资源普查,还可以侦察到隐藏的军事设施;通过分析资源卫星得到的图片可以获得地下矿藏资源的分布及埋藏量;X光和CT广泛应用于临床诊断,由于它可得到人体内部器官的断层图像,因此,可准确确定病灶位置,为诊断和治疗疾病带来极大的方便。在安全保障方面,图像处理技术更是不可缺少的基本技术,如无损安全检查、指纹和人脸等生物特征识别与认证在生活中应用的例子更是随处可见。因此,图像处理技术在国计民生中的重要意义是显而易见的,受到人们的高度重视,且正向着更加深入及高端的层次发展。

农业是保证我国粮食安全、国家安全的重要环节,农业图像检测技术更是关乎食品安全、养殖安全、环境安全的重要组成部分。近年来,农业图像检测技术在诸多方面得到广泛的应用,其取得的研究成果和典型事例进一步促进了农业图像技术的发展与提高,为数字农业、农业信息化的快速发展提供了必要的技术基础和理论支撑。农业图像检测技术就是利用当今的数字化技术,按照人类需要的目标,对农业所涉及的对象和全过程通过图像技术手段进行控制和管理,将图像检测技术和计算机技术相互融合,实现对农业生产、经营、服务以及农业资源等领域的数字化设计、可视化表达与智能化管理,进一步促进农业信息资源的有效控制,为现代化大农业的快速发展提供必要的技术支撑。

1.2 农业图像检测技术国内外研究进展

我国是农业大国，但是我国的农业科学技术研究及应用水平却比较落后。中国共产党中央委员会多次提出要加快我国的农业信息化进程，保障我国的粮食安全，推动农业科学技术的发展。“数字农业”是农业信息化的核心和具体的表现形式，是实现农业信息化的重要手段，是多领域、多学科技术综合应用的产物，已经成为极其活跃的科技创新领域。农业图像检测技术是实现数字农业信息化的重要手段之一，近年来在农业图像技术研究与发展方面已经获得了广泛的应用，其应用领域和处理范围更大，技术应用前景更光明，图像处理方式和理论拓展更丰富，具有良好的推广和应用前景。

1.2.1 农业图像检测国外研究现状

数字农业在国外的研究已经达到一个比较高的水平，20 世纪 70 年代，美国发射 Landsat 系列卫星，以分析植物和土壤反射的太阳光谱，进行生物量和农作物、土壤湿度的感测。1995 年，美国地球物理环境公司发射了一个小卫星群，用来监测整个农业过程，同时对农业提供信息服务，该系统主要通过网络信息处理技术向农户提供耕作、农作物长势、施肥、灌溉、病虫害等信息，方便用户及时采取措施加以应对。

许多发达国家通过计算机网络、遥感技术和地理信息系统技术来获取、传输和处理各类农业信息的应用技术，并且已经进入实用化阶段。美国伊利诺伊州的农户、农场主通过信息网络随时可以查询农业生产、销售信息，从而制订生产经营方案；美国农业部建立耕地、草地、农作物生产等监测网络，并通过该网络获取或传递各类农业信息。欧洲经济共同体将信息技术在农业的应用列为重点发展规划，将数据库技术、专家系统技术、决策支持技术、地理信息系统技术、模式识别技术、数字图像处理技术等应用于农业生产和管理中。韩国开展农业信息系统“十年计划”，菲律宾、印度、巴西、波兰、土耳其等国都较早地采用信息技术对农业资源、农业管理、农业生产进行综合管理和服务。随着信息的可视化和多媒体化，基于互联网的多媒体技术得到迅速发展，一些传统技术已经被图像、动画、声音等新技术所替代，信息技术发展正在迈向新的征程。

美国伊利诺依大学的田磊等人开发了基于机器视觉的西红柿田间自动杂草控制系统，通过田间图像数据采集和识别实现对西红柿种植区域杂草的分布研究，并完成杂草清除任务；美国加利福尼亚大学研制了基于视觉传感器对成行农作物实施精量喷雾的系统，以图像处理技术和视觉理论为核心，通过对农作物图像的分析和处理，实现对农作物的精确喷雾，从而提高农作物的产量和生产效率；奥地利 Ruttuner 教授设计的 Complex 系统，通过对农作物生长区域采取全封闭方式，进行人工补充光照，充分利用立体化空间进行旋转式栽培，同时还利用机器人进行精确化播种、除草和移植等相关生产作业；荷兰的 SWAN5 就是在农作物生长模型和土壤水分、养分转移过程模型研究的基础上，完成两类模型的初步整合的，这对于目前的农作物生长机理模型的改进和农田水肥的调控都具有重要的作用。

1.2.2 农业图像检测国内研究进展

我国于 20 世纪末引入数字农业的发展理念，从 2000 年开始，我国启动“863 数字农业技术研究与示范”重大专项,对全国数字农业的发展给予了大力支持,且已经取得了显著成绩。1992 年,北京市顺义区用 GPS 导航开展了防蚜试验示范;1997 年,辽宁省、吉林省以及北京市等省、市开展了 GIS 农业应用研究;北京的小汤山现代科技示范园区可以进行谷物产量、水分的在线测量、田间农作物信息的采集、RS 监测农作物长势,并进行水分、病虫害防治及环境监测等。

在虚拟农业研究和温室控制方面,中国农业大学初步建立了玉米地、棉花地上部分三维可视化模型,为建立精确反映农作物生长与农业环境条件关系的虚拟农田系统打下了坚实的基础。严定春等人以玉米为研究对象,运用系统分析方法和动态模拟技术构建基于过程的玉米生长模拟模型、三维可视化虚拟模型,研究出基于模型集成的数字化玉米生长模拟和虚拟设计系统。1996 年,江苏理工大学的毛罕平等人成功研制了使用工控机进行管理的植物工厂系统,能够实现对温度、光照、CO_2 浓度、营养液和施肥等进行综合控制;黑龙江八一农垦大学研制的水稻格田控制系统,通过对水稻区域温湿度和照度等环境因素的监测,实现了自动水位和光照控制;中国农业大学研制的温室环境监测系统,可以实时将温室内部农作物的生长状态传输到办公区域,根据现场情况及时做出决策。

农业图像检测在农业领域的相关研究覆盖面广,科研人员的研究范围也非常大。2012 年,蔡健荣通过双目视觉和数字图像处理技术实现了对果树三维信息的获取与重构;2005 年,吴继华以机器视觉理论为核心内容开发了种子品种实时检测系统;1999 年,张书慧结合图像处理技术和视觉理论开发了苹果、桃等农副产品品质检测与分级系统;2008 年,蒋焕煜利用双目立体视觉技术对成熟番茄进行了精确识别与位置定位;2002 年,李伟等人结合数字图像处理方法实现了对种籽粒距的检测;等等。总之,农业图像检测技术在农业领域应用非常广泛,对农作物生长过程监测、生长环节监控和图像信息处理具有重要意义,其应用前景巨大、实用性更强、应用范围更广,对进一步提高我国数字农业的快速发展,以及农业信息化的普及和推广具有一定的现实意义和推广应用前景。

1.3 农业图像检测技术发展趋势

数字农业的关键技术是数字化农业模型,因此,模型的构建和运用是数字农业发展的基础性工作。一方面,需要建立和完善主要农作物生长系统的过程模拟模型,实现生物生长的动态模拟和预测;另一方面,需要建立农业产业系统的管理知识模型,实现农业生产管理设计和决策的智能化、科学化和数字化。从种植业角度来看,数字农业的研究重点是提高数字农业关键技术与应用系统的机理性和可靠性。而农作物系统模型的构建表现为由局部到整体、由智能化到数字化、由功能化到可视化的发展态势,重点是提高系统模拟模型的完整性,进一步完善农作物生产管理决策的广适性和准确性。

农业图像检测技术以不同农作物不同时间点的图像处理过程为依托,通过对农作物图像的纹理特征和品质特征的分析,确定不同农作物种类和生长阶段的信息,同时也要对不同种类农作物的病虫害特点进行病虫害类型分析,为科学决策和措施采取提供技术支持。随着地理信息系统资源化开发的不断普及和推广,不同地域同一农作物具有一定的纹理特征和分形特征相似性,若以农作物类别和不同生长阶段作为识别参考点,建立适用于农作物种类和生长状态特征数据库,以及病虫害类型样本库,必将为农作物生长过程监测和种类识别提供巨大的参考依据。随着资源共享度的不断提高及共享平台的进一步完善,可实现公共资源共享与兼容,使政府、农户和企业获得充分、有效的农业信息,确保农作物生长过程更加科学、有效。

可以想象,在不久的将来,在信息技术快速发展的背景下,以农业图像采集与处理为手段,融合通信技术和自动监测技术等载体的数字农业体系,将会全面提升农业生产系统的综合管理水平和核心生产力,实现农业系统监测、预测、设计和控制的数字化、可视化和网络化,为数字农业的快速发展和农业信息化水平的稳步提高注入新的活力。

1.4 主要研究内容及章节安排

近年来,与数字农业技术体系有关的理论基础和应用技术研究成为发达国家发展高新技术产业的侧重点。作为数字农业信息处理的农业图像检测技术已经成为数字农业的重要技术支撑手段,为农业信息化、精确化和数字化的健康发展注入新的动力。本书从数字图像处理基础理论出发,结合计算机视觉相关内容和分形理论体系,实现了对农业图像检测技术的过程研究,并以玉米、大豆、甘薯和树木等为研究对象,系统而详细地介绍了每一物种图像检测过程和检测手段,用实践应用证实了农业图像检测技术的可行性和准确性,为进一步提高农业数字化、信息化、智能化水平提供了必要的理论与技术基础。

具体内容及章节安排主要包括以下几个方面:

第 1 章绪论。本章概述介绍了农业图像检测技术的研究背景和意义,并通过对国内外农业图像检测的现状分析,拓展介绍了图像研究领域,强化了图像检测技术与手段的认识,同时结合农业图像检测技术的发展趋势,探讨了未知农业图像检测技术的发展方向,以及更加广阔的发展前景。

第 2 章数字图像处理基础。本章首先详细介绍了数字图像处理的基本应用领域,并结合平滑滤波过程和边缘检测手段以理论形式进行了分析和探讨;其次介绍了彩色图像处理的基本方法,提取图像彩色信息为本章的关键点,也是后续特征点提取的关键算法,并对区域内像素中心坐标进行了必要描述;最后通过不同色彩模型转换详细介绍了 RGB 模型向 HSV 模型转换的方法和实现手段,同时重点介绍了隶属度归并算法和二维熵算法理论,使数字图像处理内容更加丰富,图像处理手段更加多样。

第 3 章计算机视觉理论。本章从摄像机基本成像模型出发,重点介绍了平行双目视觉成像系统和结构,列举了基本成像模型和一般成像模型,分析了各自成像的机理和实现方法。最后针对不同摄像机的成像坐标系统,详细介绍了不同摄像机坐标下的对应点配准算法,以及详尽的实现手段。

第 4 章分形理论基础。本章首先通过分形特点的讨论与分析,介绍了分形维数的基本概念,以及不同分形维数的差异性,同时探讨了在时域和频域内分形维数的特点,并对几种不同模型下的分形维数进行了研究和分析;其次以分形参数变化为切入点,介绍了不同分形参数特征下的图像处理过程;最后通过对多重分形参数理论的研究与分析,探讨了不同测度下分形维数的特点及约束机制,丰富了分形参数理论的内容体系。

第 5 章玉米植株图像实验研究。本章主要研究有关玉米植株图像处理技术与方法,从玉米植株图像采集出发,结合不同时间点的玉米植株的图像特征,首先对采集到的玉米植株图像进行预处理操作，对图像进行颜色提取和灰度化处理；其次对含有信息点图像进行分割处理，并对不同分割算法的处理效果进行对比研究，寻找最佳分割方法；最后对玉米植株图像上的信息点进行提取和分析，得到各次测量时信息点变化数据，并将其与玉米植株生长过程进行对比研究，从而实现对玉米植株图像生长过程的监测研究。

第6章大豆籽粒图像提取与识别。本章主要研究大豆籽粒图像处理方法，从大豆籽粒角度出发，对大豆籽粒数量、病斑特征等进行分析和处理。首先通过计算机视觉技术和图像处理原理，对大豆籽粒数量进行识别和分析，统计大豆区域分布特征；其次结合图像处理算法，在识别大豆数量的基础上，对有病斑特征和区域虫害特征点的大豆进行识别和分析，找到有病斑的大豆籽粒；最后在前述处理基础上，从面积、周长等角度出发，对有腐蚀籽粒的大豆图像进行分析。

第7章甘薯图像处理与分析。本章主要研究甘薯图像处理算法和分析技术，以甘薯病虫害图像为重点，研究甘薯图像处理和分析过程。首先从设计甘薯实验过程出发，探讨了甘薯完整率指标与甘薯等级规律；其次结合图像处理方法和视觉理论知识对甘薯病虫害特征进行提取和分割，找到病虫害区域；再次通过甘薯病虫害区域的大小确定病虫害发生的规模，从而推断出某一区域内甘薯的损害程度，并通过遗传算法、模板匹配等进行分析和处理；最后通过计算机视觉技术对甘薯进行三维重建，从而实现对甘薯病虫害图像的修复，判断出未受侵蚀时甘薯大小和质量分布。

第8章树木图像信息提取与分析。本章首先从树木图像采集与处理出发，结合图像处理算法对树木图像进行滤波、锐化和颜色提取，得到树木图像特征点，并利用隶属度归并算法和二维熵理论对信息点进行准确提取，同时通过像素中心平均坐标来代替各信息点区域中心坐标；其次以信息点像素中心坐标为基准点，计算各次测量时信息点间距离变化，并将其与树木年周期进行对比研究，证实测量方法的可行性和准确性；最后在进行视觉测量过程中，同时采取传统方法进行信息点间距离、胸径和树高测量，并进行对比，证实了二者测量结果的一致性。

第9章树木生长量反演研究。本章首先结合树木生长模型对信息点间距离变化规律与胸径变化进行对比分析，证实了信息点间距离变化与树木胸径变化是成比例的；其次再根据树木材积量计算公式，得到各次测量中因信息点间距离变化而引起的材积量变化，从而推导出信息点间距离变化与树木材积量的变化规律；再次通过传统测量手段获得的树木高度和胸径数据，将其与视觉测量得到的材积量数据进行对比，证实了二者变化的一致性；最后通过不同树种的对比测量，从树高角度进行分析，也充分证实了测量方法和手段的合理性和可行性。

第10章总结与展望。首先对本书的研究内容和实践效果进行总结，然后对农业图像检测技术的下一步研究方向进行了探讨，最后对农业图像检测技术的应用前景进行了展望分析，论述了农业信息化的良好发展前景。

第 2 章　数字图像处理基础

在对采集到的树木图像信息点进行处理之前，首先要对图像进行处理，主要目的是提高图像质量，同时也为后期的其他相关处理做好准备，一般情况下主要包括图像灰度化、直方图修正以及滤波处理等。

2.1　图像增强技术

图像增强的目的就是将一幅图像中有用的信息进行增强，同时将无用的信息进行抑制，以提高图像的可观察性。它指从原始采集到的图像出发，通过对图像进行各种加工，得到对具体应用研究来说视觉效果更“好”、更“有用”的图像的技术和过程。其主要目的是使处理后的图像对某种特定的应用来说，比原始图像更适用。图像增强实际上是通过将画面上重要的内容进行增强突出，将画面上不重要的内容进行抑制，从而改善画面质量的方法。

2.1.1　图像灰度化

由于图像采集技术和设备的快速发展，现在几乎所有的摄像机采集到的图像都是彩色的，即都是 24 位真彩色图像，而后续对图像的分析和处理更多的是需要灰度图像，所以需要对采集到的彩色图像进行灰度化处理，从而方便后期的图像处理需要。一幅彩色图像中的每个像素颜色都是由 R,G,B 三个分量决定的，在 8 bit 量化下，每个分量的取值范围为(0,255)，每个像素点所能表达的颜色范围可以有 1 600 多万种可能性，而灰度图像又是 R,G,B 三个分量值相同的一种特殊的彩色图像，但其像素的表达范围却减少到256 种。因此，通常来讲，将一幅彩色图像转换成灰度图像更方便后期的图像处理，而且计算量也少了很多。

目前，图像灰度化的处理方法主要有三种：(1)最大值法，取 R,G,B 三个分量值中最大的一个；(2)平均值法，取 R,G,B 三个分量值的平均值；(3)加权平均值法，对 R,G,B 三个分量进行加权平均得到需要的灰度图像。实践表明，当 R,G,B 三个分量的加权系数满足 $Y=0.3R+0.59G+0.11B$ 时，能得到最合理的灰度图像。

2.1.2　直方图修正

直方图是对图像的一种抽象表示方式，通过对图像直方图的修改或变换，可以改变图像像素的灰度分布，是对图像的每个像素点进行逐点运算，而不改变图像内部的信息结构，从而达到对图像进行增强的目的。直方图修正以概率论为基础，常用的方法主要有直方图均衡化和直方图规定化。

1. 灰度直方图

直方图是通过对图像的统计得到的，对于一幅灰度图像来说，其灰度直方图反映了该图中不同灰度级出现的统计情况。一般情况下，对于灰度直方图，其横轴表示不同的灰度

级，而纵轴表示图像中各个灰度级像素的个数。严格来说，图像的直方图是一个一维的离散函数，可写成

$$h(f)=n_f \quad (f=0,1,\cdots,L-1) \tag{2-1}$$

式中，n_f 是图像 $f(x,y)$ 中具有灰度值 f 的像素个数。直方图的每一列的高度对应 n_f，直方图是对原图中所有灰度值分布的一个整体描述，一幅图像的视觉效果与图像的灰度直方图有着非常密切的联系。

2. 直方图均衡化

直方图均衡化主要用于增强动态范围偏小的图像的反差，是一种借助直方图变换实现灰度映射从而达到图像增强的方法。其基本思想是把原图的直方图变换为均匀分布的形式，这样就增加了像素灰度值的动态范围，从而达到增强图像整体对比度的效果。

将式(2-1)写成更一般的概率表达形式，则有

$$p(f)=\frac{n_f}{n} \quad (f=0,1,\cdots,L-1) \tag{2-2}$$

式中，n 为图像的总像素个数。通过式(2-2)就可以计算出各灰度的像素个数占总像素个数的比例，实现对图像像素的总体归一化。

直方图均衡化的实现步骤如下：

(1)根据图像中各像素灰度值的个数，得到图像的直方图。

(2)计算图像中各灰度值的累积概率分布函数值，累积分布函数定义为

$$g_k=\sum_{i=0}^{k}\frac{n_i}{n}=\sum_{i=0}^{k}p_f(f_i) \quad (i=0,1,\cdots,k;k=0,1,\cdots,L-1) \tag{2-3}$$

式中，L 表示灰度级范围；$p_f(f_i)$ 表示图像中具有第 i 级灰度值的像素出现的概率。

(3)遍历原图像，对于图像中的每个像素，都用该像素灰度值所对应的累积分布函数值与最大灰度值的乘积来代替。

3. 直方图规定化

直方图规定化也是一种借助于直方图变换来增强图像的方法，它通过将原始图的直方图转换为期望的直方图，从而达到预先确定的增强效果。直方图均衡化是自动地增强整个图像的对比度，得到全局均衡化的直方图。而实际处理中有时需要使图像的灰度直方图达到某个特定的形状，或满足某一特定的要求，有选择地增强某个灰度范围内的对比度，这就需要对直方图进行规定化处理。

直方图规定化的实现步骤如下：

(1)对原始图的直方图进行均衡化处理。

(2)规定需要的直方图，并计算能使规定的直方图均衡化的变换：

$$v_l=\sum_{j=0}^{l}p_u(u_j) \quad (l=0,1,\cdots,N-1) \tag{2-4}$$

式中，N 为规定直方图中的灰度级数；$p_u(u_j)$ 为规定动作的直方图中 u_j 灰度级所占的概率。

(3)将步骤(1)得到的变换反转过来，即将所有 $p_f(f_i)$ 映射到 $p_u(u_j)$ 中去，就可以得到原图像的规定直方图。

2.1.3 常用图像滤波方法

根据图像增强技术在处理过程中所使用的空间不同，可将增强技术分为基于图像域的

方法和基于变换域的方法两类，前一种方法称为空域方法，后一种方法称为频域方法。而空域方法又可分为两类：一类是点操作方法，即根据图像特性进行逐像素点操作；另一类是领域操作方法，也称模板操作，即考虑像素间的邻近关系，用模板或窗来进行处理。

1. 空域滤波原理

空域滤波是利用像素与像素的空间关系进行图像增强的方法，是在图像空间通过领域操作来完成的，领域操作则是借助模板运算来实现的。模板运算是将赋予某个像素的值作为它本身灰度值和其相邻像素灰度值的函数，模板可以看作一幅 $n \times n$（n 为奇数，方便找到中心像素，一般取 $n = 3, 5, 7, \cdots$）的小图像（远小于图像大小）。

设图 2－1 是原始图像的一部分，图 2－2 是 3×3 模板，$k_0 \sim k_8$ 表示相对应的模板系数，将 k_0 与 f_0 的像素重合，则经过此模板后的输出为

$$R = k_0 f_0 + k_1 f_1 + \cdots + k_8 f_8 \tag{2-5}$$

图 2－1 中灰度值为 f_0 位的图像数据由 R 来取代，从而完成了对该像素的滤波，如图 2－3 所示。

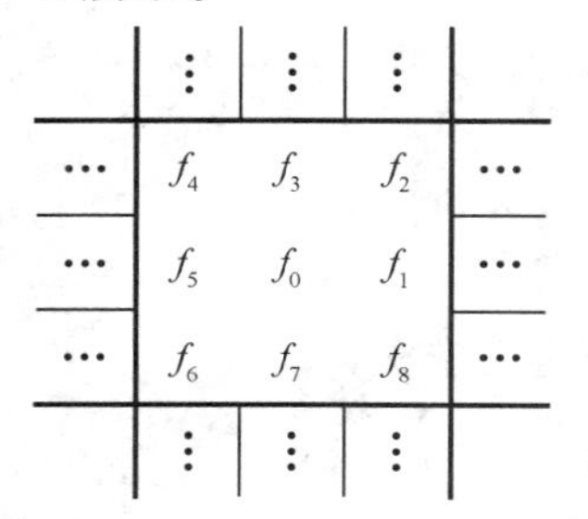

图 2－1　原始图像的一部分

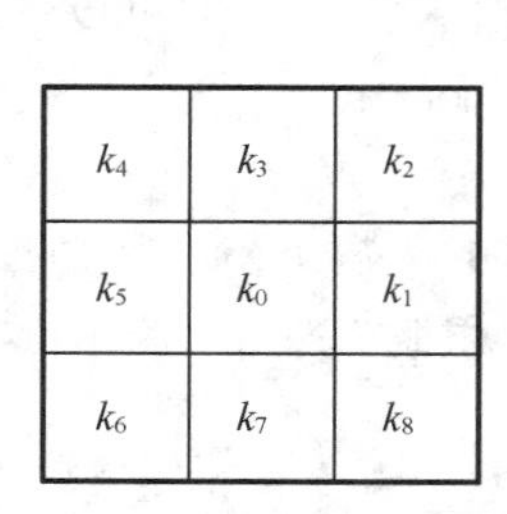

图 2－2　模板系数

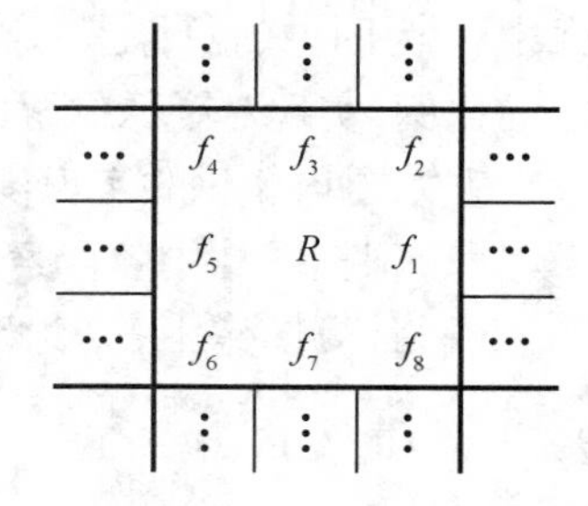

图 2－3　滤波后的图像

2. 线性滤波器

线性滤波器可分为线性平滑滤波器和线性锐化滤波器两类。最简单的线性平滑滤波是用一个像素邻域的平均值作为滤波结果，即均值滤波，此时滤波器的模板中所有系数都取 1，也可以采用加权系数的形式来进行滤波，通过对不同位置的系数采用不同的数值。为保证输出图仍在原来的灰度范围内，式（2－5）所计算的值要除以模板系数的总个数再进行赋值。

利用邻域平均或加权系数的方式可以平滑图像，同样也可以利用微分的形式来对图像进行锐化滤波。线性锐化滤波器所用模板与平滑滤波器所用模板不同，其模板中仅中心系数为正，而周围的系数均为负值或 0。两个常用的拉普拉斯模板如图 2－4 所示。

0	−1	0
−1	4	−1
0	−1	0

(a)

−1	−1	−1
−1	8	−1
−1	−1	−1

(b)

图 2－4　拉普拉斯模板

当用这样的模板对图像进行处理时，灰度值变化小的区域，其输出较小；而灰度值变化大的区域，其输出较大，也就是突出了图像中的灰度变化突出部分，实现了对图像进行锐化的目的。

3. 非线性滤波器

非线性滤波器可分为非线性平滑滤波器和非线性锐化滤波器两类。线性平滑滤波器在消除图像噪声的同时也会模糊图像中的细节信息；而非线性平滑滤波器，即中值滤波，则可以在消除图像中噪声的同时，较好地保存图像中的细节信息。

中值滤波,也需要模板,进行图像处理时只需要将模板所能覆盖范围的图像灰度值由小到大进行排序,然后取排在中间位置的像素即可。具体实现步骤如下:

(1)让模板在图像中移动,并将模板中心与图像中某个像素点重合;

(2)读取模板所能覆盖到的像素的灰度值,并将它们由小到大进行排序;

(3)找到排序中间位置的灰度值,用这个值来代替模板中心位置所对应的像素。

非线性锐化滤波主要借助于对图像微分结果的非线性组合来进行设计和构造,其常用的锐化算子模板有 Roberts 算子、Sobel 算子、Priwitt 算子等。

2.2 图像分割

2.2.1 图像分割概述

图像分割是把图像分成各具特性的区域并提取所需目标的技术和过程。在对图像进行研究的过程中,一般将图像中特定的或具有独特性质的区域称为目标,为方便对这部分区域进行特征提取和测量,需将这部分目标提取出来,这就是图像分割的意义所在。

对一幅图像而言,区域内部的像素一般具有灰度相似性,而区域之间的边界上一般具有不连续性,所以可以将图像分割的算法分为基于边界的算法和基于区域的算法。同时,也可以根据图像特性不同,将图像分割大致分为以下三类。

(1)阈值方法:根据图像的灰度值的分布特性确定某个阈值来进行图像分割。

(2)边界分割方法:通过检测出封闭的某个区域的边界来进行图像分割。

(3)区域提取方法:根据特定区域与其他背景区域特性上的不同来进行图像分割。

2.2.2 图像边缘检测技术

图像的边缘是由灰度值不连续产生的,可根据求导数的方法进行检测。边缘检测的实质是采用某种算法来提取出图像中目标与背景间的交界线。图像灰度的变化可以用图像灰度分布的梯度来反映,因此可以用局部图像微分技术来获得边缘检测算子。

1. 正交梯度算子

梯度对应一阶导数,梯度算子是一阶导数算子,对一个连续函数 $f(x,y)$,它在位置 (x,y) 处的梯度可表示为一个矢量:

$$\nabla f(x,y) = [G_x, G_y]^{\mathrm{T}} = \left[\frac{\partial f}{\partial x}, \frac{\partial f}{\partial y}\right]^{\mathrm{T}} \tag{2-6}$$

其幅值和方向角分别为

$$\mathrm{mag}(\nabla f) = (G_x^2 + G_y^2)^2 \tag{2-7}$$

$$\varphi(x,y) = \arctan\left(\frac{G_y}{G_x}\right) \tag{2-8}$$

在图像的实际计算中,对 G_x 和 G_y 各用一个模板,将两个模板组合起来,构成一个梯度算子,最简单的梯度算子是 Roberts 算子。

2. 拉普拉斯(Laplace)算子

对一个连续函数 $f(x,y)$,它在位置 (x,y) 处的拉普拉斯值定义为

$$\nabla^2 f=\frac{\partial^2 f}{\partial x^2}+\frac{\partial^2 f}{\partial y^2} \tag{2-9}$$

在图像处理中，对拉普拉斯值的计算可借助于各种模板来进行，模板如图2－4所示。

3. 马尔算子

马尔算子也称LOG算子，是根据图像的信噪比来求检测边缘的最优滤波器。该方法是从对噪声的抑制和对边缘的检测两个方面综合考虑而设计的，其检测思路是对不同分辨率的图像分别处理，在每个分辨率上，都通过二阶导数来计算过零点，以获得边缘图。针对每个分辨率进行下列运算：

(1)用一个二维的高斯模板与原图像进行卷积运算；

(2)计算卷积后的拉普拉斯值；

(3)将图像中的过零点作为边缘点。

高斯平滑函数定义为

$$h(x,y)=\exp\left(-\frac{x^2+y^2}{2\sigma^2}\right) \tag{2-10}$$

式中，σ 为方差。

对原图 $f(x,y)$ 的平滑结果为

$$g(x,y)=h(x,y)*f(x,y)$$

式中，$*$ 代表卷积运算。

4. 坎尼算子

坎尼把边缘检测问题转换为检测单位函数极大值的问题来考虑，根据边缘检测的有效性和定位的可靠性，坎尼提出了判定边缘检测算子的指标，即好的信噪比、好的定位性能对单一边缘仅有唯一响应。简单来讲，就是希望在提高对景物边缘的敏感性的同时，可以很好地抑制图像中的噪声。

设二维高斯函数为

$$G(x,y)=\frac{1}{2\pi\sigma^2}\exp\left(-\frac{x^2+y^2}{2\sigma^2}\right)$$

根据高斯函数的可分解特性，可分解成两个一维滤波器：

$$\frac{\partial G}{\partial x}=kx\exp\left(-\frac{x^2}{2\sigma^2}\right)\exp\left(-\frac{y^2}{2\sigma^2}\right)=h_1(x)h_2(y) \tag{2-11}$$

$$\frac{\partial G}{\partial y}=ky\exp\left(-\frac{y^2}{2\sigma^2}\right)\exp\left(-\frac{x^2}{2\sigma^2}\right)=h_1(y)h_2(x) \tag{2-12}$$

将式(2－11)、式(2－12)分别与原图像进行卷积，可得

$$E_x=\frac{\partial G}{\partial x}*f(x,y),\quad E_y=\frac{\partial G}{\partial y}*f(x,y)$$

若令 $A(i,j)=\sqrt{E_x^2(i,j)+E_y^2(i,j)}$，$\alpha(i,j)=\arctan\left[\frac{E_y(i,j)}{E_x(i,j)}\right]$，则 $A(i,j)$ 反映了边缘强度，$\alpha(i,j)$ 反映了正交于边缘的方向。

坎尼设计了一个实用的近似算法，具体实现步骤如下：

(1)使用高斯滤波器平滑图像以减小噪声影响；

(2)检测滤波图像中灰度梯度的大小和方向；

(3)细化借助梯度检测得到的边缘像素所构成的边界；

(4)选取两个阈值并借助滞后阈值化方法最后确定边缘点。

2.2.3 图像的隶属度归并

1. 最大隶属度原则

设在某向量空间中有 m 类线性子空间 $\varphi_i(i=1,2,\cdots,m)$，$\{\boldsymbol{e}_j^{(i)}\}(j=1,2,\cdots,n_i)$ 为其子空间一组基向量，$\boldsymbol{X}$ 是该向量空间的任一向量，则向量 $\boldsymbol{X}$ 隶属于 φ_i 的隶属度定义为

$$v_{\varphi_i}(\boldsymbol{X}) = \frac{1}{1+\min\left\|\boldsymbol{X}-\sum_{j=1}^{n_i}\lambda_j^{(i)}\boldsymbol{e}_j^{(i)}\right\|} \tag{2-13}$$

式中，$\lambda_j^{(i)}$ 为任意实数；$\|\cdot\|$代表范数。

2. 图像最大隶属度

对于二维图像中的任一像素，它只属于以下三种情况之一，即目标物、背景或噪声。引入1个无方向性和4个有方向性的隶属度模板，每个模板包括1个中心像素(★表示)和4个邻近像素(●表示)，如图2-5所示。

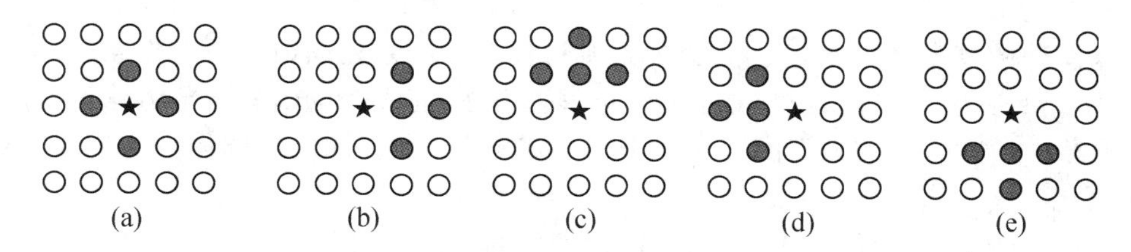

图2-5 隶属度模板

根据向量隶属度原理和式(2-13)，将图像隶属度函数定义为

$$C_M = 1-\frac{|X_M-f(i,j)|}{2^n} \tag{2-14}$$

式中，C_M 为中心像素对第 M 个模板的隶属度；X_M 为模板 M 内的灰度均值；$f(i,j)$ 为中心像素灰度值；n 为量化位数。本实验采用8位图像，即 $n=8$，则有 $C_M\in[0,1]$。

根据不同模板所得的 C_M 值，以最大隶属度为原则，确定中心像素的隶属模板，当前像素值用所隶属模板内其他像素的均值来代替。具体步骤如下：

(1)分别计算坐标为(i,j)的像素在5个掩模模板内的灰度均值。

$$X_1=[f(i-1,j)+f(i+1,j)+f(i,j-1)+f(i,j+1)]/4$$
$$X_2=[f(i-1,j+1)+f(i,j+1)+f(i,j+2)+f(i+1,j+1)]/4$$
$$X_3=[f(i-2,j)+f(i-1,j)+f(i-1,j-1)+f(i-1,j+1)]/4$$
$$X_4=[f(i-1,j-1)+f(i,j-2)+f(i,j-1)+f(i+1,j-1)]/4$$
$$X_5=[f(i+1,j)+f(i+2,j)+f(i+1,j-1)+f(i+1,j+1)]/4$$

(2)计算像素的隶属度。

根据式(2-14)，对当前像素，参照图2-5所示的5个隶属度模板分别计算出 C_1 至 C_5，共计5个值。

(3)根据最大隶属度原则，判断所属模板。

根据 C_1 至 C_5 的值，取 $C=\max\{C_1,C_2,C_3,C_4,C_5\}$，根据最大隶属度原则，确定当前像

素所采用的模板。

(4)选择模板进行平滑滤波。

确定好当前像素所属模板后,利用该模板进行平滑滤波,用模板中像素均值来代替当前像素灰度值。

(5)对图像中所有像素重复步骤 (1)至步骤(4),直至处理完整幅图像。

经过上述处理后,避免了因均值滤波或中值滤波所引起的模糊问题,从而得到待处理图像的边缘和细节信息。

2.2.4 基于灰度分布的阈值方法

对灰度图像进行阈值化处理是最常见的直接检测区域的分割方法,最简单的单阈值图像分割方法是对一幅灰度取值在 $g_{\min}$ 和 $g_{\max}$ 之间的图像灰度阈值 $T(g_{\min} < T < g_{\max})$,将图像中每个像素的灰度值与 T 进行比较,并根据结果将像素分为两类:一类大于所选阈值 T,另一类小于所选阈值 T。分割后的图像可定义为

$$g(x,y)=\begin{cases}1 & f(x,y)>T\\ 0 & f(x,y)\leqslant T\end{cases} \tag{2-15}$$

如果图像中有多个灰度值不同的区域,则可以选择一系列阈值将每个像素分到合适的类别中去。只有一个阈值的分割方法称为单阈值方法,有多个阈值的分割方法称为多阈值方法。阈值化分割方法的关键问题是选取合适的阈值,根据阈值与图像像素之间的关系,可将阈值化分割方法分成以下三类。

(1)全局阈值:所得到的阈值与各个图像像素的本身性质有关。

(2)局部阈值:所得到的阈值与局部区域的性质有关。

(3)动态阈值:所得到的阈值与像素的空间坐标有关。

1.灰度直方图的峰谷方法

当图像的灰度直方图为双峰分布时,表明图像的内容大致分为两个部分,分别为灰度分布的两个山峰附近,直方图的左峰为亮度较低的部分,对应着画面中较暗的背景部分;直方图的右峰为亮度较高的部分,对应于画面中的目标部分。选择阈值为两峰间的谷底点,即可将目标与背景分割开来,该方法是一种简单且有效的阈值方法,但其有一个局限性,就是图像的灰度直方图必须具有双峰性。

2. P-参数法

P-参数法是预先已知图像中目标物所占比例的情况下所采用的阈值分割方法。其基本思路是,选择一个阈值 Th,使目标物所占比例为 P,背景所占比例为 $1-P$,从而实现对图像的阈值分割,具体步骤如下:

(1)获得理想状态下目标物所占画面的比例 P。

$$P=\frac{N_t}{N_o} \tag{2-16}$$

式中,N_t 为目标物的像素数;N_o 为图像的总像素数。

(2)计算图像的灰度分布 P_i。

$$P_i=\frac{N_i}{N_o}\quad (i=0,1,\cdots,255) \tag{2-17}$$

式中,N_i 为图像中灰度值为 i 的像素个数。

(3)计算累计分布 P_k。

$$P_k = \sum_{i=0}^{k} P_i \quad (i=0,1,\cdots,255) \tag{2-18}$$

(4)计算阈值 Th。

$$Th = \{k \mid \min \mid P_k - P \mid \} \tag{2-19}$$

3. 均匀性度量法

当图像被分为目标和背景两个类别时,属于同一类别内的像素值应该具有均匀性,均匀性度量法的具体步骤如下:

(1)给定一个初始阈值 $Th = Th_0$,将图像分为 C_1 和 C_2 两类。

(2)分别计算两类中的方差 σ_1^2 和 σ_2^2。

$$\sigma_i^2 = \sum_{(x,y)\in C_i} [f(x,y) - \mu_i]^2, \mu_i = \frac{1}{N_{C_i}} \sum_{(x,y)\in C_i} f(x,y) \quad (i = 1,2) \tag{2-20}$$

式中,N_{C_i}为第 i 类中的像素个数。

(3)分别计算两类在图像中的分布概率 P_1 和 P_2。

$$P_i = \frac{N_{C_i}}{N_o} \quad (i=1,2) \tag{2-21}$$

(4)选择最佳阈值 $Th = Th^*$,使得图像按照该阈值分为 C_1 和 C_2 两类后,满足

$$[P_1\sigma_1^2 + P_2\sigma_2^2]_{Th=Th^*} = \min\{P_1\sigma_1^2 + P_2\sigma_2^2\} \tag{2-22}$$

4. 类间最大距离法

其设计思想是将图像分割后的目标和背景两个类别之间的最大差异为最佳分割方式,用两个类别中心与阈值之间的距离差来度量,该方法的具体步骤如下:

(1)给定一个初始阈值 $Th = Th_0$,将图像分为 C_1 和 C_2 两类。

(2)分别计算两类中的均值 μ_1 和 μ_2。

(3)计算距度量值 S。

$$S = \frac{(\mu_2 - Th)(Th - \mu_1)}{(\mu_2 - \mu_1)^2} \tag{2-23}$$

(4)选择最佳阈值 $Th = Th^*$,使得图像按照该阈值分为 C_1 和 C_2 两类后,满足

$$S\mid_{Th=Th^*} = \max\{S\} \tag{2-24}$$

前面只是介绍了几种常用的阈值分割算法,还有几种基于灰度的图像分割算法,如最大类间、类内方差比法、聚类方法等。

2.2.5 基于二维熵的图像分割算法

阈值分割是一种典型的并行图像分割算法,分割效果的好坏关键在于阈值选取的正确与否,将熵值分割引入图像处理中来是近年来比较热点的研究领域之一。熵是对信息论中不确定度的度量方式,是数据中所包含信息量大小的度量,最大熵原理是使所选择的阈值在进行图像分割时,要满足熵值最大。其设计思想是选择适当的阈值,将图像分为两类,两类的平均熵之和为最大时,可从图像中获得最大信息量,此时所选取的阈值为最佳阈值。

1. 一维最大熵方法

设一些事件发生的概率为 $P_1, P_2, \cdots, P_s$,则这些事件发生的信息量,即熵定义为

$$E_i = -P_i \cdot \ln P_i \quad (i=1,2,\cdots,s) \tag{2-25}$$

由于 $P_1+P_2+\cdots+P_s=1$，所以可以证明当 $P_1=P_2=\cdots=P_s$ 时，熵取最大值，即此时的信息量最大。

根据上述原理，对于图像而言，其一维熵算法步骤如下：

（1）求出图像中所有像素的分布概率。

$$P_i=\frac{N_i}{N_o}\quad(i=0,1,\cdots,255)\tag{2-26}$$

式中，N_i 为图像中灰度值为 i 的像素个数。

（2）给定一个初始阈值 $Th=Th_0$，将图像分为 C_1 和 C_2 两类。

（3）分别计算两类的平均相对熵。

$$E_1=-\sum_{i=0}^{Th}(P_i/P_{Th})\cdot\ln(P_i/P_{Th})\tag{2-27}$$

$$E_2=-\sum_{i=Th+1}^{255}[P_i/(1-P_{Th})]\cdot\ln[P_i/(1-P_{Th})]\tag{2-28}$$

式中，$P_{Th}=\sum_{i=0}^{Th}P_i$。

（4）选择最佳的阈值 $Th=Th^*$，使得图像按照该阈值分为 C_1 和 C_2 两类后，满足：

$$[E_1+E_2]_{Th=Th^*}=\max\{E_1+E_2\}\tag{2-29}$$

通过上述几个步骤，即可实现对图像满足一维熵最大值的阈值化分割。

2. 二维最大熵理论

信息熵表征了信源整体的统计特性，对于特定的信源，熵值只有一个。而图像可看作一个二维灰度函数，其一维熵值与阈值选取的变化不同，并根据熵值最大化原则确定阈值；其二维最大熵则充分利用了像素自身及像素间的空间关系，建立二维直方图，计算最大熵值，确定最佳阈值点。

对于一幅大小为 $M\times N$ 的数字图像，若用 i 表示图像上坐标为 (x,y) 的灰度值，j 表示该点 $k\times k$ 邻域（k 取奇数）的平均灰度值，则 i 和 j 组成了一个二元组，即二维直方图。设原图像的灰度级为 L，则像素领域均值的灰度级也为 L，当分别给二维变量一个合理的阈值时，则将图像的二维直方图分成四个区，如图 2-6 所示。

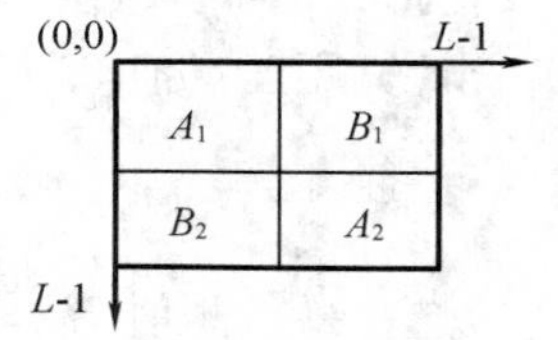

图 2-6　二维直方图

若目标物为亮区域（目标物为暗区同理），则 A_1 为背景区，A_2 为目标区，B_1，B_2 为边缘和噪声区。对一般图像来讲，大部分像素点应落在目标区和背景区，而且更多的情形是集中在对角线附近。若 C_{ij} 表示满足当前灰度为 i 而区域均值为 j 的像素点对数，P_{ij} 表示 C_{ij} 发生的概率，则有

$$P_{ij}=C_{ij}/(M\times N),\text{且}\sum_{i=1}^{L}\sum_{j=1}^{L}P_{ij}=1\tag{2-30}$$

二维熵最大阈值法就是在 A 区（A_1 区和 A_2 区）确定最佳阈值，使目标区和背景区的信息量达到最大，因为在目标和背景的内部，灰度的变化是相对平缓的。若图像的离散二维熵定义为 $H=\sum_i\sum_j P_{ij}\ln P_{ij}$，设 (S,T) 为二维初始阈值，则目标区与背景区的二维熵分别为

$$H(A_1)=-\sum_{i=S}^{L-1}\sum_{j=T}^{L-1}\left(\frac{P_{ij}}{P_{A_1}}\right)\ln\left(\frac{P_{ij}}{P_{A_1}}\right)=\ln P_{A_1}+\frac{H_{A_1}}{P_{A_1}}\tag{2-31}$$

$$H(A_2) = -\sum_{i=0}^{S-1}\sum_{j=0}^{T-1}\left(\frac{P_{ij}}{P_{A_2}}\right)\ln\left(\frac{P_{ij}}{P_{A_2}}\right) = \ln P_{A_2} + \frac{H_{A_2}}{P_{A_2}} \tag{2-32}$$

式中，$P_{A_1} = \sum_{i=S}^{L-1}\sum_{j=T}^{L-1}P_{ij}$；$P_{A_2} = \sum_{i=0}^{S-1}\sum_{j=0}^{T-1}P_{ij}$；$H_{A_1} = -\sum_{i=S}^{L-1}\sum_{j=T}^{L-1}P_{ij}\ln P_{ij}$；$H_{A_2} = -\sum_{i=0}^{S-1}\sum_{j=0}^{T-1}P_{ij}\ln P_{ij}$。

则寻求的最佳阈值(S^*,T^*)，使得$H(S^*,T^*) = \max\{H(A_1)+H(A_2)\}$，此时求得的二维熵值最大，根据此阈值，就可以实现对图像进行二维阈值化分割。

2.2.6　区域提取技术

区域提取就是根据特定区域的特性，将该区域从图像中分割出来，其核心就是如何对区域的特性进行描述，以及如何根据该特性进行区域分割。基于区域的图像分割技术主要有两种基本形式：一种是从单个像素出发，逐渐合并以形成所需的分割区域，即区域生长；另一种是从全图出发，逐渐分裂、切割至所需的分割区域，即分裂合并。

1. 区域生长

区域生长就是将具有相似性质的像素结合起来构成区域，先对每个需要分割的区域找一个种子像素作为生长的起点，然后将种子像素周围领域中与种子像素有相同或相似性质的像素合并到种子像素所在的区域中，再将新像素作为新的种子像素继续进行上面的生长过程，直到没有满足条件的像素。在实际应用区域生长法时需解决以下三个问题：

(1)选择或确定一组能正确代表所需区域的种子像素；

(2)确定在生长过程中能将相邻像素包括进来的合适的生长准则；

(3)制定使生长停止的条件或规则。

采用上述方法得到的结果对区域生长起点的选择有较大依赖性，为解决这个问题需采用下面的改进方法：

(1)设灰度差的阈值为零，用上述方法进行区域扩张，合并灰度相同的像素；

(2)求出所有邻接区域之间的平均灰度差，合并具有最小灰度差的邻接区域；

(3)设定终止条件，反复进行操作，直到终止准则满足为止。

当图像中存在缓慢变化的区域时，在进行区域合并时就会产生一定的错误，这时可不采用新像素的灰度值与领域像素相比较，而是采用新像素所在区域的平均值与各领域像素的平均值进行比较。

设一个含有N个像素的图像区域，其均值为$\bar{f} = \frac{1}{N}\sum f(x,y)$，对像素的比较可表示为

$$\max|f(x,y) - \bar{f}| < T \tag{2-33}$$

式中，T为给定的阈值。

当区域为均匀的，条件不成立的概率为

$$P(T) = \frac{2}{\sqrt{2\pi}\sigma}\int_T^{\infty}\exp\left(-\frac{z^2}{2\sigma^2}\right)\mathrm{d}z$$

此式表明考虑灰度均值时，区域内的灰度变化应尽可能小。

当区域是非均匀的，且由两部分像素构成。这两部分像素所占比例分别为P_1和P_2，每部分灰度均值为$\bar{f}_1$和$\bar{f}_2$，则区域均值为$P_1\bar{f}_1+P_2\bar{f}_2$，对于灰度值为$\bar{f}_1$的像素，它与区域均值的差为

$$S_f = \bar{f}_1 - (P_1\bar{f}_1 + P_2\bar{f}_2) \tag{2-34}$$

则正确判决的概率为

$$P(T)=\frac{1}{2}[P(|T-S_f|)+P(|T+S_f|)] \tag{2-35}$$

式(2-35)表明,当考虑灰度均值时,不同部分像素间的灰度差距应尽量大。

2. 分裂合并

区域生长是从单个种子像素开始,通过不断接纳新像素,最后得到整个区域。分割是从整幅图像开始通过不断分裂得到各个区域。实际中常将两种思路结合起来,先把图像分成任意大小且不重叠的区域,然后再合并或分裂这些区域以满足分割的要求。

如图2-7所示,令F代表整个正方形区域,实际中把F连续分裂成越来越小的1/4的正方形子区域F_i,并且始终使$P(F_i)=$ TRUE。若只使用分裂,会有相邻的两个区域性质相同但并没有合成一体的情况发生。为避免类似情况出现,在每次分裂后允许其继续分裂或合并。具体的分裂合并算法如下:

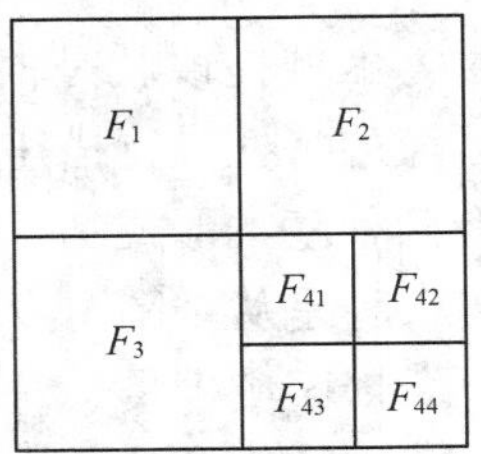

图2-7 分裂合并

(1)对任意一个区域F_i,如果$P(F_i)=$ FALSE,就将其分裂成不重叠的4等分;

(2)对相邻的两个区域F_i和F_j,若$P(F_i \cup F_j)=$ TRUE,就将它们合并;

(3)若进一步的分裂或合并都不可能了,则结束。

2.3 彩色图像处理

人们对彩色的视觉感知是人类视觉系统的固有能力,彩色信息在人类认识周围世界中起着重要作用。在日常生活中,所遇到的大多是彩色图像,肉眼所看到的景物也大多是彩色的,对彩色信息的判断在我们对景物的辨识中也起着重要的作用。彩色图像包含着比灰度图像更高的信息层次,彩色图像处理技术可分为两大类:一类是将精确度图像转化为彩色图像,以提高人们对图像内容的观察效率的伪彩色处理技术;另一类是对彩色图像直接进行各种处理以获得需要的效果的真彩色处理技术。

2.3.1 视觉基础

人类视觉的产生是一个复杂的过程,人所感受到的物体颜色主要取决于反射光的特性。如果物体比较均衡地反射各种光谱,则物体看起来是白的;如果物体对某些光谱反射得较多,则物体看起来就呈现相对应的颜色。

人类视觉的过程由多个步骤组成,包括:光学过程,它与人眼的构造有关,人的眼睛是实现光学过程的物理基础;化学过程,与人眼视网膜中的光接收细胞有关;神经处理过程,是一个在大脑神经系统里进行的转换过程。视觉过程流程图如图2-8所示。

彩色视觉的物理基础是人类视网膜中有三种感受彩色的锥细胞,与之相对应的三种彩色称为三基色,也称三原色,就是我们常说的R(红)、G(绿)、B(蓝)三色,它们对入射的辐射有不同的频谱响应曲线。彩色视觉的生理基础与视觉感知的化学过程有关,并与大脑中神经系统的处理过程有关。人类视觉对颜色的主观感觉可以用色调、色饱和度和亮度来表达,色调表示从一个物体反射过来的或透过物体的光波长;色饱和度指颜色的深浅;亮度是指颜色的明暗程度，从黑到白，主要受光源强弱影响。

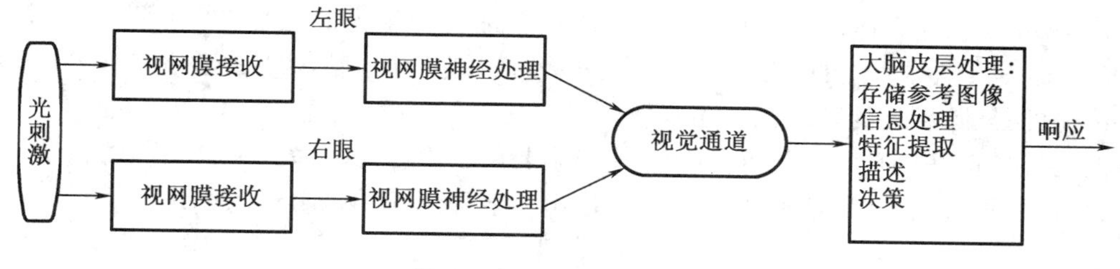

图2-8　视觉过程流程图

2.3.2　颜色模型系统

为准确有效地表达图像中的彩色信息，需要建立和选择合适的颜色模型。由于一种颜色需要三个基本量来描述，所建立颜色模型可看作一个三维坐标系，每个空间点代表着某一种特定的颜色。在数字图像处理中，实际中最通用的面向硬件的模型有以下几种：①RGB模型。该模型用于彩色监视器和一大类彩色视频电话摄像机。②CMY模型和CMYK模型。这两种模型是针对彩色打印机的。③HSI模型。该模型是面向彩色处理的，更符合人描述和解释颜色的方式。

1. RGB模型

RGB模型是一种与人的视觉系统结构密切相连的模型，每种颜色出现在红、绿、蓝的原色光谱中。为了建立统一的标准，国际照明委员会（CIE）于1931年就规定了红、绿、蓝这三种基本色（三基色）的波长分别为700 nm，546.1 nm，435.8 nm。在RGB模型中表示的图像由三个分量图像组成，每种原色代表一幅分量图像，当送入RGB监测器时，这三幅图像在屏幕上混合生成一幅合成的彩色图像。

RGB模型是基于笛卡儿坐标系的，如图2-9所示，R,G,B原色值位于三个角上，黑色位于原点处，白色位于离原点最远的角上。在该模型中，灰度（R,G,B值相等点）沿着连接这两点的直线从黑色延伸到白色。为方便起见，图2-9中所有的颜色值都归一化了，则图2-9表示的是一个单位立方体，R,G,B的所有值都假定在范围[0,1]内。

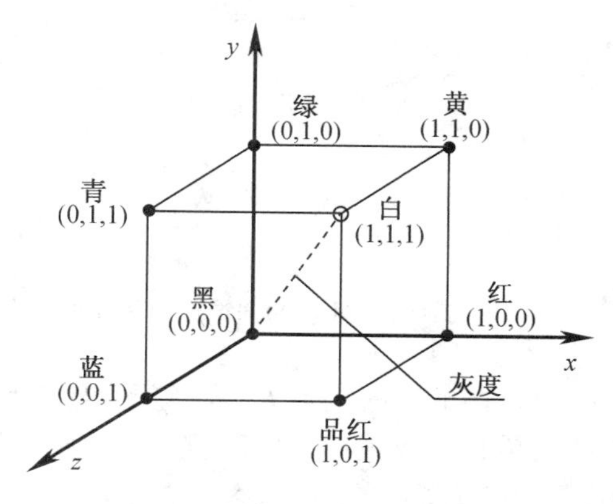

图2-9　RGB颜色立方体

根据上述RGB模型，每幅彩色图像可分解到三个平面上。如果组成某种颜色C所需的三个刺激量分别用X,Y,Z来表示，则它们与R,G,B有如下关系：

$$X = 0.409R + 0.310G + 0.200B \tag{2-36}$$

$$Y = 0.177R + 0.813G + 0.010B \tag{2-37}$$

$$Z = 0.000R + 0.010G + 0.990B \tag{2-38}$$

若考虑一幅RGB图像，其中每一幅红、绿、蓝图像都是一幅8 bit图像，在这种条件下，每个RGB图像的像素可有24 bit的表示数目，即一幅RGB图像所包含的颜色总数可以达到2^{24} = 16 777 216，这就是常说的24位真彩色图像。

2. CMY 模型

由 RGB 颜色立方体可知,用三基色 R,G,B 叠加可产生光的三种补色,即蓝绿(C)、品红(M)、黄(Y),也称为光的二次色,是颜料的原色,由它们构成的颜色模型称为 CMY 模型。需要说明的是,除了光的三基色外还有颜料的三基色,颜料的三基色正好是光的三补色,而颜料的三补色正好是光的三基色。CMY 模型主要用于彩色打印,大多数在纸上沉积彩色颜料的设备,要求输入 CMY 数据或内部进行 RGB 模型到 CMY 模型的转换,即

$$\begin{bmatrix} C \\ M \\ Y \end{bmatrix} = \begin{bmatrix} 1 \\ 1 \\ 1 \end{bmatrix} - \begin{bmatrix} R \\ G \\ B \end{bmatrix} \tag{2-39}$$

这里再次假设所有的彩色值都归一化到了范围[0,1]内。由 CMY 模型组成的系统是一种减色系统,它的颜色形成是根据光吸收的多少来实现的,如果同样大小的颜色 C 与颜色 M 重叠在一起,同时吸收了颜色 R 和颜色 G,得到颜色 B,即 $C \times M = B$,同理有 $M \times Y = R$,$C \times Y = G$。在这个系统中,把由两种颜色叠加后得到的颜色称为二次色。

3. HSI 模型

HSI 模型是最常用的彩色图像处理模型,是开发基于彩色描述的图像处理算法工具,这种彩色描述对人来说是自然且直观的。其中,H 表示色调,反映了该颜色最接近的光谱波长;S 表示饱和度,与一定色调的纯度有关,纯光谱色是完全饱和的;I 表示亮度,反映了像素的整体亮度。当人观察某一个彩色物体时,通常用 H,S,I 描述它。HSI 的圆锥形空间模型及色调 H 的角度坐标如图 2-10 和图 2-11 所示。

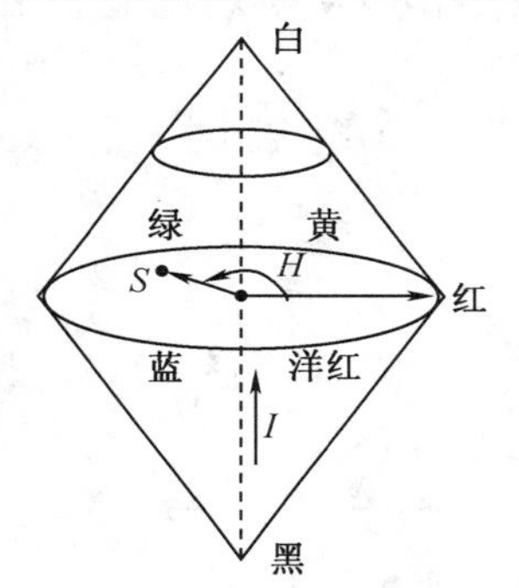

图 2-10 HSI 的圆锥形空间模型

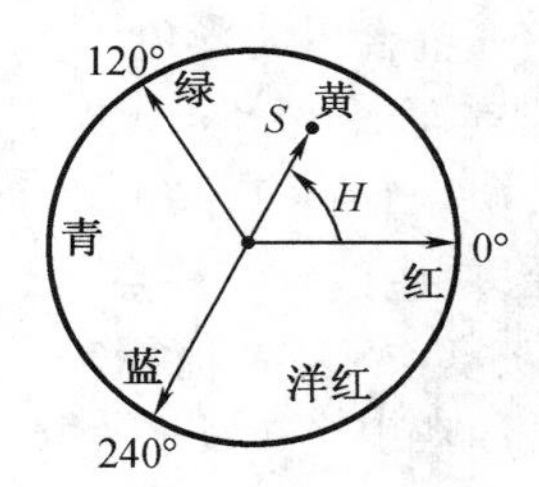

图 2-11 色调 H 的角度坐标

对其中的任一色点 P,其 H 值对应指向该点的矢量与 0°之间的夹角;其 S 值与指向该点的矢量长度成正比,越长越饱和;I 值对应指向该点由下到上的直线,最底端为黑,最顶端为白,中间为黑到白的过渡。

在 RGB 空间的彩色图像可以方便地转换到 HSI 空间,对任何三个归一化到[0,1]范围内的 R,G,B 值,其转换到 HSI 模型的计算公式为

$$H = \begin{cases} \arccos\left[\dfrac{(R-G)+(R-B)}{2\sqrt{(R-G)^2+(R-B)(G-B)}}\right] & R \neq G \text{ 或 } R \neq B \\ 2\pi - \arccos\left[\dfrac{(R-G)+(R-B)}{2\sqrt{(R-G)^2+(R-B)(G-B)}}\right] & B > G \end{cases} \tag{2-40}$$

$$S = 1 - \frac{3}{R+G+B}\min(R,G,B) \tag{2-41}$$

$$I=(R+G+B)/3 \tag{2-42}$$

通过上述的转换关系，就可以将 RGB 模型的图像转换为 HSI 模型的图像。但需要注意的是，当 $S=0$ 时，对应无彩色状态，这时 H 已经没有意义，此时定义 $H=0$。另外，当 $I=0$ 或 $I=1$ 时，讨论 S 也没有意义。

2.3.3 颜色特征测量

对于一幅彩色图像来讲，每个像素的颜色都有一个确定的位置，要准确描述一个目标区域的颜色特性，常将其所有像素的颜色结合起来共同构成一个颜色特征，对任何一幅分量图像的处理都会使其所属的彩色图像的视觉效果发生变化。在 RGB 模型下的彩色图像，其三个分量值 R,G,B 之间有很高的相关性。而在 HSI 模型下的彩色图像，其颜色空间表示比较接近人眼的视觉生理特性，人眼对 H,S,I 变化的区分能力要比 R,G,B 的区分能力强，而且 H,S,I 这三个分量是相互独立的。

彩色图像在各个空间均可看作由三个分量构成，所以分割彩色图像的一种方法就是建立一个“三维直方图”，它可用一个三维数组来表示，数组中的每个元素代表图像中具有给定三个分量值的像素个数。而单一的某个分量的直方图是一维的离散函数，则有

$$H(k)=\frac{n_k}{N} \quad (k=0,1,\cdots,L-1) \tag{2-43}$$

式中，k 为图像的特征值；L 为特征可取值的个数；n_k 为图像中特征值为 k 的像素个数；N 为图像像素的总数。

对彩色图像的分割方法可以通过适当的组合将彩色图像转换成灰度图像，然后利用对灰度图像的分割算法进行分割。也可以采用分两步的方法进行分割：第一步，借助取阈值法进行粗略分割，将图像分成若干个区域；第二步，利用（模糊）均值聚类法将剩下的像素进一步分类。由于 RGB 模型下的三个分量 R,G,B 的相关性大，而 HSI 模型下的 H,S,I 三个分量是相互独立的，所以可以将三维搜索问题转化为一维搜索问题，整个彩色图像分割过程的主要步骤如下：

（1）利用 S 来区分高饱和区和低饱和区；

（2）利用 H 对高饱和区进行分割，由于在高饱和区 S 值大，H 值量化比较细，可采用色调 H 来进行分割；

（3）利用 I 对低饱和区进行分割，在低饱和区 S 值小，H 值量化比较粗，无法直接进行分割，但由于比较接近灰度区域，因此，可采用色调 I 进行分割。

2.4 图像特征提取与测量

当一幅图像被分割或确定之后，通常希望用某种规则来具体地描述该图像的特征，以便在进一步的识别、分析或分类中有利于区分不同性质的图像，减少图像区域中的原始数据量。而图像特征提取与测量技术就是通过各种算法与手段提取出图像的特征信息，实现对图像中对应外部表达和内部表达描述参数的测量。随着图像分析的广泛应用，对特征的测量越来越显示出其重要性，正在不断引起人类的重视。

2.4.1 边界特征与测量

基于边界的分割方法实际上就是对图像进行分割,得到目标边界的一系列像素点。边界表达技术有以下三种分类方案。

(1)参数边界:将目标的轮廓线表示为参数曲线,各点间有一定的顺序。

(2)边界点集合:将目标的轮廓线表示为边界点的集合,各点间没有顺序。

(3)曲线逼近:利用一些几何基元去近似地逼近目标的轮廓线。

1. 边界长度

边界长度定义为包围区域的轮廓的周长,图像中的区域可看作是区域内部点加上区域轮廓点构成的。区域边界上的像素称为边界像素,边界像素按4-方向或8-方向连接起来组成区域的轮廓,其他像素则称为区域的内部像素,区域 R 的每一个边界像素 P 应满足两个条件:P 本身属于 R,P 的邻域中有像素不属于 R。

由于轮廓线上有垂直、水平方向的移动,也有斜对角方向上的移动,因此将这两种方向上的像素进行分类计算,长度的计算公式定义如下:

$$L_s = N_e + \sqrt{2}N' \tag{2-44}$$

式中,N_e 为边界线上的方向码为偶数的像素个数;N' 为边界线上的方向码为奇数的像素个数。

2. 边界直径

边界直径是指边界上相隔最远的两像素点之间的距离,也就是连接这两点的直线的长度。它的长度和取向对描述边界很有用,边界 B 的直径定义为

$$D(B) = \max_{i,j}[D_d(b_i, b_j)] \tag{2-45}$$

式中,$D_d(\cdot)$是任一种距离量度,常用的主要有 $D_4(\cdot)$,$D_8(\cdot)$和 $D_E(\cdot)$三种,所选择的距离量度不同,则 $D(B)$的值也会不同。

3. 斜率、曲率

斜率表示轮廓上各点的指向;曲率是斜率的改变率,它描述了边界上各点沿轮廓变化的情况。边界点处的曲率描述了边界在该点的凸凹性,若曲率大于零,则表明曲线朝着该点的法线的正方向;若曲率小于零,则表明曲线朝着该点的法线的负方向。如果沿顺时针跟踪边界,曲率在一个点大于零,则表明该点属于凸段的一部分,否则为凹段的一部分。在数字图像处理中,若轮廓已被线段逼近,则计算该轮廓线段的交点处的曲率就比较可靠。

4. 边界矩

所研究的目标区域可看作是由一系列曲线段组成的,对于给定的任一个曲线段来讲,可以将它表示成一个一维函数 $f(r)$的形式,r 为任意变量。如用 m 表示 $f(r)$的均值,则

$$m = \sum_{i=0}^{L} r_i f(r_i) \tag{2-46}$$

$f(r)$对均值的 n 阶矩定义为

$$\mu_n(r) = \sum_{i=0}^{L} (r_i - m)^n f(r_i)$$

$\mu_n(r)$与 $f(r)$的形状有直接关系,其取值不同描述的意义也不同,这些边界矩描述了曲线的特性,并与曲线在空间的绝对位置无关。

2.4.2　区域特征与测量

图像中的目标区域就是像素的集合，对图像中的区域可采取内部表达法，也可采取外部表达法，如果比较关心的是区域的形状一般采取外部表达法，如果比较关心区域的反射性质一般采取内部表达法。对区域的表达不仅要利用区域边界上的像素，而且要考虑区域内部的像素，这样对目标区域的表征才能更全面。

区域的表达技术有以下三种分类方案。

(1)区域分解：将目标区域分解成为一些简单的单元形式，然后再采取某种集合来表达。

(2)围绕区域：将目标区域用一些预先定义的几何基元填充来表达。

(3)内部特征：利用一些由目标区域内部像素获得的集合来表达。

1. 区域面积

区域的面积定义为连通域中像素的总数，是区域的一个基本特性，用来描述区域的大小。设正方形像素的边长为单位长，则有

$$A_S = \sum_{(x,y)\in S} 1 \tag{2-47}$$

式中，S 表示某个需要进行度量的连通域。可以证明，利用对像素计数的方法来求区域面积，是对原始区域面积的最好估计。实际上，由式(2－47)所求得的 A_S 就是目标区域内的像素总数。

2. 区域重心

当区域本身的大小与区域间的距离相对较小时，区域重心的表达也可以通过区域质心的计算来实现。区域重心的坐标是根据所有属于区域的点计算出来的，其计算公式如下：

$$x_{\mathrm{m}} = \frac{1}{A_S}\sum_{(x,y)\in S} x \tag{2-48}$$

$$y_{\mathrm{m}} = \frac{1}{A_S}\sum_{(x,y)\in S} y \tag{2-49}$$

虽然区域中各点的坐标是整数，但区域重心的坐标却经常不是整数，这时可考虑对其重心坐标进行四舍五入取整处理，得到相应区域的重心坐标($x_{\mathrm{m}}, y_{\mathrm{m}}$)。

3. 区域密度

目标区域的密度特性与几何特性不同，它需要结合原始图和分割图来得到。以灰度图像为例，图像的密度特性对应图像的灰度，而图像成像时的一些影响因素需要考虑：有反射的目标表面，需考虑反射性；光源的亮度，需考虑从光源到目标的光通路；光通路的成像部分，除考虑吸收外，还应考虑通路上及目标其他部分的反射影响等。几种典型的区域密度特征表示如下。

(1)透射率(T)：穿透目标的光与入射光的比例。

(2)光密度(OD)：入射光与穿透目标的光的比值的以10为底的对数。

$$OD = \lg\left(\frac{1}{T}\right) = -\lg T \tag{2-50}$$

(3)积分光密度(IOD)：所测图像区域中各个像素光密度的和，对于一幅 $M \times N$ 的图像 $f(x,y)$，其 IOD 为

$$IOD = \sum_{x=0}^{M-1}\sum_{y=0}^{N-1} f(x,y) \tag{2-51}$$

对于一幅图像来说，对上述密度特性的统计值，如均值、中值、最大值、方差等也可作为其密度特性的一种描述方法。

4. 区域矩

对图像处理的过程来讲，边界描述部分需要考虑其边界矩，区域部分需要考虑其区域矩。对于数字图像函数$f(x,y)$来说，如果它分段连续且只在XOY平面上的有限个点不为零，则可证明它的各阶矩存在。$f(x,y)$的$p+q$阶矩定义为

$$m_{pq} = \sum_{x}\sum_{y} x^p y^q f(x,y) \tag{2-52}$$

可以证明，m_{pq}唯一地被$f(x,y)$所确定，反之，m_{pq}也唯一地确定了$f(x,y)$。$f(x,y)$的$p+q$阶中心矩定义为

$$m_{pq} = \sum_{x}\sum_{y}(x-x_{\mathrm{m}})^p(y-y_{\mathrm{m}})^q f(x,y) \tag{2-53}$$

式中，x_{m}和y_{m}为图像$f(x,y)$的重心坐标。

5. 区域圆形度

一幅图像中的目标区域是各式各样的，目标区域所形成的连通域也各有不同，为提高目标区域的描述质量，经常采用该连通域与标准形状的近似度量形式来进行描述，即用圆形度来描述区域的形状。

圆形度是与圆形相似程度的量，定义圆形度的计算公式如下：

$$\rho_{\mathrm{c}} = \frac{4\pi A_S}{L_S^2} \tag{2-54}$$

式中，A_S为连通域S的面积；L_S为连通域S的周长。

对于圆形目标，圆形度ρ_{c}取最大值，目标形状越复杂，ρ_{c}的值越小。

2.4.3 纹理特征与测量

纹理是物体表面的固有特征之一，也是图像区域的一种重要属性，它具有区域性质的特点，对纹理图像很难下一个确切的定义，纹理图像中灰度分布具有某种周期性，即便灰度变化是随机的，但它也具有一定的统计特性。

1. 自相关函数测度

纹理常用它的粗糙性来描述，粗糙性的大小与局部结构的空间重复周期有关。感觉上的粗糙程度不足以作为定量的纹理测度，但至少可以用来说明纹理测度变化的倾向。小数值的纹理测度表示细纹理，大数值的纹理测度表示粗纹理。

设图像为$f(i,j)(i,j=0,1,\cdots,N-1)$，其空间自相关函数作为纹理测度的方法如下：

$$\rho(x,y) = \frac{\sum_{i=0}^{N-1}\sum_{j=0}^{N-1} f(i,j)f(i+\Delta x,j+\Delta y)}{\sum_{i=0}^{N-1}\sum_{j=0}^{N-1} f^2(i,j)} \quad (\Delta x,\Delta y \geqslant 0) \tag{2-55}$$

若$i+\Delta x>N-1$或$j+\Delta y>N-1$，则定义$f(i+\Delta x,j+\Delta y)=0$，也就是说，将图像之外的所有值定义为零。当$\Delta x=0$，$\Delta y=0$时，则$\rho=1$，此时纹理测度有最大值，设$L=\sqrt{(\Delta x)^2+(\Delta y)^2}$，若所研究的目标区域的纹理较粗，则$\rho$的值随着$L$的增加，其下降的变化

速度较慢；若所研究的目标区域的纹理较细，则 ρ 的值随着 L 的增加，其下降的变化速度较快，且随着 L 的继续增加，ρ 也会呈现某种周期性的变化。

2. 灰度差分统计法

此方法主要通过对图像灰度的分布和关系的统计规则来描述纹理，比较适合具有自然纹理的目标图像，根据统计的概念和思想，图像的纹理特征可看作是对区域中密度分布的定量测量结果。

设 (x,y) 为图像中的一点，该点与有微小距离的点 $(x+\Delta x,y+\Delta y)$ 的灰度差为

$$f_{\Delta}(x,y)=f(x,y)-f(x+\Delta x,y+\Delta y) \tag{2-56}$$

式中，f_{Δ} 称为灰度差分。

设灰度差分值的所有可能值共有 m 级，令点 (x,y) 在整个画面上移动，统计出 $f_{\Delta}(x,y)$ 取各个数值的次数，并作出 $f_{\Delta}(x,y)$ 的直方图，计算出 $f_{\Delta}(x,y)$ 取值的概率 $p_{\Delta}(i)$。当 $p_{\Delta}(i)$ 较大时，说明纹理较粗；当 $p_{\Delta}(i)$ 较小时，说明纹理较细。一般采用下列参数来描述图像的特性：

(1) 对比度

$$CON=\sum_{i} i^{2}p_{\Delta}(i) \tag{2-57}$$

(2) 角方向二阶矩

$$ASM=\sum_{i}[p_{\Delta}(i)]^{2} \tag{2-58}$$

(3) 熵

$$ENT=-\sum_{i}p_{\Delta}(i)\log p_{\Delta}(i) \tag{2-59}$$

(4) 平均值

$$MEAN=\frac{1}{m}\sum_{i}ip_{\Delta}(i) \tag{2-60}$$

从上述几个常用的描述图像特性的公式中可知，当 $p_{\Delta}(i)$ 较小时，则 ASM 较小，ENT 较大，当 $p_{\Delta}(i)$ 越分布在原点附近，则 $MEAN$ 的值越小。

3. 结构法

图像具有一定的纹理特征，一般认为纹理是由许多相互接近的、互相编织的元素构成的。而利用结构法来确定图像的纹理特征有两个关键点：一是确定纹理基元，与灰度基元中表现的局部性质有关；二是建立排列规则，确定灰度基元的组织情况。所以说，为了更好地刻画图像的纹理结构，就需要了解图像中目标区域的灰度纹理基元的性质以及它们之间的空间排列规则。

(1) 纹理基元

纹理区域的性质与基元的性质和数量都有关，纹理基元可以是一个像素，也可以是四个或九个灰度比较一致的像素集合。目前，并没有标准的纹理基元集合，一般认为一个纹理基元就是由一组属性所刻画的相连通的像素集合。最简单的基元集合就是像素，其属性就是其灰度，复杂一点的基元是一组均匀性质的相连通的像素集合。

设纹理基元为 $h(x,y)$，排列规划为 $r(x,y)$，则纹理 $t(x,y)$ 可表示为

$$t(x,y)=h(x,y)*r(x,y) \tag{2-61}$$

其频域形式为

$$T(u,v)=H(u,v)R(u,v) \tag{2-62}$$

由式(2－62)可得

$$R(u,v)=T(u,v)H^{-1}(u,v) \tag{2-63}$$

因此,对于给定的纹理基元 $h(x,y)$ 的描述,可推导反卷积滤波器 $H^{-1}(u,v)$,将这个滤波器用于待分割的纹理图像,得到纹理区域中的每个脉冲阵列都在纹理基元的中心。

(2)排列规则

采用结构法来描述图像的纹理特征,在获得纹理基元的基础上,还要建立将它们进行排列的规则。这里用形式语法来定义排列规则,设计了以下四个重写规则:

①$S \to aS$(变量 S 可用 aS 来替换)

②$S \to bS$(变量 S 可用 bS 来替换)

③$S \to tS$(变量 S 可用 tS 来替换)

④$S \to t$(变量 S 可用 t 来替换)

在上述的重写规则中,t 表示纹理基元,a 表示向右移动,b 表示向下移动。

2.5 本章小结

本章主要从数字图像处理的角度出发,介绍了图像处理中的一些常用图像预处理方法,以及图像处理的一些基础内容,包括图像增强技术、图像分割、图像的颜色空间,图像的边界特征、区域特征和纹理特征,等等。详细内容如图像的灰度化、图像的直方图和修正、图像的滤波方法、图像边缘检测、隶属度归并、灰度阈值分割、二维熵的分割、图像的边界特征、区域特征和纹理特征等是后续章节的基础理论。尤其是为后续研究的需要,重点介绍了隶属度归并处理算法和一维、二维最大熵算法,以及像素中心坐标的提取算法。

第 3 章　计算机视觉理论

视觉是人类观察世界和认知世界的重要手段，而计算机视觉就是用计算机代替人眼对目标对象进行识别、判断和测量，主要研究的是用计算机来模拟人的视觉功能，涉及对目标对象的图像获取技术、图像处理技术以及一些相关的测量和识别技术等。随着视觉传感技术、图像处理技术的快速发展，计算机视觉技术已日臻成熟，其应用逐步扩展到人类生活的各个领域。

3.1　空间几何变换

空间几何变换与计算机视觉有着密切的关系，是研究计算机视觉的重要数学工具之一，描述的是空间几何从一种状态按照一定的原则转换到另一种状态。

3.1.1　齐次坐标

齐次坐标表示法，就是由 $n+1$ 维矢量来表示一个 n 维矢量。在 n 维空间中，若点的矢量用非齐次坐标来表示，则其 n 个坐标分量是唯一的，若用齐次坐标的 $n+1$ 个矢量来表示，则表示方法不唯一。一般情况下，空间一个点所对应的笛卡儿坐标 (X, Y, Z) 的齐次坐标定义为 (kX, kY, kZ, k)，k 是一个任意的非零常数。一个二维空间点 (x, y)，其齐次坐标的形式为 (hx, hy, h)，则 (h_1x, h_1y, h_1)，(h_2x, h_2y, h_2)，…，(h_mx, h_my, h_m) 都表示二维空间中同一点 (x, y) 的齐次坐标。同理，对于三维空间点 (x, y, z) 的齐次坐标则可表示为 (hx, hy, hz, h)。

齐次坐标的优越性主要体现在以下方面：

（1）齐次坐标提供了用矩阵运算把二维、三维甚至高维空间中的一个点集从一个坐标系变换到另一个坐标系的有效方法。

二维齐次坐标变换矩阵的形式为

$$\boldsymbol{T}_{\mathrm{2D}} = \begin{bmatrix} a & d & g \\ b & e & h \\ c & f & i \end{bmatrix} \tag{3-1}$$

三维齐次坐标变换矩阵的形式为

$$\boldsymbol{T}_{\mathrm{3D}} = \begin{bmatrix} a_{11} & a_{12} & a_{13} & a_{14} \\ a_{21} & a_{22} & a_{23} & a_{24} \\ a_{31} & a_{32} & a_{33} & a_{34} \\ a_{41} & a_{42} & a_{43} & a_{44} \end{bmatrix} \tag{3-2}$$

（2）齐次坐标可以表示无穷远点。在 $n+1$ 维矢量中，$h=0$ 时的齐次坐标实际上表示的是一个 n 维的无穷远点。在二维的齐次坐标 (a, b, h) 中，$h=0$ 时的齐次坐标实际上表示的是 $ax+by=0$ 的直线；在三维空间下，利用齐次坐标表示视点在原点时的投影变换，其几何意义更加明确,表达的信息更加形象。

3.1.2 几何变换种类

1. 射影变换

射影变换是一个最为广义的线性变换,n 维射影空间的变换可以用代数表示为 $\rho\boldsymbol{y}=\boldsymbol{T}_{\mathrm{p}}\boldsymbol{x}$,其中,$\rho$ 为比例因子;$\boldsymbol{x}=[x_1,x_2,\cdots,x_{n+1}]^{\mathrm{T}}$ 为变换前的空间点的齐次坐标矢量;$\boldsymbol{y}=[y_1,y_2,\cdots,y_{n+1}]^{\mathrm{T}}$ 为变换后的空间点的齐次坐标矢量;$\boldsymbol{T}_{\mathrm{p}}$ 为满秩的 $(n+1)\times(n+1)$ 矩阵。射影变换由 $\boldsymbol{T}_{\mathrm{p}}$ 矩阵决定,$\boldsymbol{T}_{\mathrm{p}}$ 有 $(n+1)^2$ 个参数,但由于 $\boldsymbol{T}_{\mathrm{p}}$ 与 $k\boldsymbol{T}_{\mathrm{p}}$ 表示同一变换,所以 $\boldsymbol{T}_{\mathrm{p}}$ 的独立参数为 $(n+1)^2-1$。在三维射影空间中,射影变换矩阵 $\boldsymbol{T}_{\mathrm{p}}$ 可表示为

$$\boldsymbol{T}_{\mathrm{p}}=\begin{bmatrix} p_{11} & p_{12} & p_{13} & p_{14} \\ p_{21} & p_{22} & p_{23} & p_{24} \\ p_{31} & p_{32} & p_{33} & p_{34} \\ p_{41} & p_{42} & p_{43} & p_{44} \end{bmatrix} \tag{3-3}$$

式中,$\boldsymbol{T}_{\mathrm{p}}$ 为 4×4 可逆矩阵,它有 16 个参数,用一个非零的比例因子归一化后,共有 15 个自由度。

2. 仿射变换

仿射变换是射影变换的特例,是一类重要线性几何变换。用非齐次坐标表示的射影变换为非线性变换,而仿射变换为线性变换。在三维仿射空间中,仿射变换矩阵可表示为

$$\begin{bmatrix} y_1 \\ y_2 \\ y_3 \end{bmatrix}=\begin{bmatrix} a_{11} & a_{12} & a_{13} \\ a_{21} & a_{22} & a_{23} \\ a_{31} & a_{32} & a_{33} \end{bmatrix}\begin{bmatrix} x_1 \\ x_2 \\ x_3 \end{bmatrix}+\begin{bmatrix} a_{14} \\ a_{24} \\ a_{34} \end{bmatrix} \tag{3-4}$$

若改用齐次坐标的形式,可将 $\rho\boldsymbol{y}=\boldsymbol{T}_{\mathrm{p}}\boldsymbol{x}$ 重新写成 $\rho\boldsymbol{y}=\boldsymbol{T}_{\mathrm{A}}\boldsymbol{x}$,其中仿射变换矩阵 $\boldsymbol{T}_{\mathrm{A}}$ 可表示为

$$\boldsymbol{T}_{\mathrm{A}}=\begin{bmatrix} a_{11} & a_{12} & a_{13} & a_{14} \\ a_{21} & a_{22} & a_{23} & a_{24} \\ a_{31} & a_{32} & a_{33} & a_{34} \\ 0 & 0 & 0 & 1 \end{bmatrix} \tag{3-5}$$

此时,该仿射变换共有 12 个自由度。

3. 比例变换

比例变换是带有一比例因子的欧氏变换,在三维比例空间中,其变换形式可表示为

$$\begin{bmatrix} y_1 \\ y_2 \\ y_3 \end{bmatrix}=\rho\begin{bmatrix} r_{11} & r_{12} & r_{13} \\ r_{21} & r_{22} & r_{23} \\ r_{31} & r_{32} & r_{33} \end{bmatrix}\begin{bmatrix} x_1 \\ x_2 \\ x_3 \end{bmatrix}+\begin{bmatrix} t_{11} \\ t_{21} \\ t_{31} \end{bmatrix} \tag{3-6}$$

式中,由 $r_{ij}(i=1,2,3;j=1,2,3)$ 组成了一正交矩阵,它是一旋转矩阵,该矩阵有 3 个自由度。若用齐次坐标来表示,可写成 $\rho\boldsymbol{y}=\boldsymbol{T}_{\mathrm{M}}\boldsymbol{x}$,其中比例变换矩阵 $\boldsymbol{T}_{\mathrm{M}}$ 可表示为

$$\boldsymbol{T}_{\mathrm{M}}=\begin{bmatrix} \delta r_{11} & \delta r_{12} & \delta r_{13} & t_{11} \\ \delta r_{21} & \delta r_{22} & \delta r_{23} & t_{21} \\ \delta r_{31} & \delta r_{32} & \delta r_{33} & t_{31} \\ 0 & 0 & 0 & 1 \end{bmatrix} \tag{3-7}$$

式中，δ 为比例因子，或称缩放因子。因此，比例变换有7个自由度(3个旋转、3个平移、1个比例因子)。比例变换不改变物体的空间形状，只改变大小。

4. 欧氏变换

欧氏变换是在欧氏空间进行的变换，与比例变换相似，比例因子取1，共有6个自由度(3个旋转、3个平移)。在三维欧氏空间其变换形式可表示为

$$\begin{bmatrix} y_1 \\ y_2 \\ y_3 \end{bmatrix} = \rho \begin{bmatrix} r_{11} & r_{12} & r_{13} \\ r_{21} & r_{22} & r_{23} \\ r_{31} & r_{32} & r_{33} \end{bmatrix} \begin{bmatrix} x_1 \\ x_2 \\ x_3 \end{bmatrix} + \begin{bmatrix} t_{11} \\ t_{21} \\ t_{31} \end{bmatrix} \tag{3-8}$$

式中，由 $r_{ij}(i=1,2,3;j=1,2,3)$ 组成了一正交矩阵，它是一旋转矩阵，该矩阵有3个自由度。若用齐次坐标来表示，可写成 $\rho \boldsymbol{y} = \boldsymbol{T}_{\mathrm{E}} \boldsymbol{x}$，其中欧氏变换矩阵 $\boldsymbol{T}_{\mathrm{E}}$ 可表示为

$$\boldsymbol{T}_{\mathrm{E}} = \begin{bmatrix} r_{11} & r_{12} & r_{13} & t_{11} \\ r_{21} & r_{22} & r_{23} & t_{21} \\ r_{31} & r_{32} & r_{33} & t_{31} \\ 0 & 0 & 0 & 1 \end{bmatrix} \tag{3-9}$$

欧氏变换代表了在欧氏空间中的刚体运动或刚体变换。

从上述的变换过程可以看出，仿射变换是射影变换的特例，比例变换是仿射变换的特例，而欧氏变换又是比例变换的特例。

3.2 欧氏空间的刚体变换

3.2.1 刚体变换过程

在欧氏空间中，当物体被看作理想的刚体时，即使是物体的位置和角度发生了空间上的变化，在不同的坐标系下，物体自身的长度和角度都保持不变。设在欧氏空间中有一点 P，其在两个坐标系下的坐标矢量分别为 $\boldsymbol{P} = [x, y, z]^{\mathrm{T}}$ 和 $\boldsymbol{P}' = [x', y', z']^{\mathrm{T}}$，如图3-1所示，则有

$$\boldsymbol{P}' = \boldsymbol{R}\boldsymbol{P} + \boldsymbol{t} \tag{3-10}$$

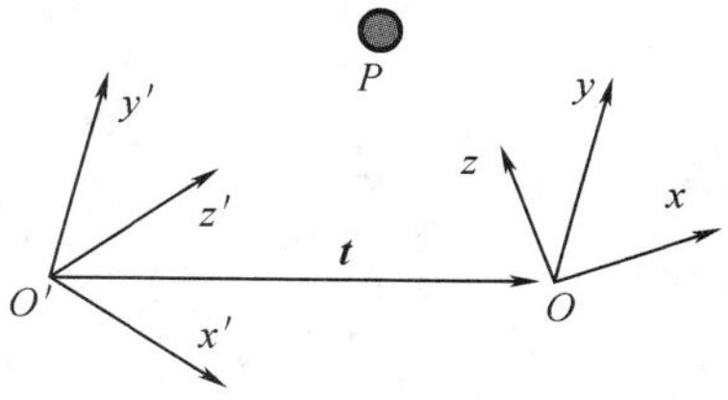

图3-1 刚体变换过程

式(3-10)表明 P 点在第二个坐标系中的坐标的矢量 $\boldsymbol{P}'$ 是由其在第一个坐标系中的坐标矢量 $\boldsymbol{P}$ 通过旋转和平移变换而得到的。其中，$\boldsymbol{t} = [t_x, t_y, t_z]^{\mathrm{T}}$ 是一个三维矢量，称为平移向量，表示第一个坐标系原点在第二个坐标系上的坐标。$\boldsymbol{R}$ 是一个 3×3 的正交矩阵且它的行列式值等于1，表示旋转变换，即

$$\boldsymbol{R} = \begin{bmatrix} r_{11} & r_{12} & r_{13} \\ r_{21} & r_{22} & r_{23} \\ r_{31} & r_{32} & r_{33} \end{bmatrix} \tag{3-11}$$

旋转矩阵 $\boldsymbol{R}$ 有9个参数，但并不是相互独立的，其具有如下特性：

(1) $\boldsymbol{R}\boldsymbol{R}^{\mathrm{T}} = \boldsymbol{R}^{\mathrm{T}}\boldsymbol{R} = \boldsymbol{I}$；

(2) $|\boldsymbol{R}\boldsymbol{U}| = |\boldsymbol{U}|$；

(3) $\boldsymbol{RU}\cdot\boldsymbol{RV}=\boldsymbol{U}\cdot\boldsymbol{V}$;

(4) $\boldsymbol{RU}\times\boldsymbol{RV}=\boldsymbol{R}(\boldsymbol{U}\times\boldsymbol{V})$。

式中,$\boldsymbol{I}$ 是 3×3 的单位矩阵;$\boldsymbol{U}$ 和 $\boldsymbol{V}$ 为两个任意的三维向量;$|\cdot|$为向量的模。因此 $\boldsymbol{R}$ 只有 3 个独立参数,即 $\boldsymbol{R}$ 满足以下约束条件:

$$\begin{cases} r_{11}^2+r_{12}^2+r_{13}^2=1 \\ r_{21}^2+r_{22}^2+r_{23}^2=1 \\ r_{31}^2+r_{32}^2+r_{33}^2=1 \\ r_{11}r_{21}+r_{12}r_{22}+r_{13}r_{23}=0 \\ r_{21}r_{31}+r_{22}r_{32}+r_{23}r_{33}=0 \\ r_{31}r_{11}+r_{32}r_{12}+r_{33}r_{13}=0 \end{cases} \tag{3-12}$$

实际上,式(3-10)描述的是第一个坐标系到第二个坐标系的转换过程,即旋转第一个坐标系,使其方向与第二个坐标系一致,然后再将第一个坐标系平移到第二个坐标系的位置上,则这两个坐标系完全重合。

3.2.2 欧拉角表示旋转矩阵

旋转矩阵的表示形式有很多种,欧拉角表示法是非常常见的一种。用旋转矩阵表示刚体的旋转变换简化了许多运算,但它需要 9 个元素来完全描述这种旋转变换。被称为欧拉角的三个角度 ψ,θ,φ 能很好地描述刚体的旋转变换:绕 x 轴旋转 ψ 角,绕 y 轴旋转 θ 角,绕 z 轴旋转 φ 角。各角度旋转正方向为从坐标系原点沿各轴正方向观察时逆时针旋转方向。则旋转矩阵各元素如下:

$$\begin{cases} r_{11}=\cos\varphi\cos\theta \\ r_{12}=\cos\varphi\sin\theta\sin\psi-\sin\varphi \\ r_{13}=\cos\varphi\sin\theta\cos\psi-\sin\varphi\sin\psi \\ r_{21}=\sin\varphi\cos\theta \\ r_{22}=\sin\psi\sin\theta\sin\varphi+\cos\psi\cos\varphi \\ r_{23}=\cos\psi\sin\theta\sin\varphi+\sin\psi\cos\varphi \\ r_{31}=-\sin\theta \\ r_{32}=\cos\theta\sin\psi \\ r_{33}=\cos\theta\cos\psi \end{cases} \tag{3-13}$$

常见的旋转矩阵表示法中,还有旋转轴表示法和四元素表示法,具体的表示方式本书不做介绍。

3.3 摄像机成像模型

摄像机采集到的图像是将三维客观世界的场景透视投影到二维的图像平面上,这个投影变换从空间上可用成像变换来描述,而成像变换涉及不同空间坐标系统之间的变换。

3.3.1 坐标系统

摄像机成像就是空间的三维景物点投影到二维像平面上的过程，考虑到图像采集的最终结果是要得到计算机里的数字图像，所以对三维空间景物成像时涉及的坐标系统主要有如下几种。

(1)世界坐标系统：也称为真实或现实世界坐标系统 $OXYZ$，它是客观世界的绝对坐标，它相当于一个基准坐标系统，并用它来描述环境中任何物体的位置，一般的三维场景都是用这个坐标系统来表示的。

(2)摄像机坐标系统：以摄像机为中心制定的坐标系统 $Oxyz$，一般取摄像机的光轴为 z 轴，光轴与图像平面的交点为图像坐标系的原点。

(3)像平面坐标系统：在摄像机机内所形成的像平面坐标系统 $x'O'y'$。一般取像平面与摄像机坐标系统的 xOy 平面平行，且 x 轴与 x' 轴，y 轴与 y' 轴分别重合，这样像平面原点就在摄像机的光轴上。

3.3.2 基本成像模型

1. 投影变换

当世界坐标系统与摄像机坐标系统重合，且摄像机坐标系统与像平面坐标系统也重合时，这是最基本、最简单的情况，其基本几何成像模型示意图如图 3-2 所示。

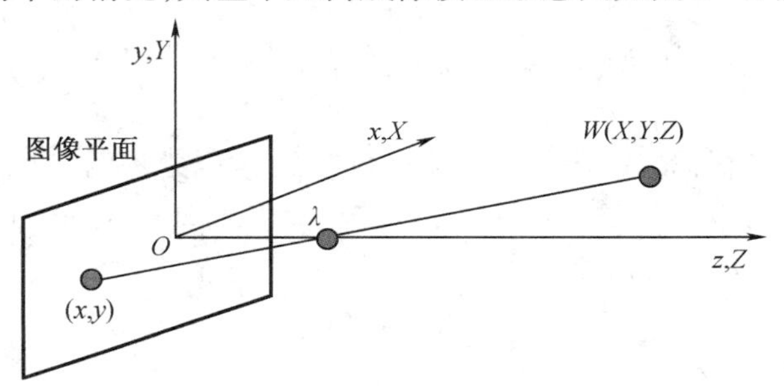

图 3-2 基本几何成像模型示意图

在图 3-2 中，假设摄像机坐标系统 $Oxyz$ 中的各坐标轴与世界坐标系统 $OXYZ$ 中的各坐标轴平行，且原点重合。同时，摄像机坐标系统 $Oxyz$ 中的图像平面与 xOy 平面重合，且光轴沿 z 轴，这样图像平面的中心处于原点，镜头中心的坐标为 $(0,0,\lambda)$，λ 是镜头的焦距。

设 (X,Y,Z) 是三维空间中任意点 W 的世界坐标，所有客观场景中的点都在镜头前面，即 $Z>\lambda$，根据相似三角形之间的关系可得到

$$\frac{x}{\lambda}=-\frac{X}{Z-\lambda}=\frac{X}{\lambda-Z} \tag{3-14}$$

$$\frac{y}{\lambda}=-\frac{Y}{Z-\lambda}=\frac{Y}{\lambda-Z} \tag{3-15}$$

由此可得到三维空间点投影后的图像平面坐标为

$$x=\frac{\lambda X}{\lambda-Z} \tag{3-16}$$

$$y=\frac{\lambda Y}{\lambda-Z} \tag{3-17}$$

上述投影变换将三维空间的线段投影为图像平面的线段,当三维空间的平行线段平行于投影平面时,则投影后仍互相平行,三维空间的矩形投影后可能仍为任意四边形,由四个顶点确定。

设空间点 $W(X,Y,Z)$ 的齐次坐标矢量为 $\boldsymbol{W}_{\mathrm{h}}=[kX,kY,kZ,k]^{\mathrm{T}}$,若定义投影变换矩阵为

$$\boldsymbol{P}=\begin{bmatrix}1&0&0&0\\0&1&0&0\\0&0&1&0\\0&0&-\dfrac{1}{\lambda}&0\end{bmatrix} \tag{3-18}$$

令 $\boldsymbol{C}_{\mathrm{h}}=\boldsymbol{P}\boldsymbol{W}_{\mathrm{h}}$,则有

$$\boldsymbol{C}_{\mathrm{h}}=\boldsymbol{P}\boldsymbol{W}_{\mathrm{h}}=\begin{bmatrix}1&0&0&0\\0&1&0&0\\0&0&1&0\\0&0&-\dfrac{1}{\lambda}&1\end{bmatrix}\begin{bmatrix}kX\\kY\\kZ\\k\end{bmatrix}=\begin{bmatrix}kX\\kY\\kZ\\-\dfrac{kZ}{\lambda}+k\end{bmatrix} \tag{3-19}$$

这里 $\boldsymbol{C}_{\mathrm{h}}$ 的元素是齐次坐标形式的摄像机坐标,同时也可以根据 $\boldsymbol{C}_{\mathrm{h}}$ 来描述在笛卡儿坐标系下的摄像机坐标系统中的坐标矢量形式:

$$\boldsymbol{C}=[x,y,z]^{\mathrm{T}}=\left[\frac{\lambda X}{\lambda-Z},\frac{\lambda Y}{\lambda-Z},\frac{\lambda Z}{\lambda-Z}\right]^{\mathrm{T}} \tag{3-20}$$

式中,$\boldsymbol{C}$ 的前两项是三维空间点(X,Y,Z)投影到图像平面后的坐标(x,y)。

2. 逆投影变换

逆投影变换就是指根据二维图像坐标来确定三维客观景物的坐标,或者说根据一个图像点来求三维空间点。设一个图像点的坐标为$(x',y',0)$,其中位于 z 位置的 0 仅表示图像平面位于 $z=0$ 处,这个点的齐次坐标矢量形式为

$$\boldsymbol{C}_{\mathrm{h}}=[kx',ky',0,k]^{\mathrm{T}} \tag{3-21}$$

根据 $\boldsymbol{W}_{\mathrm{h}}=\boldsymbol{P}^{-1}\boldsymbol{C}_{\mathrm{h}}$,则有

$$\boldsymbol{W}_{\mathrm{h}}=\boldsymbol{P}^{-1}\boldsymbol{C}_{\mathrm{h}}=\begin{bmatrix}1&0&0&0\\0&1&0&0\\0&0&1&0\\0&0&\dfrac{1}{\lambda}&1\end{bmatrix}\begin{bmatrix}kx'\\ky'\\0\\k\end{bmatrix}=\begin{bmatrix}kx'\\ky'\\0\\k\end{bmatrix} \tag{3-22}$$

由此可以得到,笛卡儿坐标系中的世界坐标矢量为

$$\boldsymbol{W}=[X,Y,Z]^{\mathrm{T}}=[x',y',0]^{\mathrm{T}} \tag{3-23}$$

式(3-23)表明,由图像点(x',y')并不能唯一确定三维空间点的 Z 坐标,这主要是由三维客观场景映射到图像平面时的多对一的变换所引起的。在进行投影变换时,在投影线上的空间坐标点间存在一定的遮挡关系,在投影系内的空间坐标点相互之间有遮挡现象发生,同一投影线上只能将最近的点投影到像平面上,其他的点将被遮挡掉,无法形成投影点。因此,空间场景经过投影变换损失了一部分信息,仅利用逆投影变换是不可能恢复这些信息的。

3.3.3 一般成像模型

在基本模型中,我们考虑的是世界坐标系统与摄像机坐标系统重合,且摄像机坐标系

统与像平面坐标系统也重合时的情况，上述情况不具有一般性。现考虑世界坐标系统与摄像机坐标系统分开，但摄像机坐标系统与像平面坐标系统重合时的一般情况，则一般成像过程的几何模型示意图如图 3－3 所示。

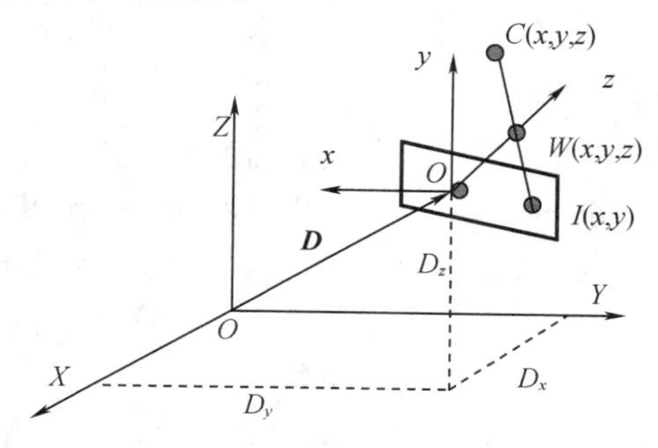

图 3－3　一般成像过程的几何模型示意图

一般成像模型可以从世界坐标系统与摄像机坐标系统重合时的基本模型转换而来，具体步骤如下：(1) 将像平面原点按矢量 $\boldsymbol{D}$ 移出世界坐标系统的原点；(2) 以某个扫视角 γ（绕 z 轴）扫视 x 轴；(3) 以某个倾斜角 α 将 z 轴倾斜（绕 x 轴旋转）。

摄像机相对世界坐标系统的运动也可等价于世界坐标系统相对摄像机的逆运动。具体来说可对每个世界坐标系统的点分别进行如上几何关系转换所采取的三个步骤，平移世界坐标系统的原点到像平面原点可用下列变换矩阵完成：

$$\boldsymbol{T}=\begin{bmatrix}1 & 0 & 0 & -D_x\\ 0 & 1 & 0 & -D_y\\ 0 & 0 & 1 & -D_z\\ 0 & 0 & 0 & 1\end{bmatrix} \tag{3-24}$$

换句话说，位于 (D_x, D_y, D_z) 的齐次坐标矢量 $\boldsymbol{D}_{\mathrm{h}}$ 经过变换 $\boldsymbol{T}\boldsymbol{D}_{\mathrm{h}}$ 后位于新坐标系统的原点。

进一步考虑如何将坐标轴重合的问题。扫视角 γ 是 x 轴和 X 轴之间的夹角，在正常位置，这两个轴是平等的。为了以需要的 γ 角度扫视 x 轴，只需将摄像机逆时针（以从旋转轴正向看原点来定义）绕 z 轴旋转 γ 角，即

$$\boldsymbol{R}_\gamma=\begin{bmatrix}\cos\gamma & \sin\gamma & 0 & 0\\ -\sin\gamma & \cos\gamma & 0 & 0\\ 0 & 0 & 1 & 0\\ 0 & 0 & 0 & 1\end{bmatrix} \tag{3-25}$$

没有旋转（$\gamma=0°$）的位置对应 x 轴和 X 轴平行。类似地，倾斜角 α 是 z 轴和 Z 轴间的夹角，可以将摄像机逆时针绕 x 轴旋转 α 角以达到倾斜摄像机轴线 α 角的效果，即

$$\boldsymbol{R}_\alpha=\begin{bmatrix}1 & 0 & 0 & 0\\ 0 & \cos\alpha & \sin\alpha & 0\\ 0 & -\sin\alpha & \cos\alpha & 0\\ 0 & 0 & 0 & 1\end{bmatrix} \tag{3-26}$$

没有旋转（$\alpha=0°$）的位置对应 z 轴和 Z 轴平行。

分别完成以上两个旋转的变换矩阵可以级连成一个矩阵：

$$R = R_{\alpha} R_{\gamma} = \begin{bmatrix} \cos\gamma & \sin\gamma & 0 & 0 \\ -\sin\gamma\cos\alpha & \cos\alpha\cos\gamma & \sin\alpha & 0 \\ \sin\alpha\sin\gamma & -\sin\alpha\cos\gamma & \cos\alpha & 0 \\ 0 & 0 & 0 & 1 \end{bmatrix} \tag{3-27}$$

式中，$\boldsymbol{R}$ 代表了摄像机在空间旋转带来的影响。

同时考虑到为重合世界坐标系统与摄像机坐标系统而进行的平移和旋转变换，对空间点的齐次坐标矢量 $\boldsymbol{W}_{\mathrm{h}}$ 进行上述一系列变换 $\boldsymbol{RTW}_{\mathrm{h}}$，就可以把世界坐标系统与摄像机坐标系统重合起来，满足一般成像几何模型关系的摄像机观察到的齐次世界坐标点在摄像机坐标系统中的齐次表达为

$$\boldsymbol{C}_{\mathrm{h}} = \boldsymbol{PRTW}_{\mathrm{h}} \tag{3-28}$$

式中，$\boldsymbol{P}$ 为透视变换矩阵。

利用得到的 $\boldsymbol{C}_{\mathrm{h}}$ 的第 4 项去除以它的第 1 项和第 2 项可以得到世界坐标点成像后的笛卡儿坐标。

$$x = \lambda \frac{(X-D_x)\cos\gamma + (Y-D_y)\sin\gamma}{-(X-D_x)\sin\alpha\sin\gamma + (Y-D_y)\sin\alpha\cos\gamma - (Z-D_z)\cos\alpha + \lambda} \tag{3-29}$$

$$y = \lambda \frac{-(X-D_x)\sin\gamma\cos\alpha + (Y-D_y)\sin\alpha\cos\gamma - (Z-D_z)\sin\alpha}{-(X-D_x)\sin\alpha\sin\gamma + (Y-D_y)\sin\alpha\cos\gamma - (Z-D_z)\cos\alpha + \lambda} \tag{3-30}$$

它们给出了世界坐标系统中点 $W(X,Y,Z)$ 在像平面中的坐标。

3.4 摄像机标定技术

空间物体表面某点的三维几何位置与其在图像中对应点之间的相互关系是由摄像机成像的几何模型决定的，这些几何模型参数就是摄像机参数，为了得到这些参数而进行的实验与计算过程称为摄像机标定。成像模型建立了根据给定世界坐标点(X,Y,Z)计算它的像平面坐标(x',y')或计算机图像坐标(M,N)的表达式，并根据这些表达式计算出各个参数值，实现从图像中获取客观场景的信息。

现有的摄像机标定方法大体可以分为两类，即传统的摄像机标定方法和摄像机自标定方法。传统的摄像机标定方法是在一定的摄像机模型下，在摄像机前放置一个已知的标定参照物，利用已知物体的一些点的已知三维坐标和它们的图像坐标，求取摄像机模型的内部参数和外部参数。而自标定方法不依赖标定参照物，仅利用摄像机在运动过程中周围环境的图像及图像间的对应关系对摄像机进行标定。

3.4.1 标定程序和过程

1. 标定原理和程序

考虑一般成像几何模型，令 $\boldsymbol{A} = \boldsymbol{PRT}$，则有 $\boldsymbol{C}_{\mathrm{h}} = \boldsymbol{AW}_{\mathrm{h}}$，其中矩阵 $\boldsymbol{A}$ 中的元素包括了摄像机平移、旋转和投影的参数。如果在齐次表达坐标中令 $k=1$，则可得到

$$\begin{bmatrix} C_{h1} \\ C_{h2} \\ C_{h3} \\ C_{h4} \end{bmatrix} = \begin{bmatrix} a_{11} & a_{12} & a_{13} & a_{14} \\ a_{21} & a_{22} & a_{23} & a_{24} \\ a_{31} & a_{32} & a_{33} & a_{34} \\ a_{41} & a_{42} & a_{43} & a_{44} \end{bmatrix} \begin{bmatrix} X \\ Y \\ Z \\ 1 \end{bmatrix} \tag{3-31}$$

基于前面的讨论和结果可知,笛卡儿坐标形式的摄像机坐标(仅考虑像平面坐标)为

$$x = \frac{C_{h1}}{C_{h4}} \tag{3-32}$$

$$y = \frac{C_{h2}}{C_{h4}} \tag{3-33}$$

将式(3-32)和式(3-33)代入式(3-31)中,并展开矩阵积得到

$$xC_{h4} = a_{11}X + a_{12}Y + a_{13}Z + a_{14} \tag{3-34}$$

$$yC_{h4} = a_{21}X + a_{22}Y + a_{23}Z + a_{24} \tag{3-35}$$

$$C_{h4} = a_{41}X + a_{42}Y + a_{43}Z + a_{44} \tag{3-36}$$

其中,C_{h3}的展开式因其与 z 相关而略去。将式(3-36)中的 C_{h4}代入式(3-34)和式(3-35)中,可得到共有 12 个未知系数的两个方程,即

$$(a_{11} - a_{41}x)X + (a_{12} - a_{42}x)Y + (a_{13} + a_{43}x)Z + (a_{14} - a_{44}x) = 0 \tag{3-37}$$

$$(a_{21} - a_{41}y)X + (a_{22} - a_{42}y)Y + (a_{23} + a_{43}y)Z + (a_{24} - a_{44}y) = 0 \tag{3-38}$$

这样,标定程序就应包括:(1)获得 $M \geqslant 6$ 个具有已知其世界坐标(X_i, Y_i, Z_i)的空间点$(i=1,2,\cdots,M)$;(2)用摄像机在给定位置拍摄这些点以得到它们对应的像平面坐标$(x_i, y_i)$$(i=1,2,\cdots,M)$;(3)把这些坐标代入对应方程,就可以解出未知系数。

2. 标定参数和步骤

为实现上述的标定程序,需要获得具有对应关系的空间点和图像点。为精确地确定这些点,常需要利用标定靶,其上有固定的标记点(参考点)图案。如果考虑通用成像模型,从客观场景到数字图像的成像变换共分为四步,在这一系列步骤中,每步都有需标定的参数,具体如下:

第一步,需标定的参数是旋转矩阵 $\boldsymbol{R}$ 和平移矢量 $\boldsymbol{T}$;

第二步,需标定的参数是焦距 λ;

第三步,需标定的参数是镜头径向失真系数 k;

第四步,需标定的参数是不确定性图像尺度因子 μ。

图 3-4 所示的变换中,需标定的参数可分成外部参数和内部参数两类。

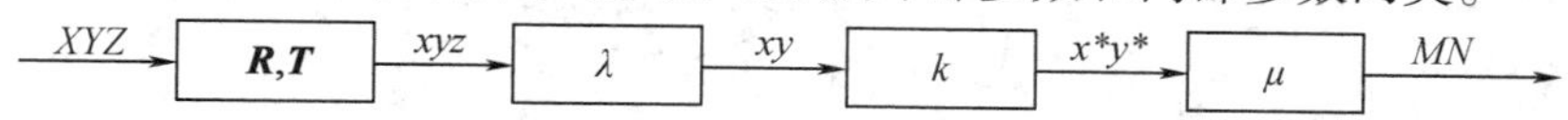

图 3-4 世界坐标转到图像坐标变换过程和所需参数

(1)外部参数(在摄像机外部)

图 3-4 中的第一步是从三维世界坐标系统变换到其中心在摄像机光学中心的三维坐标系统,其变换参数称为外部参数。旋转矩阵 $\boldsymbol{R}$ 共有 9 个元素,实际上只有 3 个自由度,可借助刚体变换中的欧拉角来表示,欧拉角的三个角度 ψ, θ, φ 能很好地描述刚体的旋转变换:绕 x 轴旋转 ψ 角,绕 y 轴旋转 θ 角,绕 z 轴旋转 φ 角。

$$
\boldsymbol{R}=\begin{bmatrix} \cos\varphi\cos\theta & \cos\varphi\sin\theta\sin\psi-\sin\varphi & \cos\varphi\sin\theta\cos\psi-\sin\varphi\sin\psi \\ \sin\varphi\cos\theta & \sin\psi\sin\theta\sin\varphi+\cos\psi\cos\varphi & \cos\psi\sin\theta\sin\varphi+\sin\psi\cos\varphi \\ -\sin\theta & \cos\theta\sin\psi & \cos\theta\cos\psi \end{bmatrix} \tag{3-39}
$$

上述矩阵只有3个自由度,再加上平移矢量 $\boldsymbol{T}$ 中的3个元素(T_x,T_y,T_z),共计6个自由度来表示摄像机的外部参数。

(2)内部参数(在摄像机内部)

标定步骤中的第三步是从摄像机坐标系统中的三维坐标变换到图像坐标系统中的二维坐标,其变换参数称为内部参数。这里共有5个内部参数:焦距 λ,镜头径向失真系数 k,不确定性图像尺度因子 μ,图像平面原点的计算机图像坐标 O_m 和 O_n。

区分外部参数和内部参数的主要意义是:当用一个摄像机在不同位置和方向获取多幅图像时,摄像机的外部参数对于所采集到的图像可能是不同的,但内部参数不变,所以移动摄像机后,只需重新标定外部参数而不必再标定内部参数。

3.4.2 Roger Tsai 的两步标定法

Roger Tsai 给出了一种基于径向约束的两步标定法,该方法的第一步是利用最小二乘法解超定线性方程,给出外部参数;第二步是求解内部参数,若摄像机无透镜畸变,可由一个超定线性方程解出。Roger Tsai 的两步标定法是基于径向排列约束的事实来实现的,有时简称为 RAC 两步法。

1.径向排列约束(RAC)

如图3-5所示,按理想的透视投影成像关系,空间点 $P(x,y,z)$ 在摄像机像平面上的像点为 $P(X_u,Y_u)$,但由于镜头的径向畸变,其实际的像点为 $P'(X_d,Y_d)$,它与 $P(x,y,z)$ 之间不符合透视投影关系。

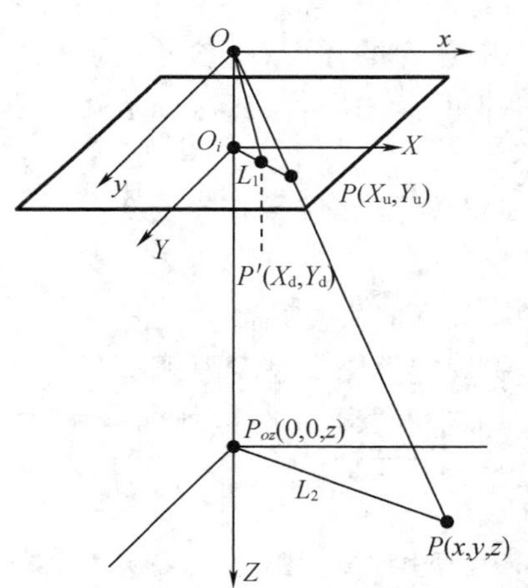

图3-5 考虑镜头畸变的摄像机模型

从图3-5可以看出,$\overline{O_iP'}$与$\overline{P_{oz}P}$的方向一致,且径向畸变不改变$\overline{O_iP'}$的方向,即$\overline{O_iP'}$的方向始终与$\overline{O_iP}$的方向一致,其中 O_i 是图像中心,P_{oz}是位于$(0,0,z)$的点,这样 RAC 可表示为

$$
\overline{O_iP'}\parallel O_iP\parallel\overline{P_{oz}P} \tag{3-40}
$$

由成像模型可知，径向畸变不改变$\overline{O_iP'}$的方向，因此，无论有无透镜畸变都不影响上述事实，有效焦距 λ 的变化也不会影响上述事实，因为 λ 的变化只会改变$\overline{O_iP'}$的长度而不会改变方向。这样，就意味着由 RAC 所推导出的任何关系式都是与焦距 λ 和镜头径向失真系数 k 无关的。

2. 两步法标定过程

Roger Tsai 的两步标定法已经广泛应用于航空航天、工业视觉系统中。其第一步是计算 $\boldsymbol{R}$,T_x 和 T_y，对于参数 μ 的考虑，若 μ 已知，标定时用一幅含有一组共面基准点的图像，若 μ 未知，标定时用一幅含有一组不共面基准点的图像；第二步是计算 λ,k 和 T_z。具体的标定算法如下：

设给定 $M(M\geqslant 5)$ 个已知其世界坐标(X_i,Y_i,Z_i)和它们所对应的图像平面坐标(x_i,y_i)的点$(i=0,1,\cdots,M)$，可构成一个矩阵 $\boldsymbol{A}$，其中的行向量 $\boldsymbol{a}_i$ 可表示为

$$\boldsymbol{a}_i=[y_iX_i,y_iY_i,-x_iX_i,-x_iY_i,y_i] \tag{3-41}$$

设 $\boldsymbol{s}=[s_1,s_2,s_3,s_4,s_5]^{\mathrm{T}}$，并和 r_1,r_2,r_4,r_5 及平移参数 T_x,T_y 之间满足如下关系：

$$s_1=\frac{r_1}{T_y},s_2=\frac{r_2}{T_y},s_3=\frac{r_4}{T_y},s_4=\frac{r_5}{T_y},s_5=\frac{T_x}{T_y}$$

同时，设 $\boldsymbol{U}=[x_1,x_2,\cdots,x_M]^{\mathrm{T}}$，则由线性方程组

$$\boldsymbol{A}\boldsymbol{s}=\boldsymbol{U} \tag{3-42}$$

可以求出 $\boldsymbol{s}$，再根据下列步骤求出旋转参数和平移参数。

(1)设 $S=s_1^2+s_2^2+s_3^2+s_4^2$，计算：

$$T_y^2=\begin{cases}\dfrac{S-[S^2-4(s_1s_4-s_2s_3)^2]^{\frac{1}{2}}}{2(s_1s_4-s_2s_3)^2} & s_1s_4-s_2s_3\neq 0\\ \dfrac{1}{s_1^2+s_2^2} & s_1^2+s_2^2\neq 0\\ \dfrac{1}{s_3^2+s_4^2} & s_3^2+s_4^2\neq 0\end{cases} \tag{3-43}$$

(2)设 $T_y=(T_y^2)^{\frac{1}{2}}$，取正的平方根，计算：

$$r_1=s_1T_y,r_2=s_2T_y,r_4=s_3T_y,r_5=s_4T_y,T_x=s_5T_y$$

(3)选一个世界坐标为(X,Y,Z)的点，要求其图像平面坐标(x,y)离图像中心较远，计算：

$$P_X=r_1X+r_2Y+T_x \tag{3-44}$$

$$P_Y=r_4X+r_5Y+T_y \tag{3-45}$$

这相当于将算出的旋转参数应用于点(X,Y,Z)的 X 和 Y。如果 P_X 和 x 符号一致，且 P_Y 和 y 符号一致，则说明 T_y 取已有的符号，否则对 T_y 取负。

(4)其他旋转参数计算如下：$r_3=(1-r_1^2-r_2^2)^{\frac{1}{2}}$,$r_6=(1-r_4^2-r_5^2)^{\frac{1}{2}}$,$r_7=\dfrac{1-r_1^2-r_2r_4}{r_3}$,$r_8=\dfrac{1-r_5^2-r_2r_4}{r_6}$,$r_9=(1-r_3r_7-r_6r_8)^{\frac{1}{2}}$，式中，若 $r_1r_4+r_2r_5$ 的符号为正，则 r_6 取负，而 r_7 和 r_8 的符号要在计算完焦距 λ 后调整。

(5)建立另一组线性方程来计算焦距 λ 和 z 方向的平移参数 T_z。可先构建一个矩阵

$\boldsymbol{B}$,其中的 b_i 可表示为

$$b_i = \lfloor r_4 X_i + r_5 Y_i + T_y , y_i \rfloor \tag{3-46}$$

式中,$\lfloor \cdot \rfloor$表示向下取整。

设矢量 $\boldsymbol{v}$ 的元素 v_i 可表示为

$$v_i = (r_7 X_i + r_8 Y_i) y_i \tag{3-47}$$

则由线性方程组 $\boldsymbol{Bt} = \boldsymbol{v}$,可解出 $\boldsymbol{t} = [\lambda, T_z]^{\mathrm{T}}$。这里得到的仅是对 $\boldsymbol{t}$ 的估计。

(6)如果 $\lambda < 0$,则使用右手坐标系统,将 $r_3, r_6, r_7, r_8, \lambda$ 和 T_z 的值取负。

(7)利用对 $\boldsymbol{t}$ 的估计来计算镜头的径向失真系数 k,并改进对 λ 和 T_z 的取值。根据 Tsai 的失真模型,并利用透视投影方程,可得到如下非线性方程:

$$y_i(1 + kr^2) = \lambda \frac{r_4 X_i + r_5 Y_i + r_6 Z_i + T_y}{r_7 X_i + r_8 Y_i + r_9 Z_i + T_z} \quad (i = 1, 2, \cdots, M) \tag{3-48}$$

用非线性回归方法解式(3-48)即可得到 λ, k 和 T_z 的值。

3.5 双目立体视觉原理

客观世界在空间上是三维的,对其投影后在像平面得到的每幅图像都是二维的,但是在这些图像中仍可能带有原来的三维信息。如果用一个采集器对某一场景取像就是单目成像,若用两个采集器各在一个位置对同一场景取像就是双目成像,若用多于两个采集器在不同位置对同一场景取像就是立体成像。双目立体视觉就是采用双目成像的方式,从两个视点去观察同一场景,获得不同视角下的一组图像,然后通过三角测量原理获得不同图像中对应像素间的视差,从而获得深度信息,进而计算出场景中目标物的空间信息。

3.5.1 双目立体视觉的系统结构

为了从采集到的二维图像中获得被测场景中目标物的三维坐标,双目视觉系统至少从不同位置获取包含目标物的两幅图像。它的基本结构根据摄像机的位置和姿态的不同,而产生多种成像模式,下面介绍两种双目视觉的系统结构模式。

1. 双目平行模式

将两个摄像机并列放置,两个镜头的焦距均为 λ,中心间的连线称为系统的基线 B。若摄像机坐标系与世界坐标系重合,则像平面与世界坐标系统的 XY 平面也是平行的,空间点 $W(X,Y,Z)$ 的 Z 坐标对两个摄像机坐标系统来讲是一致的,若摄像机坐标系与世界坐标系不重合,则可通过坐标的平移和旋转使其重合,然后再进行相应的投影与运算。

图 3-6 和图 3-7 给出了两镜头边线所在平面的示意图,其中,世界坐标系叠加到第一个摄像机坐标系上(两系统原点重合,对应坐标轴重合),且第一个摄像机的像平面坐标与摄像机的 xy 坐标重合,而第二个摄像机坐标系相对于每个摄像机坐标系在 x 方向平移的距离为 B。

根据上述坐标设定,对于空间点 W,因其 X 坐标为负,在第一个像平面内,由图 3-6 和图 3-7 的几何关系可得

$$-X = \frac{x_1}{\lambda}(Z - \lambda) \tag{3-49}$$

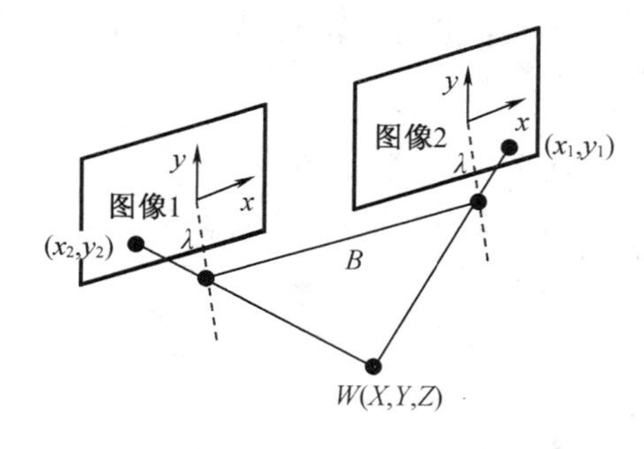

图 3－6 平行模式的成像示意图

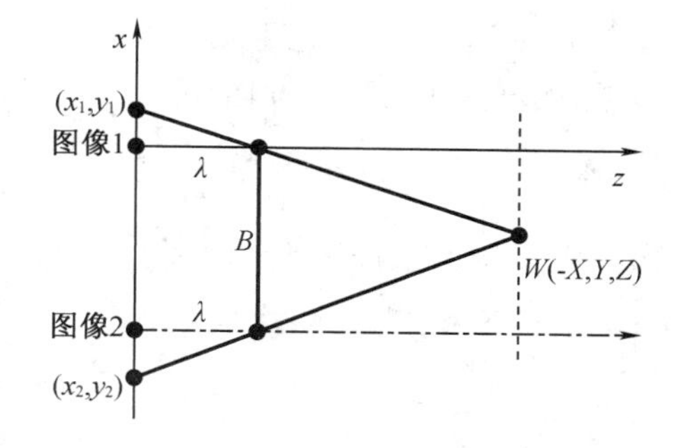

图 3－7 平行成像的剖面图

再考虑第二个像平面，因 B 值总取正，则有

$$B-X=\frac{-(x_2+B)}{\lambda}(Z-\lambda) \tag{3-50}$$

联立式(3－49)和式(3－50)，消去 X，得到

$$\frac{\lambda B}{\lambda-Z}=B+x_1+x_2 \tag{3-51}$$

令 $d=|B+x_1+x_2|$，d 就是我们所求的视差，表示的是当两个摄像机观察同一场景中的目标物时，得到的该目标的视像位置是不同的。若 W 点更接近第一个摄像机坐标系的光轴，则式(3－51)为负，否则为正。由此可解得

$$Z=\lambda\left(1-\frac{B}{d}\right) \tag{3-52}$$

通过式(3－52)就把物体与像平面的距离 Z(也就是三维空间中信息点的深度)及视差 d 直接联系起来了。

如果视差 d 不准确，则导致距离 Z 也会产生误差，则有

$$\Delta Z=\frac{e(\lambda-Z)^2}{\lambda B+e(\lambda-Z)}\approx\frac{eZ^2}{\lambda B-eZ} \tag{3-53}$$

式中，e 为第一个摄像机坐标系中像平面坐标 x_1 所产生的偏差；最后一步的约等于符号是考虑一般情况下 $Z\gg\lambda$ 时的简化结果。由此可见，测量的距离误差与焦距、基线长度和物距等都有关系。

2. 双目会聚模式

为加大场景中目标物的采集范围，提高场景中目标物的准确性，获得更大的视场重合度，有时需要将两个摄像机并排放置，同时让两个光轴会聚，这就是所说的双目会聚模式。其成像的剖面图如图 3－8 所示。

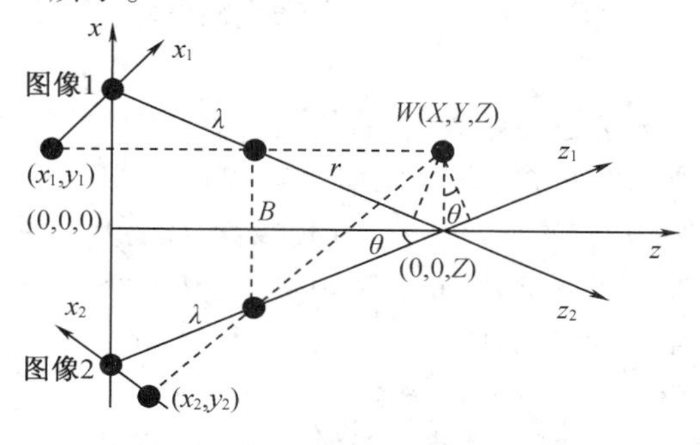

图 3－8 双目会聚模式成像的剖面图

由图 3－8 可知，它们是由两个单目系统绕各自的中心相向旋转而得到的，由两世界坐标轴及摄像机光轴围成的三角形可知

$$Z=\frac{B}{2}\frac{\cos\theta}{\sin\theta}+\lambda\cos\theta \tag{3-54}$$

从点 W 分别向两摄像机坐标轴作垂线，因为这两垂线与 X 轴的夹角都是 θ，所以根据相似三角形的关系可得

$$\frac{x_1}{\lambda}=\frac{X\cos\theta}{r-X\sin\theta} \tag{3-55}$$

$$\frac{x_2}{\lambda}=\frac{X\cos\theta}{r+X\sin\theta} \tag{3-56}$$

式中，r 为从（任一）镜头中心到两系统会聚点的距离，由图 3－8 可算得 $r=\frac{B}{2\sin\theta}$，将式（3－55）和式（3－56）消去 r 和 X，得

$$\frac{x_1}{\lambda\cos\theta+x_1\sin\theta}=\frac{x_2}{\lambda\cos\theta-x_2\sin\theta} \tag{3-57}$$

根据式（3－57），可以求得

$$Z=\frac{B}{2}\frac{\cos\theta}{\sin\theta}+\frac{2x_1x_2\sin\theta}{d} \tag{3-58}$$

与双目平行模式一样，会聚模式也可以把物体和像平面间的距离 Z 和 d 联系在一起。并由此推得

$$X=\frac{B}{2\sin\theta}\frac{x_1}{\lambda\cos\theta+x_1\sin\theta}=\frac{B}{2\sin\theta}\frac{x_2}{\lambda\cos\theta-x_2\sin\theta} \tag{3-59}$$

从前面的双目平行模式和会聚模式来看，无论采用何种模式，都需要根据三角形法来计算，所以基线 B 的值不能太小，否则会影响结果的精度。

3.5.2 双目视觉的立体匹配

确定双目图像中对应点的关系是获得深度图像的关键步骤，目前使用的技术主要分两大类，即灰度相关和特征匹配。前一类是基于区域的方法，考虑的是每个匹配点的领域性质；后一类是基于特征点的方法，考虑的是图像中具有唯一或特殊性质的点作为匹配点。

1. 基于区域的立体匹配

基于区域的立体匹配方法考虑两幅图像中具有相似特性的区域，最简单的方法是考虑区域的灰度，通过考查两个区域灰度的相关程度来判断区域中点的对应性。

（1）模板匹配

基于区域的匹配方法需考虑图像场景中目标物点的领域性质，其基本原理就是选定左图像中以某个像素为中心的一个窗口，以该窗口中的精确度分布构建模板，再用该模板在右图像中进行搜索，找到最匹配的窗口位置。当给定左图像中一个点而需要在右图像中搜索与其对应的点时，可提取以左图像中的点为中心领域作为模板，将其在右图像上平移并计算与各个位置的相关性，根据相关值确定是否匹配。其本质是用一幅较小的图像（模板）与一幅较大的图像中的一部分（子图像）进行匹配。

设 $w(x,y)$ 是一个大小为 $J\times K$ 的模板图像，设 $f(x,y)$ 是一个大小为 $M\times N$ 的大图像，在最简单的情况下，$f(x,y)$ 和 $w(x,y)$ 之间的相关函数可写为

$$c(s,t)=\sum_x\sum_y f(x,y)w(x-s,y-t) \tag{3-60}$$

式中，$s=0,1,\cdots,M-1$；$t=0,1,\cdots,N-1$；求和是对 $f(x,y)$ 和 $w(x,y)$ 中相重叠的图像区域进行的。当 s 和 t 变化时，$w(x,y)$ 在图像区域中移动并给出函数 $c(s,t)$ 的所有值，$c(s,t)$ 的最大值指示与 $w(x,y)$ 最佳匹配的位置。

也可以使用最小均方误差来确定模板图像与大图像（原图像）之间的相关性：

$$M(s,t)=\frac{1}{MN}\sum_x\sum_y[f(x,y)w(x-s,y-t)]^2 \tag{3-61}$$

$c(s,t)$ 所确定的相关函数中，$c(s,t)$ 对 $f(x,y)$ 和 $w(x,y)$ 幅度值的变化比较敏感，为减少敏感度，定义如下相关系数：

$$C(s,t)=\frac{\sum_x\sum_y[f(x,y)-\bar{f}(x,y)][w(x-s,y-t)-\bar{w}]}{\left\{\sum_x\sum_y[f(x,y)-\bar{f}(x,y)]^2\sum_x\sum_y[w(x-s,y-t)-\bar{w}]^2\right\}^{\frac{1}{2}}} \tag{3-62}$$

式中，$s=0,1,\cdots,M-1$；$t=0,1,\cdots,N-1$；$\bar{w}$ 是 w 的均值；$\bar{f}(x,y)$ 是 $f(x,y)$ 中与 w 当前位置相对应区域的均值。

（2）双目立体匹配

①匹配中的影响因素

不同的约束条件对匹配的结果和进程都有不同程度的影响，可以减少匹配过程中对搜索时间的消耗，也可以减少搜索过程。在实际应用过程中，当采取区域匹配方法对图像进行立体匹配时，有以下问题需要解决：

a. 在拍摄场景时，由于目标景物自身形状或景物互相遮挡，因此被左摄像机拍摄到的景物不一定都能被右摄像机拍摄到，所以用左图像确定的某些模板不一定能在右图像中找到完全匹配的位置。

b. 当用模板图像的模式来表达单个像素的特性时，其前提是不同模板图像应有不同的模式，这样匹配时才有区分性。但有时图像中有些平滑区域，因匹配时存在不确定性，就会导致误匹配。因此，需要将一些随机的纹理投影到这些表面上，将平滑区域转化为纹理区域，获得具有不同模式的模板图像来消除不确定性。

②正交立体图像对

为解决图像由平滑区域而产生的问题，可利用两对互相正交的双目图像，构成正交立体图像对。

在实际应用中，一般水平方向上比较光滑的区域在垂直方向上通常具有比较明显的灰度差异，人们可利用垂直方向上的图像进行垂直搜索，以解决在这些区域用水平方向匹配易产生的误匹配问题。同样，对垂直方向的光滑区域，也可借助水平方向进行匹配。二者结合，就可能消除或减弱图像中光滑区域对匹配造成的影响。

（3）图像的光学特性

每幅图像中都是含有灰度信息的，而双目图像的灰度信息可能进一步得到场景中目标物的某些光学特性。物体表面的反射特性要综合考虑两个因素：一个是散射，另一个是反射。设 $\boldsymbol{N}$ 为表面面元法线方向的单位向量，$\boldsymbol{S}$ 为点光源方向的单位向量，$\boldsymbol{V}$ 为观察者视线方向的单位向量，则在面元上得到的反射亮度 $I(x,y)$ 为合成反射率 $\rho(x,y)$ 和合成量 $R(\boldsymbol{N}(x,y))$ 的乘积，即

$$I(x,y)=\rho(x,y)R(\boldsymbol{N}(x,y)) \tag{3-63}$$

式中，$R(\boldsymbol{N}(x,y))=(1-\alpha)\boldsymbol{N}\cdot\boldsymbol{S}+\alpha(\boldsymbol{N}\cdot\boldsymbol{H})^k$，$\alpha$，$k$ 为有关表面光学特性的系数，可以从图像数据算得；$\boldsymbol{H}$ 为镜面反射角方向的单位向量，且 $\boldsymbol{H}=\dfrac{\boldsymbol{S}+\boldsymbol{V}}{\sqrt{2(1+\boldsymbol{S}\cdot\boldsymbol{V})}}$，$\boldsymbol{S}$ 和 $\boldsymbol{V}$ 为 HSV 空间的参数矢量。

2. 基于特征的立体匹配

特征的匹配方式是基于抽象的几何特征（如边缘轮廓、拐点、几何基元的形状及参数化的几何模型等），而不是基于简单的图像纹理信息进行相似度的比较。由于几何特征本身的稀疏性和不连续性，因此特征匹配方式只能获得稀疏的尝试图，需要各种内插方法才能最后完成整幅深度图的提取工作。特征匹配方式需要对两幅图像进行特征提取，相应地会增加计算量。

基于特征匹配的主要优点如下：

①由于参与匹配的点（或特征）少于区域匹配所需要的点，因此速度较快；

②由于几何特征提取可达到“子像素”级精度，因此特征匹配精度较高；

③由于匹配元素为物体的几何特征，因此特征匹配对照明变化不敏感。

（1）边缘点的匹配

对一幅图像 $f(x,y)$，利用对边缘点的计算可获得特征点图像：

$$t(x,y)=\max\{H,V,L,R\} \tag{3-64}$$

其中，H,V,L,R 均可借助灰度梯度来计算：

$$H=[f(x,y)-f(x-1,y)]^2+[f(x,y)-f(x+1,y)]^2 \tag{3-65}$$

$$V=[f(x,y)-f(x,y-1)]^2+[f(x,y)-f(x,y+1)]^2 \tag{3-66}$$

$$L=[f(x,y)-f(x-1,y+1)]^2+[f(x,y)-f(x+1,y-1)]^2 \tag{3-67}$$

$$R=[f(x,y)-f(x+1,y+1)]^2+[f(x,y)-f(x-1,y-1)]^2 \tag{3-68}$$

然后将 $t(x,y)$ 划分成互不重叠的小区域 W，在每个小区域中取计算值最大的点作为特征点。

对于双目视觉中所采集到的图像而言，对左图像的每个特征点，可将其在右图像中所有可能的匹配点组成一个可能匹配点的集合，这样对左图像的每个特征点可得到一个标号集，其中的标号 l 或者是左图像特征点与其可能匹配点的视差，或者是代表无匹配点的特殊符号。对每个可能的匹配点，计算下式以设定初始匹配概率 $P^{(0)}(l)$：

$$A(l)=\sum_{(x,y)\in W}[f_L(x,y)-f_R(x+l_x,y+l_y)]^2 \tag{3-69}$$

式中，$l=(l_x,l_y)$ 为可能的视差；$A(l)$ 为两个区域的灰度拟合度。给可能匹配点领域中视差比较近的点以正的增量、比较远的点以负的增量来对 $P^{(0)}(l)$ 进行迭代更新，正确匹配点的第 k 次迭代匹配概率 $P^{(k)}(l)$ 会逐渐增大，而其他的点会逐渐减小，经过一定次数的迭代后，$P^{(k)}(l)$ 最大的点就是我们所求的匹配点。

（2）零交叉点的匹配

当对双目采集到的图像进行特征点匹配时，也可选用零交叉模式来获得匹配基元，利用 Laplace 算子法可得到零交叉点，考虑到其连贯性，可确定 16 种不同的零交叉模式，如图 3-9 所示。

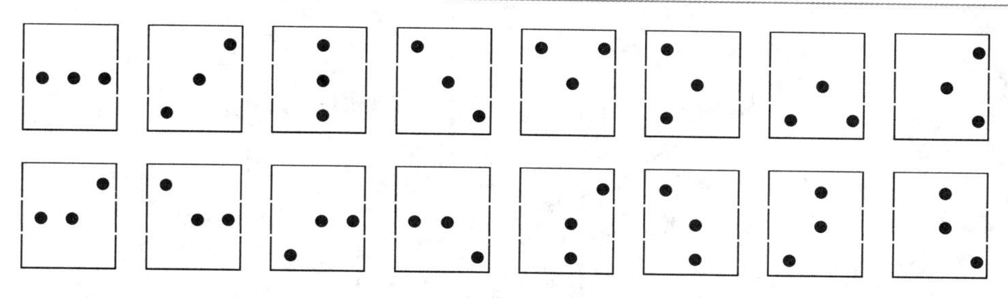

图 3－9 零交叉模式示意图

对左图像的每个零交叉模式，将其在右图像中所有可能的匹配点组成一个可能匹配点集合。在立体匹配时，可借助水平极线约束，将左图像中所有非水平零交叉模式组成一个点集，对其中每个点赋一个标号集并确定一个初始匹配概率。利用与边缘点匹配类似的方法，通过松弛迭代也可得到最终的匹配点。

（3）特征匹配与区域匹配相结合的立体匹配方法

双目视觉系统经过参数标定之后，两个摄像机的内部参数以及视觉系统的结构参数已知，一方面可以直接利用这些参数，确定视觉系统中的约束关系；另一方面也可以根据测量对象的几何特征来进行相应的测量。有些特征点的对应关系明确，而有些特征点的对应关系未知，对于未知部分，在进行测量之前，需要建立准确的对应关系。一种基于极线约束、特征匹配和区域匹配的双目立体匹配方法的基本过程如图 3－10 所示。

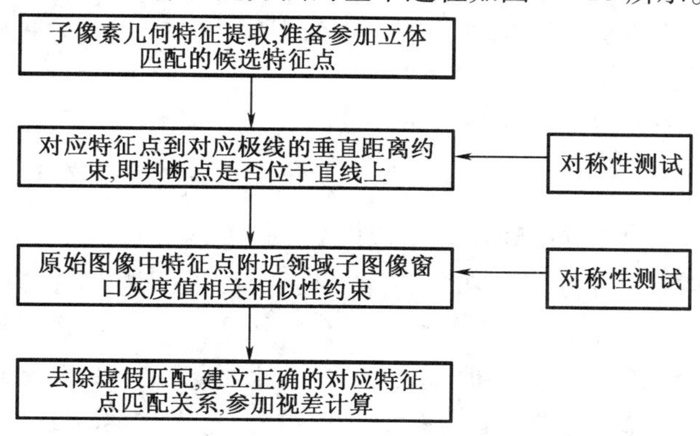

图 3－10 双目立体匹配方法的基本过程

首先，提取被测物体在两幅图像中的几何特征，根据极线约束关系建立初始候选匹配关系，并进行对称性测试，将只有一个方向或者两个方向都不满足约束关系的匹配视为虚假匹配。然后采取区域匹配方式对特征点附近的子图像窗口的图像纹理信息或者边缘轮廓进行相关运算，并进行相似度比较和对称性测试。将最后的匹配对应点作为正确的匹配特征点，参加视差计算。这里所提到的对称性测试，是指对匹配关系进行两个方向的检验，即同样算法应用于从左图像到右图像，也应用于从右图像到左图像。

3.5.3 双目立体视觉中的极线几何

极线几何讨论的是两个摄像机图像平面之间的关系，它在双目立体视觉中两幅图像的对应点匹配中有着重要作用，在双目立体视觉中，数据是两个摄像机获得的图像，即图中的左图像平面和右图像平面。双目立体视觉中的极线几何关系如图 3－11 所示。

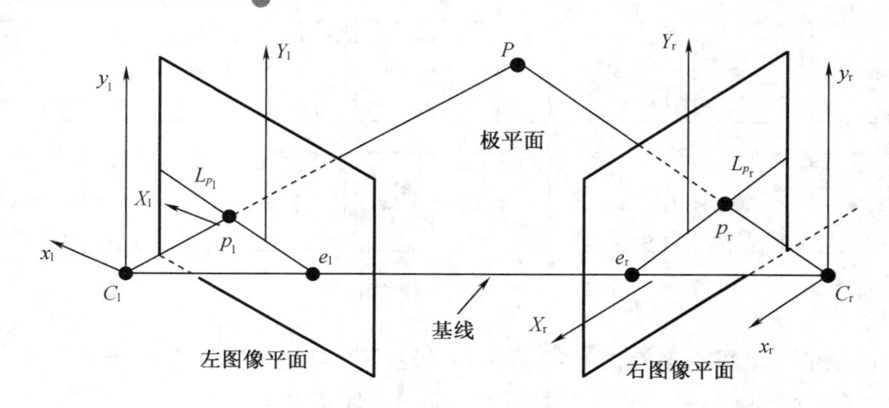

图 3－11　双目立体视觉中的极线几何关系

图 3－11 中，p_l，p_r 是空间一点 P 在两个图像上的投影点，二者互为对应点，它们的寻找与极线几何密切相关。

（1）基线，指的是左右摄像机光心的连线，即图 3－11 中的$\overline{C_lC_r}$。

（2）极平面，指的是空间点 P 与两摄像机光心决定的平面，即图 3－11 中 P，C_l，C_r 三点组成的平面。

（3）极点，指的是基线与两摄像机平面的交点，即图 3－11 中的点 e_l，e_r。

（4）极线，指的是极平面与图像平面的交线，即图 3－11 中的直线 $\overline{e_lp_l}$，$\overline{e_rp_r}$。同一图像平面内所有的极线交于极点。

（5）极平面簇，指的是由基线和空间任一点确定的一簇平面。

在图 3－11 中，$\overline{e_lp_l}$为左图像上对应于点 p_r 的极线，$\overline{e_rp_r}$为右图像上对应于点 p_l 的极线。如果已知 p_l 在左图像内的位置，则在右图像内 p_l 所对应的点必然位于直线$\overline{e_rp_r}$上，反之亦然。这就是双目立体视觉的一个重要特点，称为极线约束。从极线约束上，只能知道投影点 p_l 或 p_r 所对应的直线，而不知道它的对应点在直线上的具体位置，即极线约束是点与直线的对应，而不是点与点的对应。尽管如此，极线约束给出对应点重要的约束条件，它将对应点匹配从整幅图像寻找压缩到一条直线上寻找对应点，极大地减小了搜索范围。

在采用双目视觉系统进行匹配的过程中，若对搜索位置和范围在右图像中的位置没有任何限定，则被搜索的范围会是整幅右图像，而对左图像中的每个像素都如此搜索是很费时的，为减少搜索范围、缩短搜索时间，可根据图像的自身性质，利用一些相关的约束条件。

（1）兼容性约束，指的是黑色的点只能匹配黑色的点，更一般地说是两图中源于同类物理性质的特征才能匹配。

（2）唯一性约束，指的是一幅图中的单个黑点只能与另一幅图中的单个黑点相匹配。

（3）连续性约束，指的是匹配点附近的视差变化在整幅图中除遮挡区域或间断区域外的大部分点都要是光滑的（渐变的）。

（4）顺序一致性约束，指的是位于一幅图像极线上的系列点，在另一幅图像中的极线上具有相同的顺序。

3.6 图像配准与三维重建

图像配准是图像处理的基本任务之一，用于将不同时间、不同传感器、不同视角及不同条件下获取的两幅或多幅图像进行匹配。在对图像配准的过程中，大量技术被应用于对不同数据和问题的图像配准工作，产生了多种不同形式的图像配准技术。图像配准广泛地应用于遥感数据分析、计算机视觉、医学图像处理等领域。

具体而言，根据图像获取的方式，图像配准的应用主要可以分为以下四类。

1. 多观察点配准

多观察点配准，即对从不同观察点获得的同一场景的多幅图像进行配准。例如，在计算机视觉领域中从视角差异中构建三维深度和形状信息，对目标运动进行跟踪，对序列图像进行分析等。

2. 时间序列配准

时间序列配准，即不同时间获取的图像之间的配准。例如，医学图像处理中的注射造影剂前后的图像配准，遥感数据处理中的自然资源监控等。

3. 多模态配准

多模态配准，即不同传感器获取的图像之间的配准。例如，医学图像处理中 CT、MRIPET、SPECT 图像信息融合，遥感图像领域中多波段图像信息融合等。

4. 模板配准

模板配准，即场景到模型的配准。例如，遥感数据处理中定位和识别定义好的或已知特征的场景（如飞机场、高速路、车站、停车场等）。

本节在介绍图像配准定义的基础上，重点阐述基于灰度信息、特征和优化策略的图像配准法，并对图像识别的基本原理进行阐述。

3.6.1 图像配准基础

给定两幅待配准的图像 $I_1(x,y)$ 和 $I_2(x,y)$，称 $I_1(x,y)$ 为参考图像，$I_2(x,y)$ 为观察图像。在许多图像配准的文献中，图像的配准被定义为

$$I_2(x,y)=g(I_1(x,y)) \tag{3-70}$$

式中，f 为二维空间的坐标变换；g 为一维空间的灰度变换。

寻找最佳的空间或几何变换参数是匹配问题的关键。它常常被表示为两个参数变量的单直函数 f_x 和 f_y：

$$I_2(x,y)=I_1(f_x(x,y),f_y(x,y)) \tag{3-71}$$

1. 图像配准的基本流程

由于图像数据的多样性以及应用条件的不同，很难设计出一种适合所有图像通用的配准方法，每一种配准方法的研究不仅要考虑图像间的几何形变，而且还要考虑图像退化的影响所需要的配准精度等，但大多数的配准方法都包含以下三个关键步骤。

（1）图像分割与特征提取

进行图像配准的第一步就是要进行图像分割，从而找到并提取出图像的特征空间，图像分割是按照一定的准则来检测图像区域的一致性，以达到将一幅图像分割为若干个不同

区域的过程,从而可以对图像进行更高层的分析和理解,对图像进行分割基本上有以下两种方法:

①直接依据图像感兴趣区域的生理特征进行分析,将这些特征与图像中的边、轮廓,表面,或跳跃性特征,如角落、线的交叉点、高曲率点,或统计性特征,如力矩常量、质心等特征点相互对应起来,然后根据先验知识选择一定的分割阈值对图像进行自动、半自动或手动分割,从而提取出图像的特征空间。

②采用特征点的方法,特征点包括立体定位框架上的标记点、加在病人皮肤上的标记点,或其他在两幅图像中都可以检测到的附加标记物等。

(2)变换

变换就是将一幅图像中的坐标点变换到另一幅图像的坐标系中。常用的空间变换有刚体变换、仿射变换、投影变换和非线性变换。刚体变换使得一幅图像中任意两点间的距离变换到另一幅图像中后仍然保持不变;仿射变换使得一幅图像中的直线经过变换后仍保持直线,并且平行线仍保持平行;投影变换将直线映射为直线,但不再保持平行性质,主要用于二维投影图像与三维体积图像的配准;非线性变换也称作弯曲变换,它把直线变换为曲线,这种变换一般用多项式函数来表示。

(3)寻优

寻优就是在选择一种相似性测度以后,采用优化算法使该测度达到最优值。经过坐标变换以后,两幅图像中相关点的几何关系已经一一对应,接下来就需要选择一种相似性测度来衡量两幅图像的相似性程度,并通过不断改变变换参数,使得相似性测度达到最优。目前经常采用的相似性测度有均方根距离、相关性、归一化互相关、互信息、归一化互信息、相关比、灰度差的平方和等。常用的优化算法有穷尽搜索法、梯度下降法、单纯形法、共轭梯度法、Powell 法、模拟退火法、遗传算法等。

配准的过程并不绝对要按上述步骤进行,一些自动配准的方法,如采用基于灰度信息的配准方法,其配准过程中一般都不包括图像分割步骤。此外,坐标变换和寻优过程在实际计算过程中是彼此交叉进行的。

2. 基于灰度信息的图像配准算法

迄今为止,在国内外的图像处理研究领域,已经报道了相当多的图像配准研究工作,并产生了不少图像配准方法。各种方法都是面向一定范围的应用领域,也具有各自的特点。总的来说,根据图像配准中利用图像信息的区别,可以将图像配准方法分为两个主要类别,即基于灰度信息的图像配准方法和基于特征的图像配准方法。

基于灰度信息的图像配准方法一般不需要对图像进行复杂的预先处理,而是利用图像本身具有的灰度的一些统计信息来度量图像的相似程度。其主要特点是实现简单,但应用范围窄,不能直接用于校正图像的非线性形变,而且在最优变换的搜索过程中往往需要巨大的运算量。

假设标准参考图像为 R,待配准图像为 S,R 的大小为 $m\times n$,S 的大小为 $M\times N$,如图 3-12 所示,基于灰度信息的图像配准方法的基本流程是以参考图像 R 叠放在待配准图像 S 上平移,参考图像覆盖被搜索的区域为子图 S_{ij}。i 和 j 为子图左上角待配准图像 S 上的坐标。搜索范围为

$$\begin{cases}1\leqslant i\leqslant M-m\\1\leqslant j\leqslant N-n\end{cases}\qquad(3-72)$$

通过比较 R 和 S_{ij} 的相似性，完成配准方法的过程。

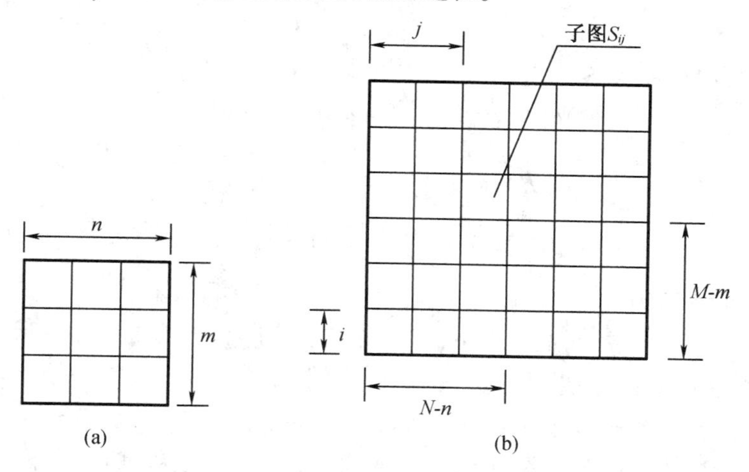

图 3－12 基于灰度信息的图像配准方法的流程

(a)参考图像 R；(b)待配准图像 S

3. 互相关配准方法

互相关配准方法是最基本的基于灰度统计的图像配准方法。它要求参考图像和待匹配图像具有相似的尺度和灰度信息，并以参考图像作为模板在待匹配图像上进行遍历，计算每个位置处参考图像和待匹配图像的互相关。互相关最大的位置就是参考图像中与待匹配图像相应的位置。

设 $R(x,y)$ 和 $S(x,y)$ 分别表示参考图像和待配准图像，则常用的互相关运算公式有如下两种：

$$C(i,j)=\frac{\iint R(x,y)S(x+i,y+j)\mathrm{d}x\mathrm{d}y}{\sqrt{\iint R^2(x,y)\mathrm{d}x\mathrm{d}y\iint S^2(x+i,y+j)\mathrm{d}x\mathrm{d}y}} \tag{3-73}$$

$$C(i,j)=\frac{\iint[R(x,y)-\bar{R}][S(x+i,y+j)-\bar{S}(i,j)]\mathrm{d}x\mathrm{d}y}{\sqrt{\iint[R(x,y)-\bar{R}]^2\mathrm{d}x\mathrm{d}y\iint[S(x+i,y+j)-\bar{S}(i,j)]^2\mathrm{d}x\mathrm{d}y}} \tag{3-74}$$

式中，$\bar{R}$ 和 $\bar{S}(i,j)$ 分别表示 $R(x,y)$ 和 $S(x+i,y+j)$ 的均值。

显然，当 $R(x,y)=S(x+i,y+j)$ 时，式(3－73)和式(3－74)计算的互相关系数达到最大，但实际由于噪声的存在，一般 R 和 S 是不完全匹配的。因此，通常将其最大值的位置作为最佳匹配点来实现图像配准。

互相关匹配方法对于噪声的影响和不同灰度属性或对比度差异的影响缺乏鲁棒性。

4. 最大互信息配准方法

基于互信息的配准方法是近些年来图像配准研究中使用最多的一种方法。该方法是基于信息理论的交互信息相似性准则，采用互信息作为两图像之间的相似性度量，通过搜索最大互信息达到两图像配准的目的。

假设 A 和 B 为两个随机变量，它们的灰度概率密度分布分别为 $P_A(a)$ 和 $P_B(b)$，灰度和概率密度分布为 $P_{AB}(a,b)$，则 A 和 B 之间的互信息 $I(A,B)$ 可表示为

$$I(A,B) = \sum_{a,b} P_{AB}(a,b) \log \frac{P_{AB}(a,b)}{P_A(a)P_B(b)} \tag{3-75}$$

同时,根据信息熵的定义有

$$\begin{aligned} H(A) &= - \sum_{a} P_A(a) \log P_A(a) \\ H(B) &= - \sum_{b} P_B(b) \log P_B(b) \end{aligned} \tag{3-76}$$

$$H(A,B) = - \sum_{a,b} P_{AB}(a,b) \log P_{AB}(a,b) \tag{3-77}$$

式(3-75)可表示为

$$I(A,B) = H(A) + H(B) - H(A,B) \tag{3-78}$$

从统计学的观点来看,如果 A 和 B 相互独立,则 $P_{AB}(a,b) = P_A(a)P_B(b)$,且 $I(A,B) = 0$;如果 A 和 B 完全依赖,则 $P_{AB}(a,b) = P_A(a) = P_B(b)$,此时 $I(A,B)$ 最大。

在图像配准问题中,对于同一个体,不同成像模式的图像在灰度上并不相似,有时还可能差别很大。但同一个体对应像素点之间的灰度在统计学上并非是独立的,而是相关的。考虑图像 A 和 B 之间存在某一空间映射关系 T_α(α 是空间变换参数),对于 A 中灰度为 a 的 p,与其在 B 中灰度为 b 的对应像素 $T_\alpha(p)$,a 和 b 在统计学上的相关性可用互信息来衡量。其中的 $p(a,b)$,$p(a)$,$p(b)$ 可由两幅图像重叠部分的联合灰度直方图和边缘灰度直方图得到。图像 A 和 B 的互信息 $I(A,B)$ 的计算从本质上说依赖于 T_α。以互信息作为两幅图像相似性测度进行配准的主要依据是,当两幅基于共同景物的图像达到最佳配准时,它们对应的图像特征的互信息应为最大,即

$$\alpha^* = \arg\max I(A,B) \tag{3-79}$$

由于互信息是由两个图像的重合部分计算得到的,因此它对重合部分的大小和灰度变换很敏感,为此 Studholme 提出了一种规一化互信息的表现形式:

$$I(A,B) = \frac{H(A) + H(B)}{H(A,B)} \tag{3-80}$$

5. 基于优化策略的图像配准算法

图像的配准实际上是一个多参数最优化问题,通过不断改变几何变换参数使相似性测度达到最优。但是,整个确定最优变换参数的过程计算量很大,为了找到参考图像上的一点在待配准图像上的同名点,现有的方法必须要遍历搜索区域内的每一个点。为了减少总的计算量,加快搜索速度,需要采用一定的优化算法。

相关搜索算法由以下两个步骤组成:

第一步,把待配准图像中的各个灰度值按幅度大小排成列的形式,然后再对它进行二进制编码,根据二进制编码排序的结果把实时图像变换成二进制阵列的一个有序的集合 $\{C_n\}(n=1,2,\cdots,N)$,这一过程称为幅度排序的预处理。

第二步,将这些二进制阵列与参考图像进行由粗到细的配准,直到确定出匹配点为止。

为了说明这种算法的原理,以下举一个简单的 3×3 待配准图像的例子。

(1)预处理

首先把 3×3 实时图像中各个灰度值按大小次序排成一列,并计算出各个灰度值在图像中的位置 (j,k),如图 3-13(a)所示。然后把排序后的灰度幅度值分成数目相等的两组,且幅度大的一组赋值为 1,而幅度小的一组赋值为 0。若幅度数为奇数,则中间的那个幅度就

规定为“×”,如图3-13(b)所示。进一步,把每一组分成两半,并同样地赋予1值和0值,这个过程一直进行到各组划分为一个单元为止,并由此形成二进制排序。于是,根据二进制排序的次序和各个二进制值及其位置,便可构成 C_1, C_2, C_3 等二进制阵列,如图3-14所示。同理,对于一般情况可得 $\{C_n\}(n=1,2,\cdots,N)$,此处,N 为二进制排序的分层数。

j \ k	1	2	3
1	11	17	1
2	15	6	5
3	14	4	10

(a)

位置	幅度	二进制排序
1, 2	17	1 1 1
2, 3	15	1 1 0
3, 1	14	1 0 1
1, 1	11	1 0 0
3, 3	10	× × ×
2, 1	6	0 1 1
2, 2	5	0 1 0
3, 2	4	0 0 1
1, 3	1	0 0 0

(b)

图3-13　3×3实时图像预处理

(a)3×3实时图像;(b)预处理步骤

1	1	0
0	0	1
1	0	×

(a)

0	1	0
1	1	1
0	0	×

(b)

0	1	0
1	0	0
1	1	×

(c)

图3-14　二进制矩阵

(a) C_1;(b) C_2;(c) C_3

(2)由粗到细的配准过程

首先,用 C_1 阵列与基准图像阵列做如下相关运算,得

$$\varphi(u,v) = \sum_{\substack{j,k \\ C_1(j,k)=1}} X_{j+u,k+v} - \sum_{\substack{j,k \\ C_1(j,k)=0}} X_{j+u,k+v} \tag{3-81}$$

式(3-81)意味着,当 C_1 阵列放在基准图像的某一搜索位置 (u,v) 上时,$\varphi(u,v)$ 等于与 C_1 中的1值所对应的基准图像的像素值之和减去与 C_1 中的0值所对应的基准图像的像素值之和(与 C_1 中“×”所对应的基准图像的像素值,则被忽略掉)。所以 $\varphi_1(u,v)$ 实际上是一种比特量化实时图像与基准图像的积相关函数,它反映了实时图像中最粗糙的图像结构的信息与基准图像的相关。$\varphi_1(u,v)$ 称为基本的相关面。在标准图像全区域的搜索过程中,若设定一个门限值 T_1,并舍弃那些 $\varphi_1(u,v)<T_1$ 的试验点,则可以大大减少下一轮搜索时的试验位置数。在 $\varphi_1(u,v)>T_1$ 的试验位置上,再进行细的相关运算,则可以用下式来计算:

$$\varphi_2(u,v) = \varphi_1(u,v) + \frac{1}{2}\left\{ \sum_{\substack{j,k \\ C_2(j,k)=1}} X_{j+u,k+v} - \sum_{\substack{j,k \\ C_2(j,k)=0}} X_{j+u,k+v} \right\} \tag{3-82}$$

同理,为了减少有争议的匹配点数目,设置门限值 T_2,并在 $\varphi_1(u,v)>T_2$ 的试验位置上,以 C_2 为基础进行更细的相关运算。

$$\varphi_3(u,v) = \varphi_2(u,v) + \frac{1}{2^2}\left\{ \sum_{\substack{j,k \\ C_3(j,k)=1}} X_{j+u,k+v} - \sum_{\substack{j,k \\ C_3(j,k)=0}} X_{j+u,k+v} \right\} \tag{3-83}$$

3.6.2 图像的点特征

本节介绍目前应用比较广泛的图像点特征提取方法,即 SIFT 点特征。SIFT 算法基于图像特征尺度选择的思想,建立了图像的多尺度空间,在不同尺度下监测到同一个特征点,在确定特征点位置的同时确定其所在尺度,以达到尺度抗缩放的目的;提出一些对比度比较低的点及边缘响应点,并提取旋转不变特征描述已达到抗仿射变换的目的,该算法主要包含以下几点:

(1)建立尺度空间,寻找候选点;

(2)精确确定关键点位置,提出不稳定点;

(3)确定关键点梯度的模及方向;

(4)提取特征描述符。

1. 高斯差分尺度空间建立

一幅二维图像在不同尺度下的尺度空间表示 $L(x,y,\sigma)$ 可由图像 $I(x,y)$ 与高斯核卷积得到,即

$$L(x,y,\sigma) = G(x,y,\sigma) * I(x,y) \tag{3-84}$$

式中,σ 表示同时在 x 和 y 两个方向上进行卷积操作。

$$G(x,y,\sigma) = \frac{1}{2\pi\sigma^2}e^{\frac{-(x^2+y^2)}{2\sigma^2}} \tag{3-85}$$

为了有效地在尺度空间检测到稳定的关键点,提出高斯差分尺度空间的概念。利用不同尺度的高斯差分核与图像卷积生成,即

$$D(x,y,\sigma) = [G(x,y,k\sigma) - G(x,y,\sigma)] * I(x,y) = L(x,y,k\sigma) - L(x,y,\sigma) \tag{3-86}$$

高斯差分算子(Difference of Gaussian, DOG)计算简单,是尺度归一化的 LOG 的近似。使用 DOG 对 LOG 近似的好处在于:

(1)LOG 需要两个方向高斯二阶微分卷积核,而 DOG 直接使用高斯卷积核,省去了对卷积核生成的运算量。

(2)DOG 保留了各个高斯尺度空间图像,这样,再生成某一尺度空间的特征时,可以直接使用式(3-84)生成的尺度空间图像,而无须重新再次生成该尺度的图像。

(3)LOG 对斑点进行检测较黑塞行列式、Harris 算子及其他特征点检测方法稳定性更好,抗噪声能力更强。DOG 是对 LOG 的近似和简化,因此,也具有与 LOG 相同的性质。

图像金字塔共 O 组,每组有 S 层,下一组的图像由上一组的图像降采样得到。对尺度空间组,原始影像经过多次高斯卷积运算,产生一系列设定的尺度空间的影像,如图 3-15 左侧所示。在图 3-15 右侧的 DOG 影像是通过邻近的高斯滤波后的影像进行差分运算产生的。在每一阶之后,高斯影像做因子为 2 的降采样,并重复进行该过程。图 3-16 为 SIFT 金字塔尺度空间结构的图像。

2. 尺度空间极值点检测

极值点的搜索是通过同一组内各 DOG 相邻层之间的比较来完成的,为了寻找尺度空间的极值点,每一个采样点要和它所有的相邻点比较,看其是否比它的图像域和尺度域的相邻点大或者小。如图 3-17 所示,中间的检测点(叉点)与它同尺度 8 个相邻点和上下相邻

尺度对应的 9×2 个点(共 26 个点(圆点))比较,以确保在尺度空间和二维图像空间都检测到极值点。也就是说,比较是在一个 3 个尺度×3 像素×3 像素的立方体内进行的。

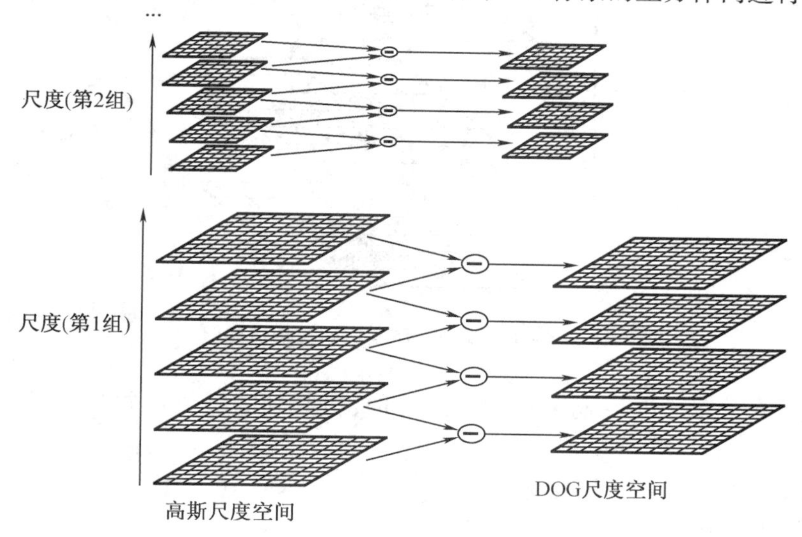

图 3-15　SIFT 金字塔尺度空间结构

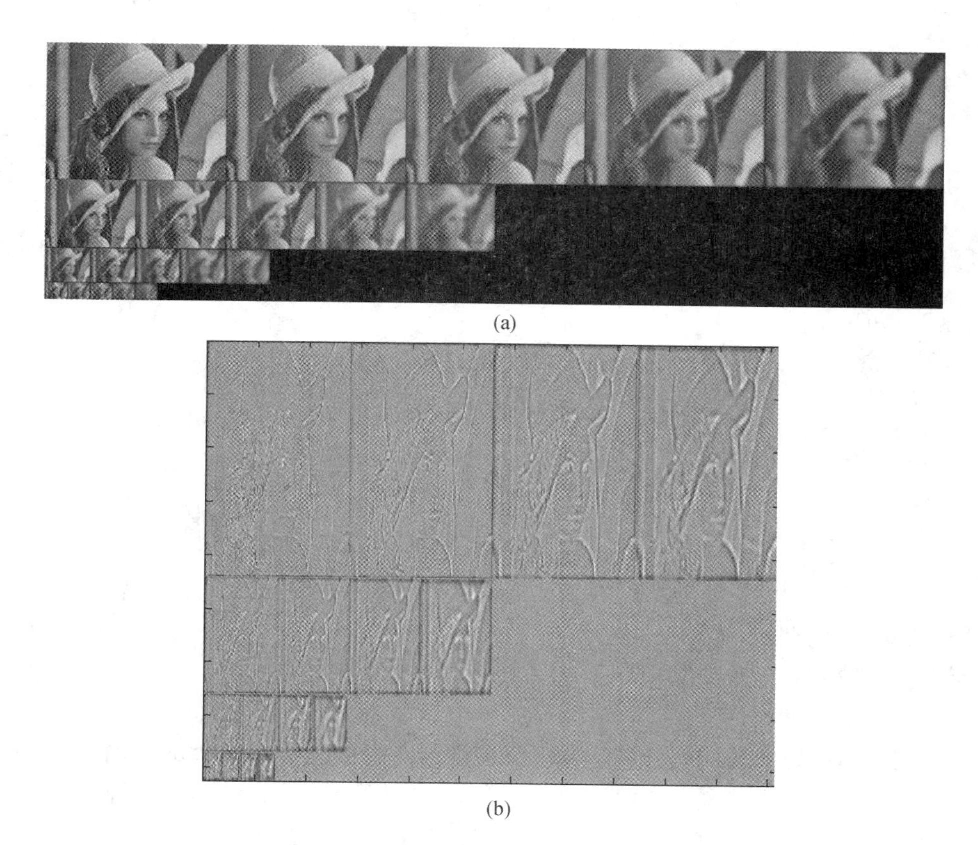

(a)

(b)

图 3-16　SIFT 金字塔尺度空间结构的图像

(a)高斯金字塔;(b)DOG 金字塔

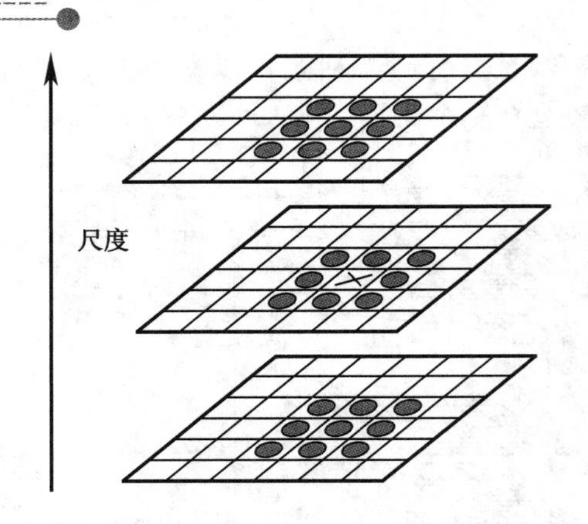

图 3－17　DOG 尺度空间极值点检测

以上的极值点搜索是在离散空间中进行的，检测到的极值点并不是真正意义上的极值点。

3. 关键点精确定位与不稳定点剔除

（1）关键点精确定位

利用尺度空间函数 $D(x,y,\sigma)$ 的泰勒展开式进行最小二乘拟合，通过计算机拟合曲面的极值以进一步确定关键点的精确位置和尺度。关键点最终的坐标和尺度可以精确到子像素级。

用泰勒公式展开 $D(x,y,\sigma)$，则采样点原点为

$$D(\boldsymbol{X})=D+\left(\frac{\partial D}{\partial \boldsymbol{X}}\right)^{\mathrm{T}}\boldsymbol{X}+\frac{1}{2}\boldsymbol{X}^{\mathrm{T}}\frac{\partial^2 D}{\partial \boldsymbol{X}^2}\boldsymbol{X} \tag{3-87}$$

式中，$\boldsymbol{X}=[x,y,\boldsymbol{\sigma}]^{\mathrm{T}}$。

将式（3－87）对 $\boldsymbol{X}$ 求导，并令其为零，即 $0=\frac{\partial D}{\partial \boldsymbol{X}}+\frac{\partial^2 D}{\partial \boldsymbol{X}^2}\boldsymbol{X}$，便可求得采样原点的位置为 $\hat{\boldsymbol{X}}=\left(\frac{\partial^2 D}{\partial \hat{\boldsymbol{X}}^2}\right)^{-1}\frac{\partial D}{\partial \hat{\boldsymbol{X}}}$，即

$$\begin{bmatrix} \frac{\partial^2 D}{\partial \sigma^2} & \frac{\partial^2 D}{\partial \sigma y} & \frac{\partial^2 D}{\partial \sigma x} \\ \frac{\partial^2 D}{\partial \sigma y} & \frac{\partial^2 D}{\partial y^2} & \frac{\partial^2 D}{\partial y x} \\ \frac{\partial^2 D}{\partial \sigma x} & \frac{\partial^2 D}{\partial y x} & \frac{\partial^2 D}{\partial x^2} \end{bmatrix}\begin{bmatrix} \sigma \\ y \\ x \end{bmatrix}=-\begin{bmatrix} \frac{\partial D}{\partial \sigma} \\ \frac{\partial D}{\partial y} \\ \frac{\partial D}{\partial x} \end{bmatrix} \tag{3-88}$$

（2）低对比度剔除

由式（3－87）可知，如果 $|D(\boldsymbol{X})|<0.03$，则该点对比度较低应剔除。

（3）边缘响应剔除

一个定义不理想的高斯差分算子的极值在横跨边缘的地方有较大的主曲率，而在垂直边缘的方向有较小的主曲率。主曲率通过一个 2×2 的黑塞矩阵 $\boldsymbol{H}$ 来求出，即

$$\boldsymbol{H}=\begin{bmatrix} D_{xx} & D_{xy} \\ D_{xy} & D_{yy} \end{bmatrix} \tag{3-89}$$

式中，D 可通过采样点相邻差估计得到。

D 的主曲率和矩阵 $\boldsymbol{H}$ 的特征值成正比,令 a 为最大的特征值,β 为最小的特征值,则

$$\begin{cases} \mathrm{tr}\ \boldsymbol{H} = D_{xy} + D_{yy} = \alpha + \beta \\ \det \boldsymbol{H} = D_{xy} D_{yy} - (D_{xy})^2 = \alpha\beta \end{cases} \tag{3-90}$$

令 $\alpha = r\beta$,则

$$\frac{(\mathrm{tr}\ \boldsymbol{H})^2}{\det \boldsymbol{H}} = \frac{(\alpha+\beta)^2}{\alpha\beta} = \frac{(r\beta+\beta)^2}{r\beta^2} = \frac{(r+1)^2}{r} \tag{3-91}$$

式中,$\frac{(r+1)^2}{r}$的值在两个特征值相等($\alpha=\beta$)的时候最小,随着 r 的增大而增大。因此,为了检测主曲率是否在某阈值 r 下,只需检测

$$\frac{(\mathrm{tr}\ \boldsymbol{H})^2}{\det \boldsymbol{H}} < \frac{(r+1)^2}{r} \tag{3-92}$$

3.6.3 图像三维重建

1. 基于全局优化的基础矩阵求解

如前所述,基本矩阵 $\boldsymbol{F}$ 是两视图之间极线几何的数学表达。对于未定标图像,获取图像的相机内外参数均是未知的,在二维空间中唯一可以利用的信息即获取的不同视图的图像匹配点对。而极线几何关系是唯一可以仅从匹配点对获取的信息。矩阵 $\boldsymbol{F}$ 作为匹配点对之间对应关系的数学表达,蕴含了相机的内部参数和外部参数信息。因此,外极几何问题就转化为对矩阵 $\boldsymbol{F}$ 的估计问题。在三维重建问题中,矩阵 $\boldsymbol{F}$ 的确定,就意味着能从同一场景不同视点的两幅图像中获取三维物体在射影空间的三维表达。因此,精确和稳定地估计矩阵 $\boldsymbol{F}$ 是三维重建工作顺利展开的必要条件。

在过去的几十年中,基础矩阵估计问题得到了长足进展。求解基础矩阵的方法分为线性方法和非线性方法。Longuet-Higgins 最早给出了一种快速且容易实现的八点算法,但该方法对噪声和外点非常敏感,对不同的数据呈现不同的稳定状态,实用性较差。Hartley 通过二维数据归一化处理对原始八点算法进行了改进,提高了八点算法的稳定性,使改进的八点算法成为最常用的基础矩阵求解方法。非线性估计基础矩阵的方法通常使用一些局部最优方法最小化代价函数,这些局部最优方法包括最小二乘法、最小中值法等。但这些局部最优方法需要良好的初值输入,并且经常收敛于局部最优,得不到全局最优解。

针对这些问题,人们提出一种基于全局优化的基础矩阵求解方法。首先,在满足秩为 2 的前提下,使用最少变量对基础矩阵进行参数化。其次,为基础矩阵建立非凸的全局最优估计模型。利用线性矩阵不等式松弛法转化非凸问题,使其最终可通过标准的凸线性不等式(LMI)工具求解。

(1)对基础矩阵进行参数化

$\boldsymbol{F}$ 为 3×3 矩阵,应有 9 个参数,即

$$\boldsymbol{F} = \begin{bmatrix} f_1 & f_2 & f_3 \\ f_4 & f_5 & f_6 \\ f_7 & f_8 & f_9 \end{bmatrix} \tag{3-93}$$

但如果使其 f_9 为 1,即在相差为非零的常数因子的意义上定义 $\boldsymbol{F}$,则

$$F \sim \begin{bmatrix} f_8 & f_7 & f_6 \\ f_5 & f_4 & f_3 \\ f_2 & f_1 & 1 \end{bmatrix} \tag{3-94}$$

因此,在该种定义下,$\boldsymbol{F}$ 有 $f_1 \sim f_8$ 共 8 个参数。由于矩阵 $\boldsymbol{F}$ 的秩为 2,加入秩为 2 的约束,则 $\boldsymbol{F}$ 可以进一步参数化为

$$F \sim \begin{bmatrix} xf_2 + yf_5 & xf_1 + yf_4 & x + yf_3 \\ f_5 & f_4 & f_3 \\ f_2 & f_1 & 1 \end{bmatrix} \tag{3-95}$$

此时,$\boldsymbol{F}$ 具有 x,y 和 $f_1 \sim f_5$ 共 7 个参数。

(2)基础矩阵全局优化算法

给定匹配点对集合$\{(\boldsymbol{m}_i,\boldsymbol{m}'_i)\}(i=1,2,\cdots,N)$,由基础矩阵定义可知,$\boldsymbol{F}$ 满足

$$\boldsymbol{m}'^{\mathrm{T}}_i \boldsymbol{F} \boldsymbol{m}_i = 0 \text{ 和 } \sum_i \boldsymbol{m}'^{\mathrm{T}}_i \boldsymbol{F} \boldsymbol{m}_i = 0 \tag{3-96}$$

则可将基本矩阵求解形式化为最优化问题:

$$\min \sum_i (\boldsymbol{m}'^{\mathrm{T}}_i \boldsymbol{F} \boldsymbol{m}_i)^2 \tag{3-97}$$

令 $\boldsymbol{m}_i = [a_i, b_i, 1]$,$\boldsymbol{m}'_i = [a'_i, b'_i, 1]$,则 $\boldsymbol{m}'^{\mathrm{T}}_i \boldsymbol{F} \boldsymbol{m}_i$ 等价于

$$[a'_i, b'_i, 1] \begin{bmatrix} xf_2 + yf_5 & xf_1 + yf_4 & x + yf_3 \\ f_5 & f_4 & f_3 \\ f_2 & f_1 & 1 \end{bmatrix} \begin{bmatrix} a_i \\ b_i \\ 1 \end{bmatrix}$$

$$= b_i(a'_i x + 1)f_1 + a_i(a'_i x + 1)f_2 + (a'_i y + b'_i)f_3 + b_i(a'_i y + b'_i)f_4 + a_i(a'_i y + b'_i)f_5 \tag{3-98}$$

记式(3-98)等号右边为 $G_i(\boldsymbol{X})$,其中,$\boldsymbol{X} = [x, y, f_1, f_2, f_3, f_4, f_5]$ 为未知参数向量,$G_i(\boldsymbol{X})$ 是 $\boldsymbol{X}$ 的多项式函数,由此,我们得到非凸多项式形式的最优化问题:

$$\min \sum_i [G_i(X)]^2$$

$$\text{s. t.} \quad 1 \geqslant x \geqslant 0$$

$$1 \geqslant y \geqslant 0$$

$$F = \begin{bmatrix} xf_2 + yf_5 & xf_1 + yf_4 & x + yf_3 \\ f_5 & f_4 & f_3 \\ f_2 & f_1 & 1 \end{bmatrix} \tag{3-99}$$

式中,$i = 1, 2, \cdots, N$,N 为用来估计 $\boldsymbol{F}$ 的匹配点对数目。

一般来说,最小化有若干未知参数的有理函数是十分困难的问题,对于非凸函数尤为如此。有一种凸线性不等式(LMI)松弛方法被用来有效地解决非凸问题的最优化。非凸的最优化问题可以通过层次化 LMI 松弛转化为凸优化问题,从而可以利用标准的 LMI 工具求解。

2. 度量空间三维点云恢复算法

基于视图之间的基本矩阵,可以在射影空间求解匹配点对所对应的三维点,经过自标定过程,射影空间三维点可以变换到度量空间,这是基本的度量空间三维点求解流程。由于我们以恢复物体的完整三维点云为目标,因此用于重建的图像序列较长,并且封闭,长序列图像在运动和结构参数估计中会产生错误累计,导致估计过程失败。为解决该问题,本

节首先给出了仅依赖基础矩阵精度的射影空间多视图投影矩阵求解算法，由于基础矩阵的估计具备鲁棒性，因此，基于我们的方法所计算的相机投影矩阵的稳定性高、误差较小。然后，经过自标定过程，将射影空间投影矩阵变换到度量空间。最后，在点云恢复算法中，采用分组策略优化估计过程，进一步减小累计误差。

根据透视投影模型，相机投影矩阵 $\boldsymbol{P}$ 由一系列变换组成，蕴含了相机的内部参数和运动信息，因此，对于投影矩阵的估计相当于对相机内部和外部参数的估计。

图3－11给出了两视图之间的极线几何的直观描述，关于极线几何，还有严格的数学表达。设第 i 个视点下的投影矩阵 $\boldsymbol{P}_i=[\boldsymbol{A}_i|\boldsymbol{a}_i]$，其中 $\boldsymbol{A}_i$ 为 3×3 的非奇异矩阵，$\boldsymbol{a}_i$ 为三维向量。设 M 为任一三维场景点的齐次坐标，在视点 i,j 下的投影二维点分别为 $\boldsymbol{m}_i$ 和 $\boldsymbol{m}_j$，$\boldsymbol{e}_i$ 和 $\boldsymbol{e}_j$ 分别为视点 i,j 下的外极点，则有

$$\lambda\boldsymbol{e}_i=\boldsymbol{a}_i-\boldsymbol{A}_i\boldsymbol{A}_j\boldsymbol{a}_j \tag{3-100}$$

式中，λ 代表任意非零因子。

$$\mu\boldsymbol{F}_{i,j}=[\boldsymbol{e}_j]_x\boldsymbol{A}_j\boldsymbol{A}_i^{-1} \tag{3-101}$$

根据式(3－101)，令 $i=0,j=1$，则得

$$\mu\boldsymbol{F}_{0,1}=[\boldsymbol{e}_1]_x\boldsymbol{A}_1 \tag{3-102}$$

由 $[\boldsymbol{e}_i]_x$ 的定义，得

$$\mu{}^i\boldsymbol{F}_{0,1}=\boldsymbol{e}_1\times\boldsymbol{A}_1\quad(i\in\{1,2,3\}) \tag{3-103}$$

式中，矩阵左上角的 i 代表该矩阵的第 i 列。

根据向量乘积的几何意义，可以推出

$${}^i\boldsymbol{F}_{0,1}\perp\boldsymbol{e}_1,{}^i\boldsymbol{F}_{0,1}\perp{}^i\boldsymbol{A}_1,\text{且}|\mu{}^i\boldsymbol{F}_{0,1}|=|\boldsymbol{e}_1||{}^i\boldsymbol{A}_1|\sin\langle\boldsymbol{e}_1,{}^i\boldsymbol{A}_1\rangle \tag{3-104}$$

式中，$\langle\boldsymbol{e}_1,{}^i\boldsymbol{A}_1\rangle$ 表示两向量之间的角度。由此可得 ${}^i\boldsymbol{F}_{0,1}\times\boldsymbol{e}_1$，$\boldsymbol{e}_1$ 及 ${}^i\boldsymbol{A}_1$ 共面，且 $|{}^i\boldsymbol{F}_{0,1}\times\boldsymbol{e}_1|=|\mu{}^i\boldsymbol{F}_{0,1}|=|\boldsymbol{e}_1|^2|{}^i\boldsymbol{A}_1|\sin\langle\boldsymbol{e}_1,{}^i\boldsymbol{A}_1\rangle$，从而

$${}^i\boldsymbol{A}_1=\frac{{}^i\boldsymbol{F}_{0,1}\times\boldsymbol{e}_1}{|\boldsymbol{e}_1|^2}+\gamma\boldsymbol{e}_1\quad(i\in\{1,2,3\}) \tag{3-105}$$

因此

$$\boldsymbol{P}_1=\left[\frac{{}^1\boldsymbol{F}_{0,1}\times\boldsymbol{e}_1}{|\boldsymbol{e}_1|^2},\frac{{}^2\boldsymbol{F}_{0,1}\times\boldsymbol{e}_1}{|\boldsymbol{e}_1|^2},\frac{{}^3\boldsymbol{F}_{0,1}\times\boldsymbol{e}_1}{|\boldsymbol{e}_1|^2},\boldsymbol{e}_1\right]=[[\boldsymbol{e}_1]_x\boldsymbol{F}_{0.1}|\boldsymbol{e}_1] \tag{3-106}$$

我们根据两视图之间的投影矩阵求解关系，导出多视图投影矩阵的统一递推形式（图3－18）。

已知图像对 $\boldsymbol{I}_i$ 和 $\boldsymbol{I}_j$ 之间的一定量匹配点对，求取 $\boldsymbol{F}_{i,j}$ 和 $\boldsymbol{e}_j$。首先，设 $\boldsymbol{P}_i=[\boldsymbol{I}|0]$，即以光心 C_i 为射影坐标系的原点，根据式(3－106)，有

$$P_j=[[\boldsymbol{e}_j]_x\boldsymbol{F}_{i,j}|\boldsymbol{e}_j] \tag{3-107}$$

已知图像对 $\boldsymbol{I}_j$ 和 $\boldsymbol{I}_x$ 之间的一定量匹配点对，求取 $\boldsymbol{F}_{j,k}$ 和 $\boldsymbol{e}_k$。

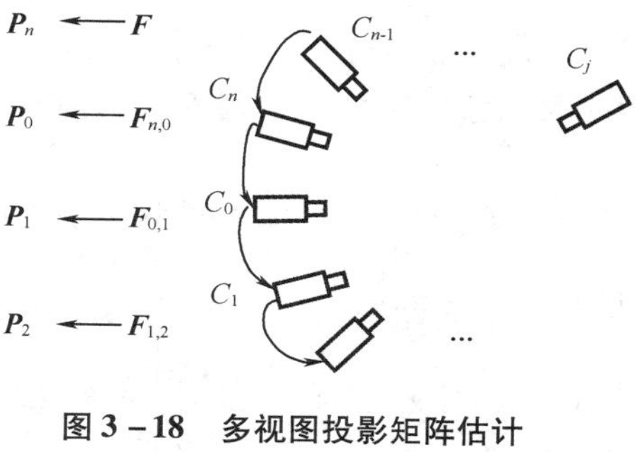

图3－18　多视图投影矩阵估计

设 $\boldsymbol{P}_j'=[\boldsymbol{I}|0]$，即以光心 C_j 为射影坐标系的原点，根据式(3－106)，有

$$\boldsymbol{P}_k'=[[\boldsymbol{e}_k]_x\boldsymbol{F}_{j,k}|\boldsymbol{e}_k] \tag{3-108}$$

令方阵 $\boldsymbol{M}=\begin{bmatrix}[\boldsymbol{e}_j]_k\boldsymbol{F}_{i,j} & \boldsymbol{e}_j\\ 0 & 1\end{bmatrix}$ 作为变换矩阵，将 C_j 对齐到 C_i，具体如下：

令 $\boldsymbol{P}_j'$和 $\boldsymbol{P}_k'$分别乘以 $\boldsymbol{M}$,得

$$\boldsymbol{P}_j'\boldsymbol{M} = [\boldsymbol{I}|0]\begin{bmatrix}[\boldsymbol{e}_j]_x\boldsymbol{F}_{i,j} & \boldsymbol{e}_j \\ 0 & 1\end{bmatrix} = [[\boldsymbol{e}_j]_x\boldsymbol{F}_{i,j}|\boldsymbol{e}_j] = [[\boldsymbol{e}_j]_x\boldsymbol{F}_{i,j}]\boldsymbol{P}_i + [0|\boldsymbol{e}_j] = \boldsymbol{P}_j \tag{3-109}$$

$$\boldsymbol{P}_k'\boldsymbol{M} = [[\boldsymbol{e}_k]_x\boldsymbol{F}_{j,k}|\boldsymbol{e}_k]\begin{bmatrix}[\boldsymbol{e}_j]_x\boldsymbol{F}_{ij} & \boldsymbol{e}_j \\ 0 & 1\end{bmatrix} = [[\boldsymbol{e}_k]_x\boldsymbol{F}_{j,k}]\boldsymbol{P}_j + [0|\boldsymbol{e}_k] = \boldsymbol{P}_k \tag{3-110}$$

即对不同视图 $\boldsymbol{I}_i$,$\boldsymbol{I}_j$ 和 $\boldsymbol{I}_k$,以视图 $\boldsymbol{I}_i$ 所对应的光心 C_i 为射影坐标系原点,则有

$$\begin{aligned} \boldsymbol{P}_i &= [\boldsymbol{I}|0] \\ \boldsymbol{P}_j &= [[\boldsymbol{e}_j]_x\boldsymbol{F}_{i,j}]\boldsymbol{P}_i + [0|\boldsymbol{e}_j] \\ \boldsymbol{P}_k &= [[\boldsymbol{e}_k]_x\boldsymbol{F}_{j,k}]\boldsymbol{P}_j + [0|\boldsymbol{e}_k] \end{aligned} \tag{3-111}$$

对于序列视图 $\boldsymbol{I}_0$,$\boldsymbol{I}_1$,$\cdots$,$\boldsymbol{I}_n$,以视图 $\boldsymbol{I}_0$ 所对应的光心 C_0 为射影坐标系原点,则有

$$\begin{aligned} \boldsymbol{P}_0 &= [\boldsymbol{I}|0] \\ \boldsymbol{P}_1 &= [[\boldsymbol{e}_1]_x\boldsymbol{F}_{0,1}]P_0 + [0|\boldsymbol{e}_1] \\ \boldsymbol{P}_2 &= [[\boldsymbol{e}_2]_x\boldsymbol{F}_{1,2}]P_1 + [0|\boldsymbol{e}_2] \\ &\vdots \\ \boldsymbol{P}_n &= [[\boldsymbol{e}_n]_x\boldsymbol{F}_{n-1,n}]\boldsymbol{P}_{n-1} + [0|\boldsymbol{e}_n] \end{aligned} \tag{3-112}$$

根据上述推导,即可仅根据恢复的外极几何求解整个序列在射影意义的投影矩阵。

(1)度量空间投影矩阵求解

仅通过视图间的基本矩阵即可求解在射影意义上的投影矩阵,但是,获取欧氏空间或度量空间中的投影矩阵,则需要自标定过程。根据相机透视投影模型,从射影空间升级到度量空间,需要标定相机的内部参数矩阵 $\boldsymbol{K}$ 和另外一个几何实体,即无穷远平面 $\boldsymbol{\pi}_\infty$。恢复相机内部参数矩阵和无穷远平面参数的过程称为自标定或者自动标定。

我们采用非线性自标定方法将射影重建升级到度量空间。为更好地了解该过程,我们首先阐述了如下前导知识。

由于二次曲线可以用 3 阶对称矩阵表示。假设用矩阵 $\boldsymbol{C}$ 表示二次曲线,则二次曲线上的任意一点 $\boldsymbol{x}$,满足 $\boldsymbol{x}^{\mathrm{T}}\boldsymbol{C}\boldsymbol{x}=0$。在射影几何中,存在二次曲线的对偶二次曲线 $\boldsymbol{C}^n$,使得任意一条与 $\boldsymbol{C}$ 相切的直线 $\boldsymbol{l}$,都满足 $\boldsymbol{l}^{\mathrm{T}}\boldsymbol{C}^n\boldsymbol{l}=0$。同样,二次曲面由 4 阶对称方阵 $\boldsymbol{Q}$ 表示,即对二次曲面 $\boldsymbol{Q}$ 上的任一点 $\boldsymbol{X}$,都满足 $\boldsymbol{X}^{\mathrm{T}}\boldsymbol{Q}\boldsymbol{X}$;其对偶二次曲面 $\boldsymbol{Q}^n$,对任意一个与 $\boldsymbol{Q}$ 相切的平面 $\boldsymbol{L}$,都满足 $\boldsymbol{L}^{\mathrm{T}}\boldsymbol{Q}^n\boldsymbol{L}=0$。对偶二次曲线和对偶二次曲面之间有如下联系:

$$\boldsymbol{C}^n \sim \boldsymbol{P}\boldsymbol{Q}^n\boldsymbol{P}^{\mathrm{T}} \tag{3-113}$$

另外,欧式空间存在两个不变的几何实体,无穷远平面 $\boldsymbol{\pi}_\infty$ 和绝对二次曲线 $\boldsymbol{\Omega}$,若令 W 表示齐次坐标的比例分量,则 $\boldsymbol{\pi}_\infty$ 和 $\boldsymbol{\Omega}$ 的规范形式分别用 $W=0$ 和 $\begin{cases}X^2+Y^2+Z^2=0\\W=0\end{cases}$ 表示。Triggs 又引入了绝对二次曲面 $\boldsymbol{\Omega}^n$ 的概念,其在欧式空间中的规范二次型矩阵由 $\begin{bmatrix}\boldsymbol{I}_{3\times3} & \boldsymbol{0}_3 \\ \boldsymbol{0}_3^{\mathrm{T}} & 0\end{bmatrix}$表示。

事实上,在任意的射影坐标系下,无论无穷远平面 $\boldsymbol{\pi}_\infty$、绝对二次曲线 $\boldsymbol{\Omega}$ 和绝对二次曲面 $\boldsymbol{\Omega}^n$ 都不再保持规范型,而成为不固定的形式。形式不固定的绝对二次曲面 $\boldsymbol{\Omega}^n$ 可以用无穷远平面和相机内部参数矩阵进行参数化。基于绝对二次曲面的自标定方法的目标就是

寻找单应变换 $\boldsymbol{T}$。将参数化后的 $\boldsymbol{\Omega}^n$ 变换为规范型，从而估计出其中的无穷远平面和相机内部参数。

设 ω_i 为绝对二次曲线 $\boldsymbol{\Omega}$ 在第 i 个视点下的像，ω_i^n 为其对偶，则 ω_i^n 为对偶绝对二次曲面 $\boldsymbol{\Omega}^n$ 在第 i 个视点下的像，则有

$$\omega_i^n \sim \boldsymbol{K}_i\boldsymbol{K}_i^{\mathrm{T}} \sim \boldsymbol{P}_i\boldsymbol{\Omega}^n\boldsymbol{P}_i^{\mathrm{T}} \tag{3-114}$$

不难看出，绝对二次曲面 $\boldsymbol{\Omega}^n$ 可以在射影空间中表示为如下形式（假设内部参数矩阵 $\boldsymbol{K}$ 在不同视图之间保持不变）：

$$\boldsymbol{\Omega}^n = \begin{pmatrix} \boldsymbol{KK}^{\mathrm{T}} & -\boldsymbol{KK}^{\mathrm{T}}\boldsymbol{\pi}_\infty \\ -\boldsymbol{\pi}_\infty^{\mathrm{T}}\boldsymbol{KK}^{\mathrm{T}} & \boldsymbol{\pi}_\infty^{\mathrm{T}}\boldsymbol{KK}^{\mathrm{T}}\boldsymbol{\pi}_\infty \end{pmatrix} \tag{3-115}$$

式中，$\boldsymbol{K}$ 为相机内部参数矩阵；无穷远平面 $\boldsymbol{\pi}_\infty = [\pi_\infty, 1]^{\mathrm{T}}$。

因此，估计相机内部参数和无穷远平面的自标定过程可以通过非线性优化以下代价函数实现：

$$\min f(\boldsymbol{K}, \boldsymbol{\pi}_\infty) = \min f(f_x, f_y, u, v, a, b, c) = \min \sum_{i \to 0}^{n} \left\| \|\boldsymbol{KK}^{\mathrm{T}}\|_{\mathrm{F}} - \|\boldsymbol{P}_i\boldsymbol{Q}^n\boldsymbol{P}_i^{\mathrm{T}}\|_{\mathrm{F}} \right\| \tag{3-116}$$

式中，$\boldsymbol{K} = \begin{bmatrix} f_x & u & \\ & f_y & v \\ & & 1 \end{bmatrix}$；$\boldsymbol{\pi}_\infty = [\pi_\infty, 1]^{\mathrm{T}} = [a, b, c, 1]^{\mathrm{T}}$。

从而，代价函数中的 7 个未知参数可以通过非线性最小二乘法求解：

$$\min_{f_x, f_y, u, v, a, b, c} \sum_{i \to 0}^{n} \left\| \|\boldsymbol{KK}^{\mathrm{T}}\|_{\mathrm{F}} - \|\boldsymbol{P}_i\boldsymbol{Q}^n\boldsymbol{P}_i^{\mathrm{T}}\|_{\mathrm{F}} \right\| \tag{3-117}$$

经过自标定过程，可以求解从射影空间升级到度量空间的 4 阶变换 $\boldsymbol{T}$，对于射影空间不变的几何实体，绝对二次曲面

$$\boldsymbol{\Omega}^n = \begin{pmatrix} \boldsymbol{KK}^{\mathrm{T}} & -\boldsymbol{KK}^{\mathrm{T}}\boldsymbol{\pi}_\infty \\ -\boldsymbol{\pi}_\infty^{\mathrm{T}}\boldsymbol{KK}^{\mathrm{T}} & \boldsymbol{\pi}_\infty^{\mathrm{T}}\boldsymbol{KK}^{\mathrm{T}}\boldsymbol{\pi}_\infty \end{pmatrix} \tag{3-118}$$

存在 4 阶变换 $\boldsymbol{T}$，使得

$$\boldsymbol{T\Omega}^n\boldsymbol{T}^{\mathrm{T}} \sim \begin{bmatrix} \boldsymbol{I}_{3\times 3} & \boldsymbol{0}_3 \\ \boldsymbol{0}_3^{\mathrm{T}} & 0 \end{bmatrix} \tag{3-119}$$

即变换 $\boldsymbol{T}$ 将 $\boldsymbol{\Omega}^n$ 从射影空间的不固定形式升级为度量空间的规范形式，满足上述方程的 $\boldsymbol{T}$ 可写为

$$\boldsymbol{T} = \begin{bmatrix} \boldsymbol{K}^{-1} & 0 \\ \boldsymbol{\pi}_\infty^{\mathrm{T}} & 1 \end{bmatrix} \tag{3-120}$$

根据式（3-114），有

$$\boldsymbol{P}(\boldsymbol{T\Omega}^n\boldsymbol{T}^{\mathrm{T}})\boldsymbol{P}^{\mathrm{T}} \sim (\boldsymbol{PT})\boldsymbol{\Omega}^n(\boldsymbol{PT})^{\mathrm{T}} \tag{3-121}$$

即变换 $\boldsymbol{T}$ 可将射影空间的投影矩阵提升到度量空间，具体如下：

对已求得的射影空间中不同视点下的投影矩阵 $\boldsymbol{P}_0, \boldsymbol{P}_1, \cdots, \boldsymbol{P}_n$，利用自标定方法求取升级变换 $\boldsymbol{T}$，则视点 i 下的度量空间投影矩阵 $\boldsymbol{P}_i^n \sim \boldsymbol{P}_i\boldsymbol{T}$。

(2)分层三维结构恢复算法

求解射影空间的投影矩阵之后,空间点的射影坐标可以用线性方法直接从图像特征点的坐标计算得到:

设空间中一点 $\boldsymbol{X}$ 在视点 i 下的投影点为 $\boldsymbol{x}_i=[u_i,v_i,1]^{\mathrm{T}}$,则根据相机透视投影模型 $\lambda\boldsymbol{x}_i=\boldsymbol{P}_i\boldsymbol{X}$,有

$$\begin{cases}\lambda u_i=\boldsymbol{P}_i^{(1)}\boldsymbol{X}\\ \lambda v_i=\boldsymbol{P}_i^{(2)}\boldsymbol{X}\Rightarrow\begin{cases}u_i\boldsymbol{P}_i^{(3)}\boldsymbol{X}=\boldsymbol{P}_i^{(1)}\boldsymbol{X}\\ v_i\boldsymbol{P}^{(3)}\boldsymbol{X}=\boldsymbol{P}_i^{(2)}\boldsymbol{X}\end{cases}\\ \lambda=\boldsymbol{P}_i^{(3)}\boldsymbol{X}\end{cases}\tag{3-122}$$

式中,$\boldsymbol{P}_i^{(j)}(j=1,2,3)$表示投影矩阵的第 j 行。

将式(3-122)所表示的关于 $\boldsymbol{X}$ 的方程组表示为矩阵的形式,即

$$\boldsymbol{AX}=\boldsymbol{O}\tag{3-123}$$

式(3-123)可用 SVD 法求解。

我们统计了用于重建的图像序列匹配点对在各视图中的可见性,即在两个视图、三个视图、N 个视图中都可见的匹配点对数量,如图 3-8 所示,可以看出,在两个视图和三个视图中,可见的匹配点对的数量占绝对优势。基础矩阵的估计基于两个视图,在整个序列中,我们基于双视图串联估计所有视图对应的投影矩阵。由于在三视图中可见的匹配点对的数量多,并且视图在几何上能提供稳定的约束,因此,我们基于三视图可见的匹配点对,分别在射影空间和度量空间对相应空间中恢复的三维点进行最小化反投影误差处理:

$$\min\sum_i\sum_j d(\boldsymbol{x}_i^j,\boldsymbol{P}_i\boldsymbol{X}^j)^2\tag{3-124}$$

式中,i 对应视点序列的分组,指同一视点下 triple 三视图匹配点对的数目;$d(\boldsymbol{x}_i^j,\boldsymbol{P}_i\boldsymbol{X}^j)^2$ 为向量之间的欧氏距离的平方。反投影误差超过一定阈值的三维点被剔除,一般可以设定阈值取 1 个像素。

3.7 本章小结

本章主要从摄像机成像理论出发,详细介绍了计算机视觉理论的相关知识、摄像机的标定过程和标定方法,以及空间坐标点的计算过程,又以平行双目视觉平台为重点,介绍了平行双目视觉的图像采集规律和成像机理,突出了双目视觉的像素坐标计算方法,同时介绍了图像的配准方法和图像的三维重建基础理论。本章为后续的实验数据的采集和处理打下基础。

第 4 章　分形理论基础

分形是由法国数学家 B. B. Mandelbrot 于 1975 年创建的，他发表了一系列文章，使分形思想具体化、系统化和科学化；B. B. Mandelbrot 在 20 世纪 70 年代初创立了现代分形学，分形学试图通过混乱现象和不规则构型，揭示隐藏在它们背后的局部与整体的本质联系和运动规律。

4.1　分形及其特点

4.1.1　分形和不规则形状的几何有关

人们早就熟悉从规则的实物抽象出诸如圆、直线、平面等几何概念，B. B. Mandelbrot 则为弯弯曲曲的海岸线、棉絮团似的云烟找到了合适的几何学描述方法——分形。早期概念中分形要求整体与它的各个局部具有自相似性，而完全自相似的分形也只是一种数学抽象。当今概念中的分形对自相似性做了适当修正和推广，使分形更能接近现实的事物。分形理论起初是在各种物理现象或真实的例子中寻找应用，后来人们则进一步研究那些具有分形几何特征的事物具有什么样的物理规律，研究分形形状的事物是如何随着时间演化的。

4.1.2　分形的研究对象是几何形体

分形理论的研究对象是由非线性系统产生的不光滑和不可微的几何形体。有关分形的概念，最早是由 Hausdorff 于 1919 年引入，随后经 Besicovitch 于 1935 年和 B. B. Mandelbrot 于 1975 年加以改进和发展。B. B. Mandelbrot 曾对分形做了一个常识性的定理刻画，认为分形是 Hausdorff 维数严格大于其拓扑维数的集合。

4.1.3　分形的基本特征是具有标度的不变性

几何学是研究图形在其变换群作用下不变性和不变量的学科。欧氏几何学研究的图像都是规则而光滑的，具有几何对称性。分形几何学研究的图形是非常不规则和不光滑的，已经失去了通常的几何对称性；但是，在不同的尺度下进行观察时，分形却具有尺度上的对称性，称为标度不变性。因此，分形几何学是研究图像在标度变换群作用下不变性和不变量的学科。

4.1.4　分形三大要素

B. B. Mandelbrot 认为分形有三大要素，即形状、机遇和维数。首先，分形的形状是支离破碎、参差不齐、凹凸不平的不规则形状。其次，我们发现自然界中的海岸线与用来描述它的著名的科克分形曲线之间仍然有很大的不同，而这种差异是由于海岸线受自然界随机因素的影响而产生的。分形的维数可以是分数，称为分维。维数是几何对象的一个重要特征量,通常维数的概念指的是为了确定几何对象中一个点的位置所需要的独立坐标数目。

分形概念的出现为人们认识事物局部与整体的关系提供了一种辩证的思维方式,为描述自然界和社会的复杂现象提供了一种简洁有力的几何语言。许多现实信号具有明显或者不明显的分形特征,采用合适的变换手段再采取分形的处理方法可以取得意想不到的效果。

4.2 分形维数理论

4.2.1 分形维数概念

分形理论是一种以复杂的、非规则几何形态、行为或现象为研究对象的新兴的非线性科学,产生于20世纪70年代末,能够描述一些不能用传统的欧氏几何描述的复杂几何图形,打破了人们以欧式几何方式认识世界的局限,是处理自然界零碎和复杂现象的有力工具。自著名的数学家B. B. Mandelbrot创建了分形以来,分形理论在自然科学和社会科学的各个领域都得到了广泛的应用,并产生了重大的影响,为人们解决复杂问题提供了一种新的思路。

分形是具有相似性的一类形状,广泛地存在于自然界中,如蜿蜒的海岸线、茂密的树木、复杂的血管、植物的叶脉、粗糙的岩石表面、起伏的山脉等,都具有分形特性。分形也可以用数学方法来生成,如著名的康托尔集、科赫曲线、谢尔宾斯基三角形、门格尔海绵等。分形具有自相似性、无标度性和自仿射性的特点。自相似性是指分形对象局部放大后与整体相似的特性,是分形最根本的特性。这种相似可以是精确的相似,也可以是近似的相似,或是统计意义上的相似。且从局部到整体的变换中,各个方向的变换比率是相同的。如果各个方向的变换比率不一定相同,则具有自仿射性。自相似性是自仿射性的一种特例。无标度性,也称伸缩对称性,是指在分形对象上任意选取一个局部区域进行放大或缩小,其复杂度、形态、不规则性均不发生变化的特性。对于分形图形,传统欧氏几何中的长度、面积、体积无法准确描述和解释。

分形维数是刻画分形不规则性的一种有效度量方法。与欧氏几何中的整数维数不同,分形图形的维数通常是大于拓扑维数小于欧氏维数的非整数维。对于不同的分形往往需要使用不同的方法来计算分形维数,因而得出多种不同名称的维数。在各种计算分形维数的方法中,Hausdorff维数是一种最基本也是最重要的分形维数。因为它不仅适用于分形,也适用于欧氏几何,当计算欧氏几何图形的维数时Hausdorff维数为整数,当计算分形图形的维数时Hausdorff维数为分数。Hausdorff维数能够精确测量复杂集维数,但是计算复杂度较高。为了简化计算复杂度,出现了多种计算分形维数的方法。对于波形的分形维数,常用的计算方法包括盒维数(Box Fractal Dimension, BFD)、Higuchi分形维数(Higuchi Fractal Dimension, HFD)、方差分形维数(Variance Fractal Dimension, VFD)、Petrosian分形维数(Petrosian Fractal Dimension, PFD)、Katz分形维数(Katz Fractal Dimension, KFD)、Sevcik分形维数(Sevcik Fractal Dimension, SFD)等。

4.2.2 基于时域和频域的分形维数

作为信号复杂度的一种度量手段,分形维数能够有效地判断信号的随机性。在认知无线电频谱感知中,由于主用户信号为通信信号,经过调制后,其时域和频域的随机性和复杂度往往低于噪声，因此可以利用分形维数度量接收信号的随机性，判断信号是否存在。

计算分形维数可以在时域上直接计算，也可以先将接收信号利用离散傅里叶变换（Discrete Fourier Transformation，DFT）从时域变换到频域，再计算其频域上的分形维数。基于时域和频域分形维数的频谱感知系统框图如图4－1所示。

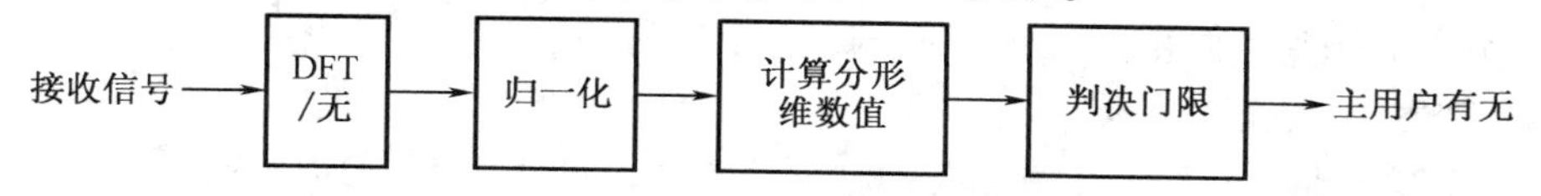

图4－1　基于时域和频域分形维数的频谱感知系统框图

具体计算方法如下。

在认知无线电技术中，单节点频谱感知可以抽象为一个二元假设检验问题：

$$\begin{cases} H_0: y(n) = \omega(n) \\ H_1: y(n) = x(n) + \omega(n) \quad (n = 0, 1, \cdots, N-1) \end{cases} \tag{4-1}$$

式中，$y(n)$为认知节点接收信号；$\omega(n)$为加性高斯白噪声；$x(n)$为主用户信号；H_0代表主用户不存在；H_1代表主用户存在。

如果在频域计算分形维数值，那么需要对式（4－1）进行N点DFT，可得

$$\begin{cases} H_0: \boldsymbol{Y}(k) = \boldsymbol{W}(k) \\ H_1: \boldsymbol{Y}(k) = \boldsymbol{X}(k) + \boldsymbol{W}(k) \quad (k = 0, 1, \cdots, N-1) \end{cases} \tag{4-2}$$

式中，$\boldsymbol{Y}(k)$，$\boldsymbol{X}(k)$和$\boldsymbol{X}(k)$分别为$y(n)$，$\omega(n)$和$s(n)$的离散傅里叶变换。设$Y(k)$，$W(k)$和$X(k)$分别为$\boldsymbol{Y}(k)$，$\boldsymbol{W}(k)$和$\boldsymbol{X}(k)$的模。

为了避免信号不同强度对分形维数计算的影响，需要对$y(n)$（时域）或$Y(k)$（频域）进行归一化处理，时域和频域归一化方法分别如下：

$$y^*(n) = \frac{y(n) - y_{\min}}{y_{\max} - y_{\min}} \tag{4-3}$$

$$Y^*(k) = \frac{Y(k) - Y_{\min}}{Y_{\max} - Y_{\min}} = \frac{Y(k)}{Y_{\max}} \tag{4-4}$$

式中，$y_{\max}$和$y_{\min}$分别是$y(n)$的最大值和最小值；$Y_{\max}$和$Y_{\min}$分别是$Y(k)$的最大值和最小值。由于$Y(k)$为$y(n)$的DFT，因此$Y_{\min}$可设为0，由此得到式（4－4）的后半部分。

归一化后，根据各分形维数的计算方法计算分形维数D，将D与设定的门限值λ比较，以判断主用户的存在与否：

$$\begin{cases} D > \lambda, & H_0 \\ D \leqslant \lambda, & H_1 \end{cases} \tag{4-5}$$

4.3　基于Petrosian的分形维数

4.3.1　Petrosian分形维数

1995年，Petrosian提出了一种快速估算有限长序列分形维数的方法，即Petrosian分形维数，用于分析电信号。

Petrosian 分形维数计算方法如下。

首先将数据转换成二进制序列 $z(n)$，有以下五种转换方式：

(1)均值法。使用有限长序列的平均值作为数据转换为二进制序列的门限值，如果数据采样点值大于门限值，则置为1，否则置为0。

(2)改进区域法。如果采样值大于有限长序列的均值与标准差的和，或小于均值与标准差的差，则置为1，否则置为0。

(3)差分法。将波形信号的相邻采样值做差运算，如果差大于0，则置为1，否则置为0。

(4)区域差分法。将波形信号的相邻采样值做差运算，如果差大于有限长序列的标准差，则置为1，否则置为0。

(5)改进的区域差分法。与(4)方法类似，不同之处在于将(4)中的标准差换成其他设定值Δ。

转换成二进制之后，其 Petrosian 分形维数可由下式得出：

$$D_{\mathrm{P}}=\frac{\lg N}{\lg N+\lg\left(\frac{N}{N+0.4N_{\mathrm{a}}}\right)} \tag{4-6}$$

式中，N_{a} 为序列 $z(n)$ 相邻符号改变的总数，即相邻符号不同序列值对数。N_{a} 可由下式得出：

$$N_{\mathrm{a}}=\sum_{n=1}^{N-1}\left|\frac{z(n+1)-z(n)}{2}\right| \tag{4-7}$$

4.3.2　信号和噪声的 Petrosian 分形维数

本章以七种不同类型的信号（调幅（Amplitude Modulation，AM）信号、调频（Frequency Modulation，FM）信号、调相（Phase Modulation，PM）信号、振幅键控（Amplitude Shift Keying，ASK）、频移键控（Frequency Shift Keying，FSK）、相移键控（Phase Shift keying，PSK）、线性调频（Linear Frequency Modulation，LFM）信号）以及加性高斯白噪声（AWGN）为例，来分析时域 Petrosian 分形维数（Petrosian Fractal Dimension in Time Domain，PFDT）和频域 Petrosian 分形维数（Petrosian Fractal Dimension in Frequency Domain，PFDF）。仿真参数设置如下：AM 信号、FM 信号和 PM 信号的基带信号频率 $f_0=10$ MHz，波形为正弦波，调制系数 $k=0.8$，ASK、FSK 和 PSK 的基带信号均为随机产生的 0 bit 和 1 bit，码元速率为 1 Mb/s，LFM 信号中脉冲带宽为 30 MHz，信号时宽为 20 μs，采样频率为 250 MHz。以上信号载波频率均为 $f_{\mathrm{c}}=100$ MHz，采样频率均为 $f_{\mathrm{s}}=1\,000$ MHz，成型滤波器均采用滚降系数为 0.22 的平方根升余弦滤波器。序列长度 $N=5\,000$。使用 MATLAB 进行计算和仿真。

本书根据 4.3.1 节描述的不同二值化方法（均值法、改进区域法、差分法、区域差分法和改进的区域差分法）分别分析信号与噪声的 PFDT 和 PFDF。经过仿真分析和比较（此处因篇幅有限省略）可以得出在五种二值化方法中，对于 PFDT，区域差分法能够取得相对较好的效果，能够感知全部七种类型调制信号；对于 PFDF，改进区域差分法能够取得最好的效果，不仅能够感知全部七种类型调制信号，所需要区分信号和噪声的信噪比也是所有方法中最低的。

图 4－2 描述了区域差分法时信号和噪声的 PFDT。由图 4－2(a)可以看出，当噪声功率在 －100～－50 dBm 变化时，其 PFDT 在 1.02 附近随机浮动，且与噪声功率无关，计算其均值为 1.019 8，其标准差为 3.197×10^{-4}。由图 4－2(b)可以看出，随着信噪比的增加，七

种调制信号的 PFDT 均减小。这是由于随着信噪比的增加,信号的随机性和复杂性逐渐减小的原因。因此,由图 4-2 可见,即使在主用户调制类型未知时的盲感知情况下,当信噪比足够大时,只要选取合适的门限值,将接收信号的 PFDT 与门限值相比,就能够根据接收信号的 PFDT 区分信号和噪声,以判定主用户是否存在,实现频谱感知。而且,由于其噪声的 PFDT 与噪声功率无关,因此可用于噪声具有不确定情况下的频谱感知。因此,使用区域差分法时,采取 PFDT 能有效区分七种调制类型的信号和噪声。

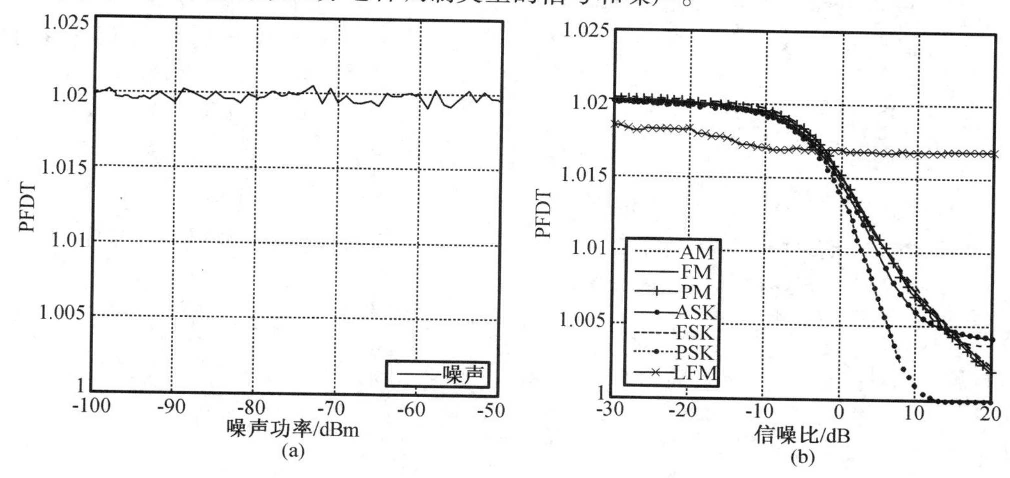

图 4-2 区域差分法时信号和噪声的 PFDT

(a)噪声的 PFDT;(b)信号的 PFDT

图 4-3 描述了改进的区域差分法时信号和噪声的 PFDF。门限值 Δ 设为 $\Delta=2\sigma$,其中 σ 为接收信号时域或频域归一化后标准差。由图 4-3(a)可以看出,当噪声功率在 -100 ~ -50 dBm 变化时,其 PFDF 在 1.007 附近随机浮动,且与噪声功率无关,计算其均值为 1.007 2,标准差为 2.915×10^{-4}。图 4-3(b) 描述了当信噪比在 -30 ~ 20 dB 变化时,七种不同调制类型信号的 PFDF 变化情况。由图 4-3 可以看出,使用改进的区域差分法时,PFDF 能够将全部七种调制类型的信号与噪声区分开,在低信噪比下,有较强的区分能力。

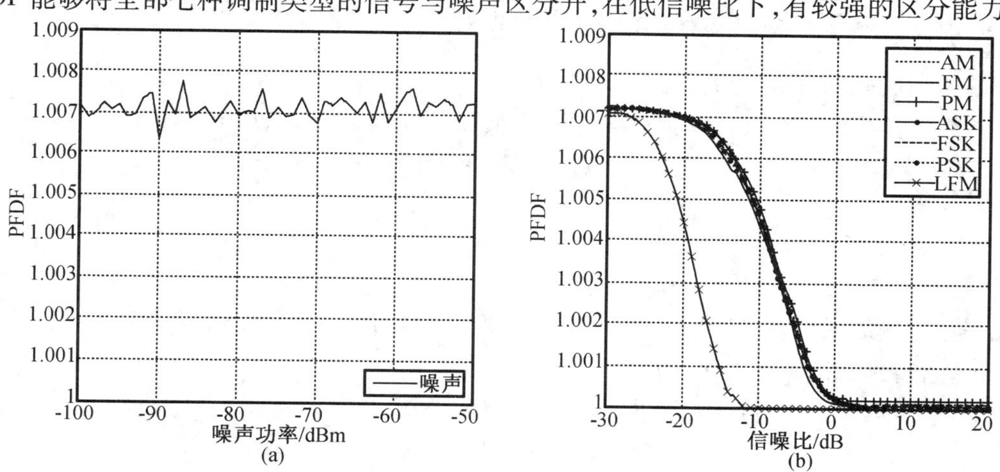

图 4-3 改进的区域差分法时信号和噪声的 PFDF

(a)噪声的 PFDF;(b)信号的 PFDF

因此，在后续的分析中，对于基于时域 Petrosian 的分形维数方法，二值化方法默认采用区域差分法；对于基于频域 Petrosian 的分形维数方法，二值化方法默认采用改进的区域差分法。

4.3.3 基于时域 Petrosian 的分形维数

基于时域 Petrosian 的分形维数的具体方法如下。

首先对接收信号 $y(n)$ 进行归一化处理，其中，$n=0,1,\cdots,N-1$，得到归一化序列 $y^*(n)$：

$$y^*(n)=\frac{y(n)-y_{\min}}{y_{\max}-y_{\min}} \tag{4-8}$$

式中，$y_{\max}$ 和 $y_{\min}$ 分别是 $y(n)$ 的最大值和最小值。

采用区域差分法对 $y^*(n)$ 进行二值化，设 σ 为 $y^*(n)$ 的标准差，得到二进制序列 $z(n)$：

$$z(n)=\begin{cases}1 & |y^*(n+1)-y^*(n)|>\sigma \\ 0 & |y^*(n+1)-y^*(n)|\leqslant\sigma\end{cases} \quad (n=0,1,\cdots,N-2) \tag{4-9}$$

根据下式计算 N_a：

$$N_a=\sum_{n=0}^{N-3}|z(n+1)-z(n)| \tag{4-10}$$

则其 PFDT 用 D_{PT} 表示，可由下式得出：

$$D_{PT}=\frac{\lg N}{\lg N+\lg\left(\frac{N}{N+0.4N_a}\right)} \tag{4-11}$$

将 D_{PT} 与设定的门限值 λ 比较，以判断主用户的存在与否：

$$\begin{cases}D_{PT}>\lambda, & H_0 \\ D_{PT}\leqslant\lambda, & H_1\end{cases} \tag{4-12}$$

式中，H_0 表示主用户不存在；H_1 表示主用户存在。

4.3.4 基于频域 Petrosian 的分形维数

基于频域 Petrosian 的分形维数具体方法如下。

首先对接收序列 $y(n)$ 进行 N 点 DFT 变换得到 $\boldsymbol{Y}(k)$，其中，$n=0,1,\cdots,N-1$；$k=0,1,\cdots,N-1$。取 $\boldsymbol{Y}(k)$ 的模 $Y(k)$，对其进行归一化，得到 $Y^*(k)$：

$$Y^*(k)=\frac{Y(k)}{Y_{\max}} \tag{4-13}$$

式中，$Y_{\max}$ 是 $Y(k)$ 的最大值。

采用改进的区域差分法对 $Y^*(k)$ 进行二值化，门限值 Δ 设为 $\Delta=2\sigma$，其中 σ 为 $Y^*(k)$ 的标准差，得到二进制序列 $Z(k)$：

$$Z(k)=\begin{cases}1 & |Y^*(k+1)-Y^*(k)|>\Delta \\ 0 & |Y^*(k+1)-Y^*(k)|\leqslant\Delta\end{cases} \quad (k=0,1,\cdots,N-2) \tag{4-14}$$

根据下式计算 N_a：

$$N_a=\sum_{k=0}^{N-3}|Z(k+1)-Z(k)| \tag{4-15}$$

则其 PFDF 用 D_{PF} 表示，可由下式得出：

$$D_{PF}=\frac{\lg N}{\lg N+\lg\left(\frac{N}{N+0.4N_a}\right)} \tag{4-16}$$

将 D_{PF} 与设定的门限值 λ 比较，以判断主用户的存在与否：

$$\begin{cases}D_{PF}>\lambda, & H_0\\ D_{PF}\leqslant\lambda, & H_1\end{cases} \tag{4-17}$$

式中，H_0 表示用户不存在；H_1 表示用户存在。

4.4 基于 Katz 的分形维数

4.4.1 Katz 分形维数

1988 年，Katz 提出了一种估计波形分形维数的方法，也称 Katz 分形维数，能够有效判断波形的随机性。Katz 分形维数源于平面曲线分形维数的计算方法。一般而言，平面曲线的分形维数可由下式得出：

$$D_K=\frac{\log L}{\log d} \tag{4-18}$$

式中，L 为曲线总长度；d 为曲线平面扩展范围或直径。

对于波形而言，由于是由一系列(x_i,y_i)构成，因此，其长度 L 可由相邻点距离叠加得出：

$$L=\sum_{i=1}^{N-1}\sqrt{(x_i-x_{i+1})^2+(y_i-y_{i+1})^2} \tag{4-19}$$

式中，N 为波形长度，即 x_i 和 y_i 的个数$(1\leqslant i\leqslant N)$。

由于波形是单调向前的，存在自然的起始点，因此，曲线平面扩展范围或直径 d 即为初始点(x_1,y_1)到其他点的最大距离，即

$$d=\max\{\sqrt{(x_i-x_1)^2-(y_i-y_1)^2}\} \tag{4-20}$$

设波形相邻点之间的平均距离为 a，将式(4-18)化为

$$D_K=\frac{\log\left(\frac{L}{a}\right)}{\log\left(\frac{d}{a}\right)} \tag{4-21}$$

将 $a=\frac{L}{N}$ 代入式(4-21)，整理得到 Katz 分形维数为

$$D_K=\frac{\log N}{\log N+\log\left(\frac{d}{L}\right)} \tag{4-22}$$

4.4.2 信号和噪声的时域和频域 Katz 分形维数

本节同样以七种不同类型的信号（AM 信号、FM 信号、PM 信号、ASK 信号、FSK 信号和 PSK 信号和 LFM 信号）以及加性高斯白噪声为例，分析信号和噪声的时域 Katz 分形维数

(Katz Fractal Dimension in Time Domain, KFDT)和频域 Katz 分形维数(Katz Fractal Dimension in Frequency Domain, KFDF)。仿真参数设置与 4.3.2 节相同。

图 4-4 描述了信号和噪声的 KFDT 和 KFDF。由图 4-4(a)(c)可以看出,当噪声功率在 -100 ~ -50 dBm 变化时,其 KFDT 和 KFDF 均在某一固定值附近随机浮动,与噪声功率无关,KFDT 均值为 1.002 1,标准差为 2.643×10^{-4}, KFDF 均值为 1.002 9,标准差为 3.799×10^{-4}。图 4-4(b)(d)描述了当信噪比在 -30 ~ 20 dB 变化时,AM、FM、PM、ASK、FSK、PSK 和 LFM 七种不同调制类型信号的 KFDT 和 KFDF 变化曲线。可以看出,在时域上,KFDT 变化没有规律性,无法区分 FM 信号、FSK 信号和 LFM 信号和噪声。而在频域上,调制信号和噪声的 KFDF 具有较好的区分度。随着信噪比的增加,七种调制信号的 KFDF 均减小。这是由于随着信噪比的增加,信号的随机性和复杂性逐渐减小的原因。因此,由图 4-4 可见,即使在主用户调制类型未知时的盲感知情况下,当信噪比足够大时,只要选取合适的门限,将接收信号的 KFDF 与门限值相比,就能够根据接收信号的 KFDF 区分信号和噪声,以判定主用户是否存在,实现频谱感知。而且,由于其噪声的 KFDF 与噪声功率无关,可用于噪声具有不确定情况下频谱感知。

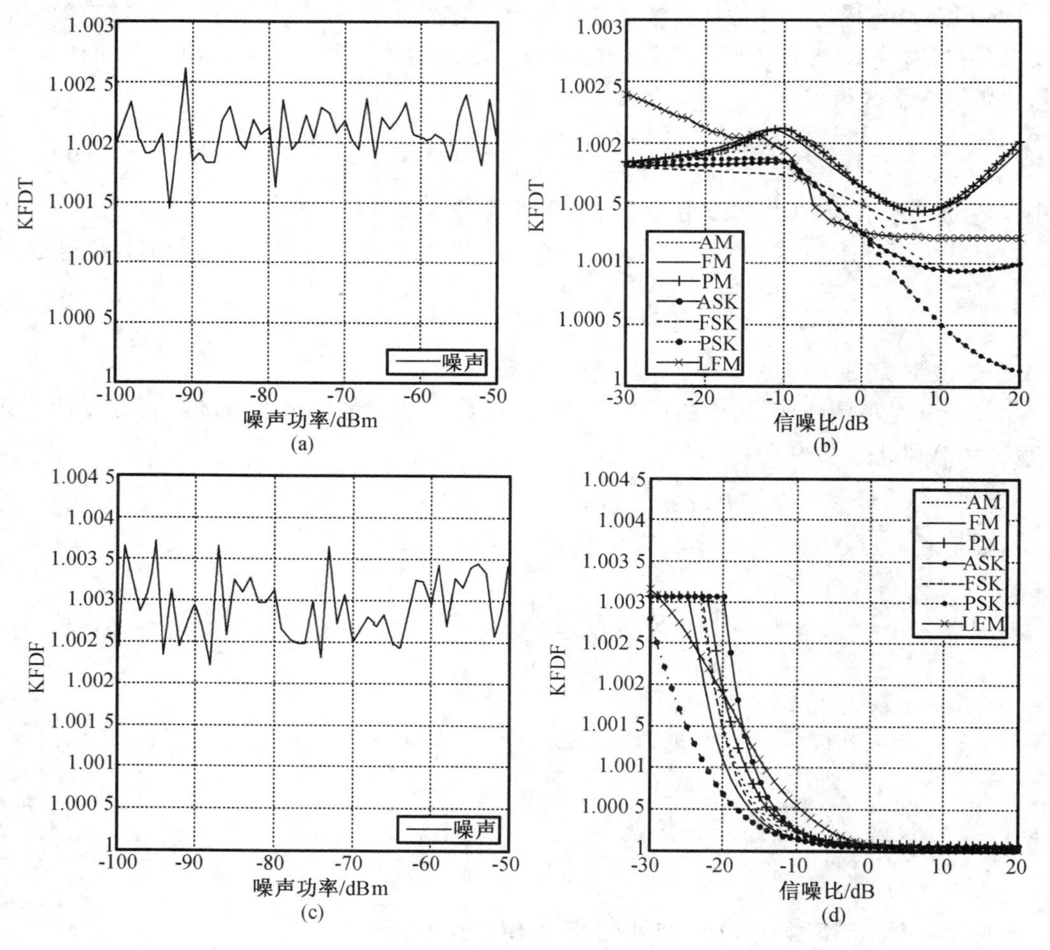

图 4-4 信号和噪声的 KFDT 和 KFDF

(a)噪声的 KFDT;(b)信号的 KFDT;(c)噪声的 KFDF;(d)信号的 KFDF

经过以上分析和比较,利用 KFDF 可以有效地区分信号和噪声。因此,在利用 Katz 分形维数进行频谱感知时,使用 KFDF,即基于频域 Katz 分形维数的频谱感知。

4.4.3 基于频域 Katz 的分形维数

基于频域 Katz 分形维数的频谱感知具体方法如下。

首先对接收序列 $y(n)$ 进行 N 点 DFT 变换得到 $\boldsymbol{Y}(k)$,其中,$n=0,1,\cdots,N-1$;$k=0,1,\cdots,N-1$。取 $\boldsymbol{Y}(k)$ 的模 $Y(k)$,对其进行归一化,得到 $Y^*(k)$:

$$Y^*(k)=\frac{Y(k)}{Y_{\max}} \tag{4-23}$$

式中,$Y_{\max}$ 是 $Y(k)$ 的最大值。

根据下式计算曲线总长度 L:

$$L=\sum_{k=0}^{N-2}\sqrt{[X(k)-X(k+1)]^2+[Y^*(k)-Y^*(k+1)]^2} \tag{4-24}$$

对于通信信号序列而言,$X(k)=0,1,\cdots,N-1$,因此,式(4-24)可化为

$$L=\sum_{k=0}^{N-2}\sqrt{1+[Y^*(k)-Y^*(k+1)]^2} \tag{4-25}$$

根据下式计算曲线平面扩展范围 d:

$$d=\max\{\sqrt{[X(k)-X(1)]^2-[Y^*(k)-Y^*(1)]^2}\} \tag{4-26}$$

由于 $X(k)=0,1,\cdots,N-1$,式(4-26)可化为

$$d=\max\{\sqrt{k^2-[Y^*(k)-Y^*(1)]^2}\} \tag{4-27}$$

则其 KFDF 用 D_{K} 表示,可由下式得出:

$$D_{\mathrm{K}}=\frac{\log N}{\log N+\log\left(\frac{d}{L}\right)} \tag{4-28}$$

将 D_{K} 与设定的门限值 λ 比较,以判断主用户的存在与否:

$$\begin{cases}D_{\mathrm{K}}>\lambda, & H_0\\ D_{\mathrm{K}}\leqslant\lambda, & H_1\end{cases} \tag{4-29}$$

式中,H_0 表示主用户不存在;H_1 表示主用户存在。

4.4.4 判决门限的确定

门限值越高,主用户信号的检测概率和虚警概率越高,反之亦然,因此门限值应根据对检测概率和虚警概率的要求而设定。

图 4-5 为当 N 在 1 000 ~ 19 000 变化时,其 KFDF 的均值标准差以及门限值曲线。所有结果均为 10 000 次计算后得到的平均值。其中,平均虚警概率 0.05 门限值曲线即第 5 百分位数曲线,以保证门限值在该值以下的概率小于 0.05,即平均虚警概率小于 0.05,以此类推。由图 4-5 可以看出,随着 N 的增加,分形维数值随之减小,且变化平稳。因此,只要序列长度 N 和虚警概率确定,对照图 4-5,KFDF 的门限值 λ 便可以确定。由图 3-8 还可以看出,KFDF 的标准差随着 N 的增加而减小,也就是随着 N 的增加,变化逐渐趋于平稳,N 较小时,KFDF 变化较为剧烈。

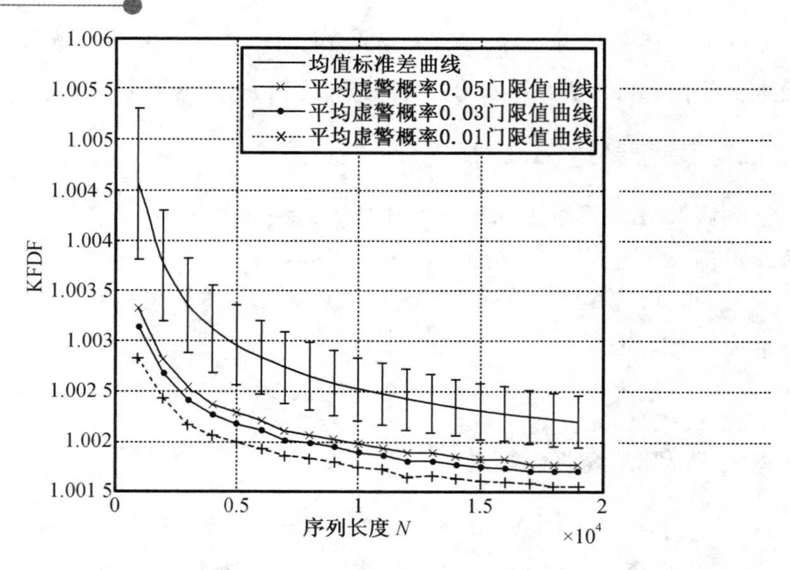

图 4－5　KFDF 的均值标准差以及门限值曲线

4.5　基于 Sevcik 的分形维数

4.5.1　Sevcik 分形维数

1998 年，Sevcik 提出一种计算波形分形维数的方法，称为 Sevcik 分形维数（Sevcik Fractal Dimension，SFD），该方法能够快速地估算波形的 Hausdorff 维数，度量波形的复杂性和随机性。

Sevcik 分形维数源于 Hausdorff 维数的计算方法，具体如下。

设波形信号由一系列点（x_i，y_i）组成，长度为 N，即 $0 \leqslant i \leqslant N-1$。首先对信号进行归一化，归一化后的一系列点（$x_i^*$，$y_i^*$）为

$$x_i^* = \frac{x_i}{x_{\max}} \tag{4-30}$$

$$y_i^* = \frac{y_i - y_{\min}}{y_{\max} - y_{\min}} \tag{4-31}$$

式中，$x_{\max}$是 x_i 的最大值；$y_{\max}$和 $y_{\min}$分别是 y_i 的最大值和最小值。

则 Sevcik 分形维数 D 可由下式得出：

$$D = 1 + \frac{\ln L + \ln 2}{\ln[2 \times (N-1)]} \tag{4-32}$$

其中，L 为波形的长度，可由下式得出：

$$L = \sum_{i=0}^{N-2} \sqrt{(y_{i+1}^* - y_i^*)^2 + (x_{i+1}^* - x_i^*)^2} \tag{4-33}$$

对于通信信号序列而言，$x = 0, 1, \cdots, N-1$，$x_{\max} = N-1$，$x_{i+1}^* - x_i^* = 1/(N-1)$，因此式（4－30）和式（4－33）可以化为

$$x_i^* = \frac{i}{N-1} \tag{4-34}$$

$$L = \sum_{i=0}^{N-2} \sqrt{(y_{i+1}^* - y_i^*)^2 + \frac{1}{(N-1)^2}} \tag{4-35}$$

4.5.2 信号和噪声的 Sevcik 分形维数

下面分析 AM、FM、PM、ASK、FSK、PSK 和 LFM 七种不同调制类型信号和高斯白噪声的时域 Sevcik 分形维数(Sevcik Fractal Dimension in Time Domain, SFDT)和频域 Sevcik 分形维数(Sevcik Fractal Dimension in Frequency Domain, SFDF)在不同噪声强度下的变化情况。仿真参数设置与4.3.2 节相同。图4-6 描述了信号和噪声的 SFDT 和 SFDF。

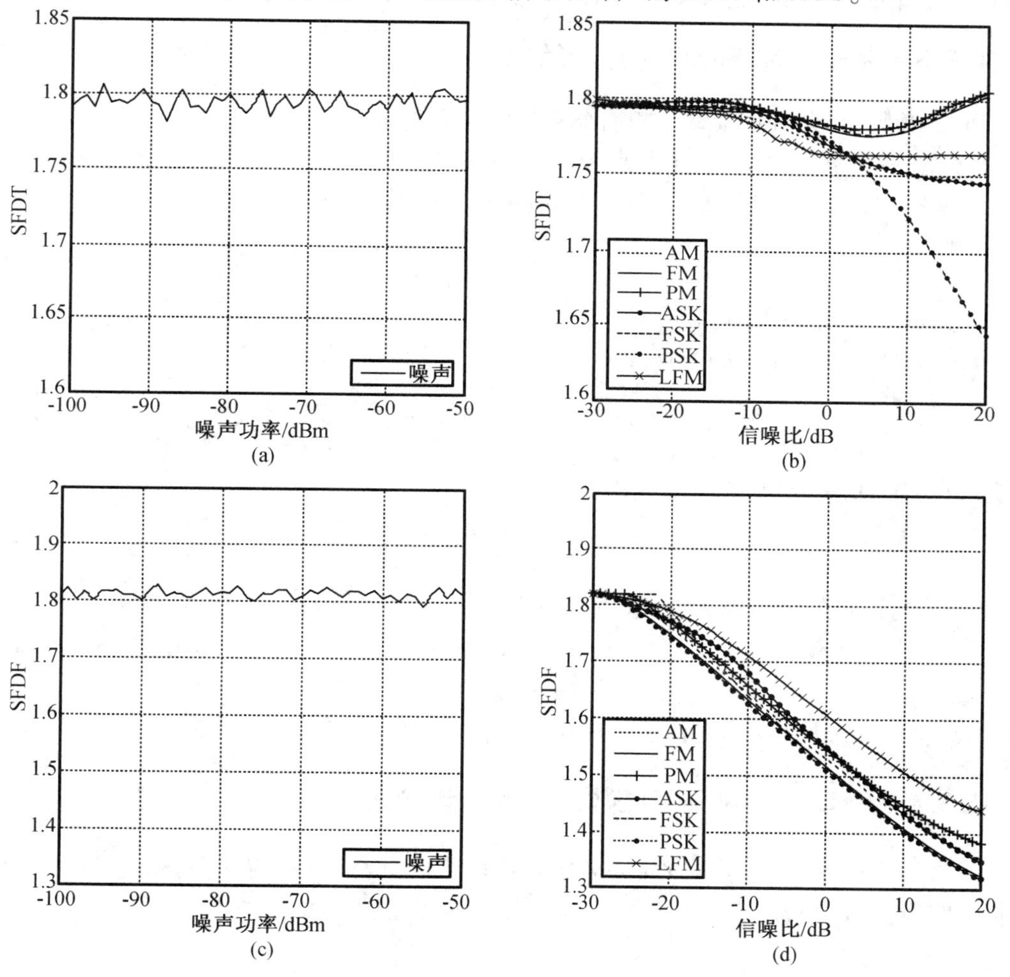

图4-6 信号和噪声的 SFDT 和 SFDF

(a)噪声的 SFDT;(b)信号的 SFDT;(c)噪声的 SFDF;(d)信号的 SFDF

由图4-6(a)(c)可以看出,当噪声功率在 -100 ~ -50 dBm 变化时,其 SFDT 和 SFDF 均在某一固定值附近随机浮动,与噪声功率无关,SFDT 均值为1.795 4,标准差为 7.099×10^{-3}, SFDF 均值为1.814 9,标准差为 8.77×10^{-3}。图4-6(b)(d)描述了当信噪比在 -30 ~20 dB 变化时,七

种不同调制类型信号的 SFDT 和 SFDF 变化曲线。可以看出,在时域上,SFDT 变化没有规律性,无法区分 FM 信号、PM 信号和 FSK 信号和噪声。而在频域上,调制信号和噪声的 SFDF 具有较好的区分度。随着信噪比的增加,七种调制信号的 SFDF 均减小。这是由于随着信噪比的增加,信号的随机性和复杂性逐渐减小的原因。此外,SFDF 还受调制方式影响,不同调制方式的 SFDF 差别较小。因此,由图 4-6 可见,即使在主用户调制类型未知时的盲感知情况下,当信噪比足够大时,只要选取合适的门限值,将接收信号的 SFDF 与门限值相比,就能够根据接收信号的 SFDF 区分信号和噪声,以判定主用户是否存在,实现频谱感知。而且,由于其噪声的 SFDF 与噪声功率无关,因此可用于噪声具有不确定情况下的频谱感知。

经过以上分析和比较可知,利用 SFDF 可以有效地区分信号和噪声。因此,在利用 Sevcik 分形维数进行频谱感知时,使用 SFDF,即基于频域 Sevcik 分形维数的频谱感知。

4.5.3 基于频域 Sevcik 的分形维数

基于频域 Sevcik 分形维数的频谱感知具体方法如下。

首先对接收序列 $y(n)$ 进行 N 点 DFT 变换得到 $\boldsymbol{Y}(k)$,其中,$n=0,1,\cdots,N-1$;$k=0,1,\cdots,N-1$。取 $\boldsymbol{Y}(k)$ 的模 $Y(k)$,对其进行归一化,得到 $Y^*(k)$:

$$Y^*(k)=\frac{Y(k)}{Y_{\max}} \tag{4-36}$$

式中,$Y_{\max}$ 是 $Y(k)$ 的最大值。

根据下式计算 $Y^*(k)$ 的总长度 L:

$$L=\sum_{k=0}^{N-2}\sqrt{[Y^*(k+1)-Y^*(k)]^2+\frac{1}{(N-1)^2}} \tag{4-37}$$

则其 SFDF 用 D_S 表示,可由下式得出:

$$D_S=1+\frac{\ln L+\ln 2}{\ln[2\times(N-1)]} \tag{4-38}$$

将 D_S 与设定的门限值 λ 比较,以判断主用户的存在与否:

$$\begin{cases}D_S>\lambda, & H_0\\ D_S\leqslant\lambda, & H_1\end{cases} \tag{4-39}$$

式中,H_0 表示主用户不存在;H_1 表示主用户存在。

4.5.4 噪声强度对分形维数影响的理论分析

假设噪声 $\omega(n)$ 为独立同分布的加性高斯白噪声,均值为 0,方差为 σ_0^2,$x(n)$ 为主用户的发射信号,$x(n)$ 和 $\omega(n)$ 相互独立。则单节点的频谱感知可以抽象为一个二元假设检验模型:

$$\begin{cases}H_0:y(n)=\omega(n)\\ H_1:y(n)=x(n)+\omega(n) & (n=0,1,\cdots,N-1)\end{cases} \tag{4-40}$$

式中,$y(n)$ 为认知节点接收信号;H_0 代表主用户不存在;H_1 代表主用户存在。

$x(n)$ 可以是确定性信号(高斯白噪声信道),也可以是随机信号(衰落和多径效应信道)。若为随机信号,假设 $x(n)$ 服从均值为 μ,方差为 σ_s^2 的高斯分布,则 $y(n)$ 服从如下高斯分布:

$$\begin{cases}H_0:y(n)\sim N(0,\sigma_0^2)\\H_1:y(n)\sim N(\mu,\sigma_0^2+\sigma_s^2)\end{cases}\tag{4-41}$$

在假设 H_0 时,即主用户不存在时,$y(n)=\omega(n)\sim N(0,\sigma_0^2)$。对 $y(n)$ 进行 N 点 DFT 变换,得

$$\boldsymbol{Y}(k)=\sum_{n=0}^{N-1}y(n)\exp\left(-\mathrm{j}\frac{2\pi}{N}kn\right)\quad(k=0,1,\cdots,N-1)\tag{4-42}$$

由于高斯分布的线性组合仍然是线性分布,因此 $\boldsymbol{Y}(k)$ 也服从高斯分布,计算其数学期望与方差分别为

$$E[\boldsymbol{Y}(k)]=\sum_{n=0}^{N-1}E[y(n)]\exp(-\mathrm{j}\frac{2\pi}{N}kn)=0\tag{4-43}$$

$$D[\boldsymbol{Y}(k)]=\sum_{n=0}^{N-1}E[y^2(n)]=N\sigma_0^2\tag{4-44}$$

因为 $\boldsymbol{Y}(k)$ 为复数,$\boldsymbol{Y}(k)=Y_\mathrm{r}(k)+\mathrm{j}Y_\mathrm{i}(k)$,因此 $Y_\mathrm{r}(k)$ 和 $Y_\mathrm{i}(k)$ 分别满足高斯分布:

$$Y_\mathrm{r}(k)\sim N\left(0,\frac{N\sigma_0^2}{2}\right)\tag{4-45}$$

$$Y_\mathrm{i}(k)\sim N\left(0,\frac{N\sigma_0^2}{2}\right)\tag{4-46}$$

由 $Y(k)=\sqrt{Y_\mathrm{r}(k)^2+Y_\mathrm{i}(k)^2}$,可知 $Y(k)$ 服从参数为 $\sigma_1^2=\frac{N\sigma_0^2}{2}$ 的瑞利分布,其概率密度函数 $f_Y(Y)$ 和累积分布函数 $F_Y(Y)$ 分别为

$$f_Y(Y)=\frac{Y}{\sigma_1^2}\exp\left(-\frac{Y^2}{2\sigma_1^2}\right)\tag{4-47}$$

$$F_Y(Y)=\int_0^Y f_Y(Y)\,\mathrm{d}Y=1-\exp\left(-\frac{Y^2}{2\sigma_1^2}\right)\tag{4-48}$$

$Y(k)$ 的数学期望与方差分别为

$$E[Y]=\sqrt{\frac{\pi}{2}}\sigma_1=\frac{\sqrt{\pi N}\cdot\sigma_0}{2}\tag{4-49}$$

$$D[Y]=\left(2-\frac{\pi}{2}\right)\sigma_1^2=\left(1-\frac{\pi}{4}\right)N\sigma_0^2\tag{4-50}$$

利用式(4-36)对 $Y(k)$ 进行归一化得到 $Y^*(k)=\frac{Y(k)}{Y_{\max}}$,其中 $Y_{\max}$ 可视为一个常数。$Y^*(k)$ 的数学期望与方差分别为

$$E[Y^*]=E\left[\frac{Y}{Y_{\max}}\right]=\frac{1}{Y_{\max}}E[Y]=\sqrt{\frac{\pi}{2}}\frac{\sigma_1}{Y_{\max}}\tag{4-51}$$

$$D[Y^*]=D\left[\frac{Y}{Y_{\max}}\right]=\frac{1}{Y_{\max}^2}D[Y]=\left(2-\frac{\pi}{2}\right)\frac{\sigma_1^2}{Y_{\max}^2}\tag{4-52}$$

则式(4-35)中的 $(y_{i+1}^*-y_i^*)^2$ 部分的数学期望为

$$E[(y_{i+1}^*-y_i^*)^2]=2E[Y^{*2}]=\frac{4\sigma_1^2}{Y_{\max}^2}\tag{4-53}$$

这样,假设 H_0 时 Sevcik 分形维数的数学期望为

$$E[D]=1+\frac{\ln\left[(N-1)\sqrt{\frac{4\sigma_1^2}{Y_{max}^2}+\frac{1}{(N-1)^2}}\right]+\ln 2}{\ln[2\times(N-1)]} \tag{4-54}$$

在以上分析中，一直将 Y_{max} 看作是一个常数，但对于特定分布，Y_{max} 是一个与 σ_1 有关的量，下面对 Y_{max} 进行分析。由概率论理论可知，Y_{max} 的累积分布函数 $F_{Y_{max}}(Y_{max})$ 和概率密度函数为 $f_{Y_{max}}(Y_{max})$ 分别为

$$F_{Y_{max}}(Y_{max})=[F_Y(Y)]^N=\left[1-\exp\left(-\frac{Y^2}{2\sigma_1^2}\right)\right]^N \tag{4-55}$$

$$\begin{aligned}f_{Y_{max}}(Y_{max})&=F'_{Y_{max}}(Y_{max})=[F_Y(Y_{max})]^N\\&=N\left[1-\exp\left(-\frac{Y_{max}^2}{2\sigma_1^2}\right)\right]^{N-1}\cdot\frac{Y_{max}}{\sigma_1^2}\exp\left(-\frac{Y_{max}^2}{2\sigma_1^2}\right)\end{aligned} \tag{4-56}$$

则 Y_{max} 的数学期望为

$$\begin{aligned}E[Y_{max}]&=\int_{-\infty}^{\infty}f_{Y_{max}}(Y_{max})\cdot Y_{max}\mathrm{d}Y_{max}\\&=N\sigma_1\int_{-\infty}^{\infty}[1-\exp(-\eta^2)]^{N-1}\cdot\eta^2\exp\left(-\frac{\eta^2}{2}\right)\mathrm{d}\eta\\&=NC\sigma_1\end{aligned} \tag{4-57}$$

式中，$C=\int_{-\infty}^{\infty}[1-\exp(-\eta^2)]^{N-1}\cdot\eta^2\exp\left(-\frac{\eta^2}{2}\right)\mathrm{d}\eta$，为一常数；$\eta=\frac{Y_{max}}{\sigma_1}$。将式(4-57)带入式(4-54)得

$$E[D]=1+\frac{\ln\left[(N-1)\sqrt{\frac{4}{N^2\cdot C^2}+\frac{1}{(N-1)^2}}\right]+\ln 2}{\ln[2\times(N-1)]} \tag{4-58}$$

可以看出，$E[D]$ 为一个与 σ_1 无关的常数。由于 $\sigma_1^2=\frac{\sigma_0^2}{2N}$，因此可以得出以下结论：高斯白噪声的频域 Sevcik 分形维数的数学期望与噪声功率 σ_0^2 无关，为一个常数，因此，对噪声不确定性不敏感。该理论推导的结果与 4.4.2 节仿真结果一致。

4.5.5 判决门限的确定

由式(4-58)可知，高斯白噪声的 SFDF 只与序列长度 N 有关。因此，只要 N 确定，SFDF 的期望便可确定，再根据虚警概率要求，式(4-39)中的门限值 λ 即可确定。门限值越高，主用户信号的检测概率和虚警概率越高，反之亦然，具体应根据对检测概率和虚警概率的要求而设定。

图 4-7 为当 N 在 1 000～19 000 变化时，其 SFDF 的均值标准差以及门限值曲线。所有结果均为 10 000 次计算后得到的平均值。其中，平均虚警概率 0.05 门限值曲线即第 5 百分位数曲线，以保证门限值在该值以下的概率小于 0.05，即平均虚警概率小于 0.05，以此类推。由图 4-7 可以看出，随着 N 的增加，SFDF 值也随之增加，且变化比较平稳。因此，只要序列长度 N 和虚警概率确定，由图 4-7 即可得到门限值 λ。

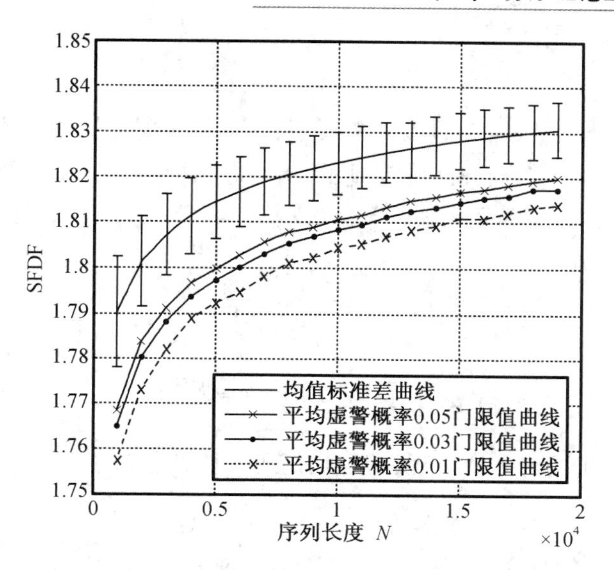

图 4－7 SFDF 的均值标准差以及门限值曲线

4.6 分形参数与多重分形理论

4.6.1 分形参数理论

分形在物理、天文、地理、数学、计算机等领域得到了广泛应用，并且取得了大量富有新意的成果，分形维数也突破了一般拓扑集维数为整数的界限，从测试的角度将维数从整数扩大到分数，实现了分形维数的新拓展和新应用。

1. 分形参数原理

在 Pentland 提出的分数布朗运动模型中，由于其一维布朗运动是一个随机过程，其随机增量 $x(t_2)-x(t_1)$ 满足高斯分布，即

$$E[|x(t_2)-x(t_1)|^2] \propto |t_2-t_1| \tag{4-59}$$

由此可知，随机布朗运动的特点是随机过程 $x(t)$ 的增量为高斯分布，其方差为

$$D[x(t_2)-x(t_1)] \propto |t_2-t_1| \tag{4-60}$$

或改写成

$$D[x(t_2)-x(t_1)] \propto |t_2-t_1|^{2H} \tag{4-61}$$

式中，$H=\frac{1}{2}$的情况即为一维随机布朗运动。如令 $0<H<1$，可以将随机布朗运动推广为更一般的情况，称其为分数布朗运动。在任意 t_0 及 $r>1$ 时，分数布朗运动的增量具有统计自相似性，即 $x(t_0+rt)-x(t_0)$ 与$\frac{1}{r^H}[x(t_0+rt)-x(t_0)]$有相同的联合分布函数。

当 $t_0=0$ 及 $x(t_0)=0$ 时，上述自相似关系就变为 $x(t)$ 与$\frac{1}{r^H}x(rt)$，具有相同的联合分布函数。也就是说，当时间量乘以一个固定系数 r 后，其分数布朗运动 $x(rt)$ 只要除以 r^H，就与

原来的 $x(t)$ 统计相同。

2. H 参数计算方法

用 $f(x_0,y_0)$ 表示图像中 (x_0,y_0) 处的灰度值,由分数布朗随机场性质得

$$E[|I(x,y)-I(x_0,y_0)|]=E[|I(x_1,y_1)-I(x_0,y_0)|]r^H \quad (r>1) \tag{4-62}$$

式中,$r=\sqrt{(x-x_0)^2+(y-y_0)^2}$;$x_1,y_1,x_0,y_0$ 满足 $\sqrt{(x_1-x_0)^2+(y_1-y_0)^2}=1$。

若定义 $\Delta I(r)=|I(x,y)-I(x_0,y_0)|$,则

$$E[\Delta I(r)]=E[\Delta I(1)]\cdot r^H$$

两边同取对数得 H 参数:

$$H(r)=\frac{\log E[\Delta I(r)]-\log E[\Delta I(1)]}{\log r} \tag{4-63}$$

由于分数布朗随机场为平衡过程,满足均值历经性,则有

$$E[\Delta I(r)]=\frac{1}{N_r}\sum_{r>1}\Delta I(r) \tag{4-64}$$

式中,N_r 为到点 (x_0,y_0) 之间距离为 r 的像素点数。式(4-64)可改写为

$$H(r)=\left|\log\frac{1}{N_r}\sum_{r>1}|I(x,y)-I(x_0,y_0)|-\log\frac{1}{N_r}\sum_{r=1}|I(x,y)-I(x_0,y_0)|\right|/\log r \tag{4-65}$$

3. 检测手段

假设一幅图像大小为 $M\times N$,设以 (x_0,y_0) 为中心,移动 $n\times n$ 大小的矩形窗口,依次计算窗口内边界像点灰度均值与中心像点灰度值之间的差值。以 $n=3$ 为例:计算 (x_0,y_0) 处的 H 参数,此处 $r=1$,$f(x_0,y_0)$ 表示像素点 (x_0,y_0) 处的图像灰度值,只要计算在其周围 $r=2$ 的 8 个像素点的灰度值 $f(x_{-1},y_{-1})$,$f(x_0,y_{-1})$,$f(x_{+1},y_{-1})$,$f(x_{-1},y_0)$,$f(x_{+1},y_0)$,$f(x_{-1},y_{+1})$,$f(x_0,y_{+1})$,$f(x_{+1},y_{+1})$,将这 8 个像素点灰度值的绝对值平均后与 $f(x_0,y_0)$ 相减,再除以 log 2,即为 (x_0,y_0) 处的 H 参数。

4.6.2 多重分形理论

虽然单一维数在分形应用和研究中取得了很好的应用效果,但是对于混沌信号等许多非均匀的分形现象,一个维数还无法描述其全部特征。20 世纪 80 年代初,Grassberger 等系统地提出了多重分形理论,引入多重分形的概念,用广义维数和多重分形谱来描述分形客体,由多个标量指数的奇异测度来刻画其分布情况。

1. 多重分形定义

将分形范围划分为尺度为 X 的若干个区域,当该区域足够小时,可以认为是均匀的。用 μ_i 来表示第 i 个区域的测度值,L_i 表示线度大小,α_i 表示奇异性指数,又称局部自相似因子,用于描述图像的区域规律性。则有

$$\mu_i=L_i^{\alpha_i} \tag{4-66}$$

若线度大小 L_i 趋于 0,则 $\alpha=\lim\limits_{L\to 0}\frac{\ln\mu}{\ln L}$,$\alpha$ 是表征分形体某一小区域的分维。由于小区域的数目很大,于是可得到一个由不同 α 所组成的无穷序列构成的奇异谱 $f(\alpha)$。

若用 $N(q,L)$ 来定义分形集上测度的 q 阶矩，则有 $N(q,L)=\sum_i \mu_i^q$，所以 $N(q,L)$ 反映了分形集上奇异测度不均匀的统计量，则可定义

$$D_q=\begin{cases}\dfrac{1}{q-1}\lim\limits_{L\to 0}\dfrac{\ln N(q,L)}{\ln L} & q\neq 1\\ \lim\limits_{L\to 0}\dfrac{\sum_i P_i\ln P_i}{\ln L} & q=1\end{cases} \tag{4-67}$$

式中，D_q 即为多重分形维数，实际上是通过空间各处奇异度的 q 次方及其求和运算来从总体上反映各处奇异程度的统计量。

令 $\mu_n=\dfrac{n_i}{N}$，μ_n 表示某格子区域中，覆盖图像曲面的盒子数与整个图像总盒子数之比，则有

$$\begin{aligned}D_q&=\frac{1}{q-1}\lim_{L\to 0}\frac{\ln N(q,L)}{\ln L}\\&=\frac{1}{q-1}\lim_{L\to 0}\frac{\ln\sum_i \mu_i^q}{\ln L}\\&=\frac{1}{q-1}\lim_{L\to 0}\frac{\ln\sum_i\left(\frac{n_i}{N}\right)^q}{\ln L}\quad(q\neq 1)\end{aligned} \tag{4-68}$$

由此可见，多重分形维数 D_q 的计算，只需计算 μ_n 的 q 次方即可。

而多重分形维 D_q 与分形谱 $f(\alpha)$ 之间通过 Legendre 变换进行联系：

$$D_q=\frac{1}{q-1}[q\alpha-f(\alpha)] \tag{4-69}$$

2. 检测实现过程

(1)计算奇异性 Holder 指数 α

定义 $V(n)$ 为 $n\times n$ 的方形区域，n 表示邻域的大小，其中心像素为 $I(x,y)$，则 $\alpha(x,y)=\dfrac{\log\mu(V(n))}{\log n}$。如果使用小邻域($i\leqslant 3$)，则 $\alpha(x,y)$ 反映了局部的奇异性；如果使用大邻域($i>3$)，则 $\alpha(x,y)$ 反映了更广泛的奇异性。

(2)计算多重分形奇异谱 $f(\alpha)$

对于每一个区域中心(x,y)的奇异性指数，计算得 $\alpha_{\max}=\max[\alpha(i,j)]$，$\alpha_{\max}=\min[\alpha(i,j)]$，将$[\alpha_{\min},\alpha_{\max}]$划分为 N 个盒子，相应得到每个盒子的中心点奇异值，用该值代替盒子中其他点的值，从而求出 $f(\alpha)$。

(3)根据$(\alpha,f(\alpha))$，提取图像边缘

考虑到 $f(\alpha)$ 表征的是奇异性指数 α 事件出现的概率，边缘是一系列维数为 1 的点，所以若与某点的奇异性指数相应的多重分形谱的值为 1，则该点在边缘轮廓上，即 $f(\alpha)\approx 1$ 的点为图像边缘点。多重分形谱的值为 2，则认为 $f(\alpha)\approx 2$ 的点是图像纹理点。

4.7 本章小结

本章首先从分形的基本概念和特点出发，详细分析了分形概念的由来，以及不同时期的理论基础，并对分形特点进行了详尽描述；其次，结合分形维数的基本理论，探讨了不同算法下的分形维数计算方法，并利用七种信号特点在时域和频域分别进行对比分析，寻找到最佳分形算法；最后，通过对分形参数和多重分形理论分析，细致地分析了不同分形模式下图像处理方法和检测手段，为进一步针对农业图像进行细致分析和结果探讨奠定了良好的基础。

第5章 玉米植株图像实验研究

本章以黑龙江八一农垦大学学校试验田的玉米植株作为研究对象，以图像处理技术为基础，重点探讨玉米植株图像的获取和预处理，对适用于玉米植株图像处理技术的基本理论进行研究和阐述。

5.1 玉米植株图像获取

获取玉米植株图像是本研究的前提，利用图像获取设备，得到玉米植株图像后进行信息提取和处理。

本研究选用数码相机采集玉米植株图像，得到的数字图像是彩色图像，需要注意的是如何确定对图像函数造成影响的物理和几何系数，所以由于实验需要，需对全方位视觉传感器进行标定，并从以下两个方面考虑其物理和几何系数：

(1)数字图像的值依赖于场景中物体的表面材料和反射特性；

(2)相机的传感特性、镜头的光学特性、图像信号的扫描、光源的光度特性和图像采集过程中所基于的几何规律性。

对于图像获取设备的选择，需要考虑图像的质量和尺寸，以及相机的质量和价格，它们之间往往存在矛盾，应基于研究需要去考虑这些影响因素。彩色图像的获取装置主要有单芯片 CCD 彩色摄像机、三芯片 CCD 彩色摄像机和扫描仪。本研究选用 Microvision 公司的 MV - VDF 小型工业数字相机(图5 - 1)，这是一款高性能工业检测专用数字相机。该系列数字相机采用高端 CMOS 作为传感器，具有黑白和彩色两类产品，且获取的图像质量高，颜色还原性好；以 USB2.0 作为输出，信号稳定，可以一台计算机同时连接多台工业相机；支持图像存储和传输的板上帧存；外形小巧紧凑，能在各种恶劣环境下稳定工作，是高可靠性、高性价比的工业相机产品。

图5 - 1 MV - VDF 小型工业数字相机

MV - VDF 小型工业数字相机可通过外部信号触发采集图像或连续采集图像，广泛应用于在线检测、智能交通、机器视觉、科研、军事科学、航天航空等众多领域。图5 - 2 为通过 MV - VDF 小型工业数字相机获取的玉米植株图像。

图 5－2 MV－VDF 小型工业数字相机获取的玉米植株图像

5.2 玉米植株图像预处理

在对采集到的玉米植株图像信息点进行处理之前，首先要对图像进行预处理，目的是提高信息提取的准确性，降低运算量。由于采用的数字相机成像分辨率较高，具有自动补光白平衡等功能，故得到的玉米植株图像视觉效果较好，质量较高，因此本研究不考虑滤波、图像灰度的增强等内容，主要探讨彩色图像灰度化处理、图像分割等内容。

5.2.1 彩色图像灰度化处理

有时提取和处理植株的某些信息，并不需要彩色图像，这是由于彩色图像数据量大，计算时间长，因此可以将彩色图像转换成灰度图像进行处理，这个过程就是灰度化处理。

在 RGB 模型中，如果 $R=G=B$，则彩色表示一种灰度颜色，其中 $R=G=B$ 的值叫作灰度值，因此，灰度图像每个像素只需一个字节存放灰度值，灰度范围为[0,255]。

对彩色图像进行灰度化处理有以下四种方法。

(1)分量法：将彩色图像中的三个分量作为三个灰度图像的灰度值，根据应用需要选择一种灰度图像。图 5－3 是获取的玉米植株彩色图像和颜色分量图。

图 5－3(a)为彩色玉米图像原图，图 5－3(b)为红色分量灰度图像，图 5－3(c)为绿色分量灰度图像，图 5－3(d)为蓝色分量灰度图像。从图 5－3 中可以明显看出，植株叶片处绿色分量灰度等级更高一些，这也与实际相符合。

(2)最大值法：将彩色图像中三个分量的最大值作为灰度图像的灰度值。

(3)平均值法：将彩色图像中三个分量的亮度计算平均值作为灰度图像的灰度值。

(4)加权平均法：根据重要性及其他指标将三个分量以不同的权值进行加权平均。

由于人眼对绿色的敏感度最高，对蓝色的敏感度最低，因此按下式对 R,G,B 三个分量进行加权平均能得到较合理的灰度图像。

$$f(i,j)=0.30R(i,j)+0.59G(i,j)+0.11B(i,j) \tag{5-1}$$

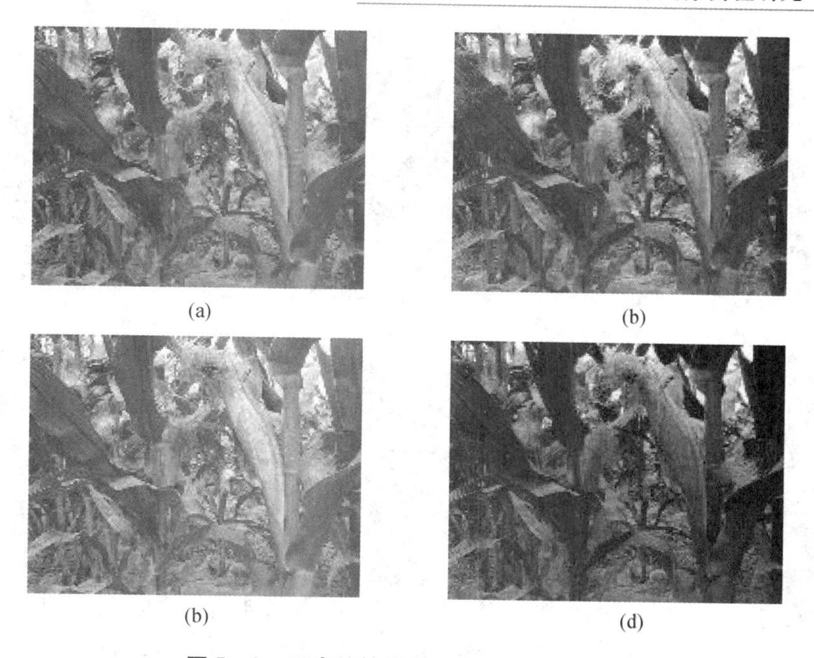

(a) (b) (b) (d)

图5-3 玉米植株彩色图像和颜色分量图

(a)彩色玉米图像原图;(b)红色分量灰度图像;(c)绿色分量灰度图像;(d)蓝色分量灰度图像

图5-4是采用不同方法取得的灰度图像,图5-4(a)为彩色玉米图像原图,图5-4(b)为采用最大值法得到的灰度图像,图5-4(c)为采用平均值法得到的灰度图像,图5-4(d)为采用加权平均法得到的灰度图像,可以看出每个分量灰度都不相同,采用加权平均法得到的灰度图像的层次感要丰富一些。

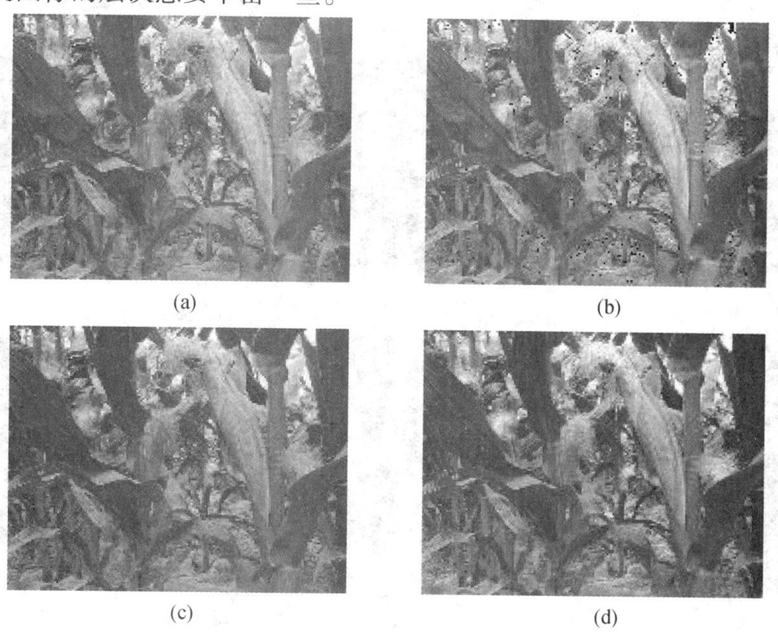

(a) (b) (c) (d)

图5-4 不同方法取得的灰度图像

(a)彩色玉米图像原图;(b)最大值法得到的灰度图像;(c)平均值法得到的灰度图像;(d)加权平均法得到的灰度图像

5.2.2 玉米图像分割

图像分割是按照一定的规则把图像划分成若干个互不相交、具有一定性质的区域，把目标区域从图像中提取出来，进一步加以研究分析和处理。分割的结果是图像特征提取和识别等的基础，图像分割一直是数字图像处理技术研究中的热点和焦点。图像分割使其后的图像分析和识别等高级处理阶段所要处理的数据量大大减少，同时又保留了有关图像结构特征的信息。图像分割将像素分类的过程、分类的依据建立在像素间的相似性和非连续性上。

玉米植株图像分割的目的是把图像空间分成一些有意义的区域，与图像中各种目标物相对应。我们通过对分割结果的描述，来理解图像中包含的信息。有时植株图像的边缘检测能够大幅度地减少数据量，并且可以剔除不相关的信息，保留图像重要的结构属性。下面讨论几种常见的图像分割方法。

1. 基于边缘检测的图像分割

边缘总是以强度突变的形式出现，可以定义为图像局部特性的不连续性，如灰度的突变、纹理结构的突变等。边缘常常意味着一个区域的终结和另一个区域的开始。对于边缘的检测常常借助于空间微分算子，通过将其模板与图像卷积来完成。两个具有不同灰度值的相邻区域之间总存在灰度边缘，而这正是灰度值不连续的结果，这种不连续可以利用求一阶微分和二阶微分检测到。

这些边缘检测器对边缘灰度值过渡比较尖锐，且噪声较小等不太复杂的图像可以取得较好的效果。但对于边缘复杂的图像效果不太理想，如边缘模糊、边缘丢失、边缘不连续等。图 5 – 5 是分别用一阶微分 Sobel 算子、Prewitt 算子、Roberts 算子和二阶微分 Laplace 算子、Canny 算子对植株图像分割的结果。比较图像的视觉效果可以发现，对于玉米植株幼苗图像来说一阶微分方法比较适应。

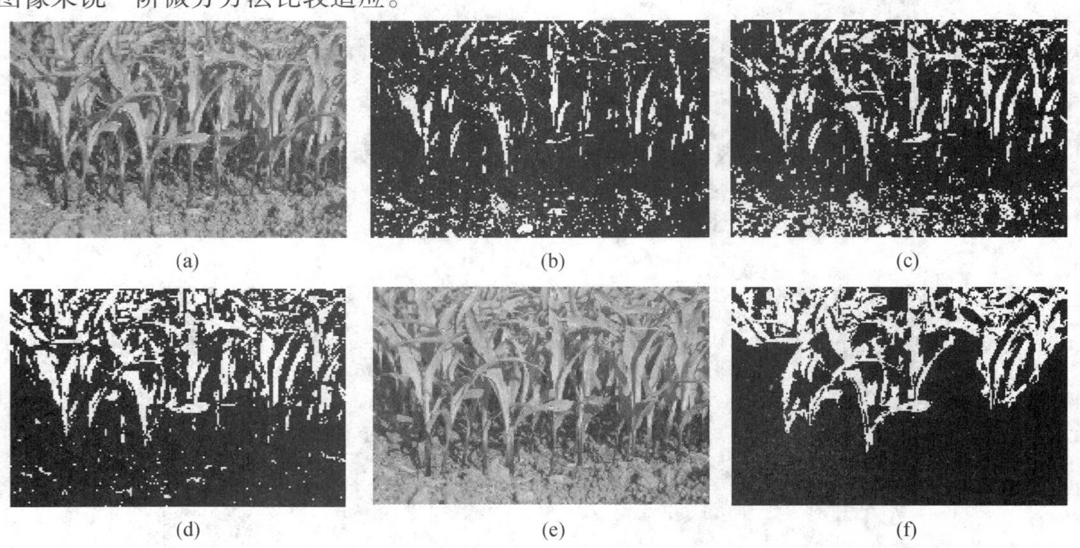

图 5 – 5 玉米植株的图像分割的结果

(a)原始玉米植株图像；(b)Sobel 算子；(c)Prewitt 算子；(d)Roberts 算子；(e)Laplace 算子；(f)Canny 算子

噪声的存在使基于导数的边缘检测方法效果明显降低，在噪声较大的情况下所用的边缘检测算子通常都是先对图像进行适当的平滑,抑制噪声,然后求导数,或者对图像进行局部拟合,再用拟合光滑函数的导数来代替直接的数值导数,如 Canny 算子等。

2. 灰度阈值分割方法

阈值分割是常见的可直接对图像进行分割的算法,它根据图像像素灰度值的不同而定。对应单一目标图像时,只需选取一个阈值,即可将图像分为目标区域和背景区域两大类,这个方法称为单阈值分割;如果目标图像复杂,则需要选取多个阈值,才能将图像中的目标区域和背景区域分割成多个,这个方法称为多阈值分割。此时还需要区分检测结果中的图像目标,对各个图像目标区域使用唯一的标志加以区分。阈值分割的显著优点是实现简单,当目标区域和背景区域的像素灰度值或其他特征存在明显差异的情况下,该算法能非常有效地实现对图像的分割。阈值分割方法的关键是如何取得一个合适的阈值,近年来的方法有用最大相关性原则选择阈值的方法、基于图像拓扑稳定状态的方法、灰度共生矩阵方法、最大熵法和峰谷值分析法等,更多的情况下,阈值的选择会综合运用两种以上的方法。图 5-6(a)为原始玉米植株图像,图 5-6(b)为迭代阈值分割,图 5-6(c)为最大相关阈值分割。由于玉米植株颜色是绿色,因此在绿色分量上取阈值应该比较明显一些。图 5-6(d)证明了这个思路的正确性。

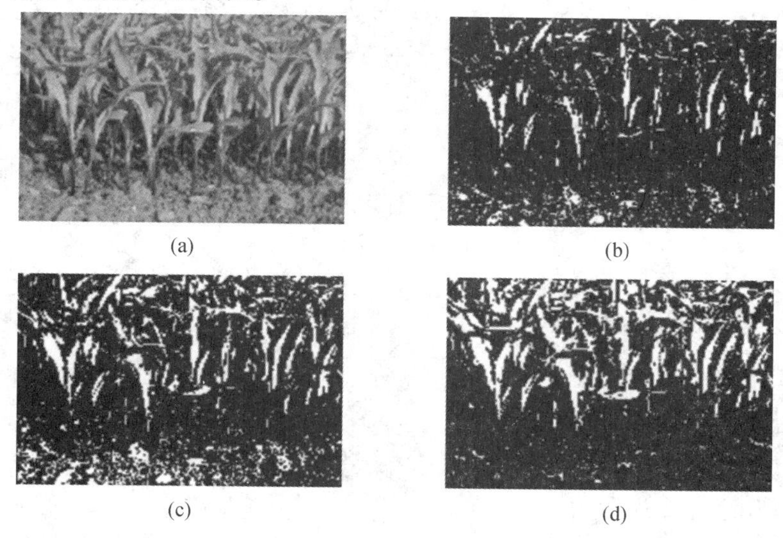

图 5-6 阈值法的分割结果

(a)原始玉米植株图像;(b)迭代阈值分割;(c)最大相关阈值分割;(d)绿色分量阈值分割

3. 基于区域增长法的分割

区域增长法(区域生长法)和分裂合并法是基于区域信息的图像分割的主要方法。区域增长有两种方式,一种是先将图像分割成很多的一致性较强的小区域,再按一定的规则将小区域融合成大区域,达到分割图像的目的;另一种是给定图像中要分割目标的一个种子区域,再在种子区域基础上将周围的像素点以一定的规则加入其中,最终达到目标与背景分离的目的。而分裂合并法对图像的分割是沿区域生长法的相反方向进行的,无须设置种子点,其基本思想是给定相似测度和同质测度。

从整幅图像开始,如果区域不满足同质测度,则分裂成任意大小的不重叠子区域;如果两个邻域的子区域满足相似测度,则合并。

图 5-7 是采用区域生长法取得的图像分割结果,图 5-7(a)为原始玉米植株图像,图 5-7(b)为区域生长法图像分割。图 5-7(b)可以观察到结果并不理想,这主要与种子点的选取与加入点的规则有关,本实验用灰度阈值,其结果与阈值大小的选择有很大关系,说明区域生长的分割方法偶然性较大。

(a)

(b)

图 5-7 区域生长法的图像分割结果

(a)原始玉米植株图像;(b)区域生长法图像分割

4. 特定理论方法的分割

图像分割至今尚无通用的自身理论。随着各学科许多新理论和新方法的提出,出现了许多与一些特定理论、方法相结合的图像分割方法。如聚类分析、基因编码、小波变换、模糊理论等,限于篇幅,这里不做讨论。

5.3 玉米植株的机器监测实验

5.3.1 监测用玉米种植

实验过程中,需要预先进行玉米种植,品种选用黑龙江省农业科学院玉米研究所培育的"龙 704"与"天和 6 号"。两个品种的特征相近:在适应区出苗至成熟所需天数为 116 天左右,温度≥10 ℃,活动积温 2 265 ℃左右。果穗圆柱形,平均穗长 22.0 cm,穗行数 16~18 行,籽粒黄色马齿型,百粒重 38.7 g。在 5 月 10 日左右播种,种植地点选择大庆市龙凤区刘高手村,地块面积约 106.7 m^2,采用直播栽培方式,保苗 600 株左右,施基肥约 100 kg,磷酸二铵 3 kg,硫酸钾 1.2 kg,硫酸锌 0.2 kg,拔节至孕穗期追施尿素约 2 kg。

5.3.2 实验设备与实验步骤

本实验以 MV-VS220 双目立体视觉测量系统平台为依托,用 DS3 水准仪和 J2 经纬仪保证两次测量位置不变。选择维视 MV-VDF 高分辨率工业摄像机作为图像采集装置。

实验过程中提出了一种可精确调节的双目视觉实验系统。现有实验系统调节相机位置需要手动,且调节后位置需要测量才能进行场景信息重构,刻度尺测量往往又不够准确,导致实验平台经常会有一定倾角,对场景信息重构结果会有影响。通过本实验系统能够对两个相机位置精确读数,调节平台水平,保持两个相机在同一高度,为后面场景重构提供准确的基础数据。

整个系统的组成部件有三脚架、平台托盘、水平尺、摄像头、螺旋测微器等,具体的连接形式如图 5－8 所示。目标场景重构步骤如下：

(1)首先按观测高度要求调整三脚架并摆正固定；

(2)然后根据横向水平尺和纵向水平尺调整平台托盘，然后固定；

(3)根据观测要求调整左、右两侧摄像机的位置，利用螺旋测微器精确调节固定后，读数备用。

(4)启动摄像机，进行观测，将观测数据传送至计算机进行计算反演。

通过螺旋测微结构可以准确定位摄像头位置；通过水平尺能够保证两个摄像机在同一高度，对后面的重构三维场景信息提供准确的基础数据。以往的结构确定摄像机位置需要依靠刻度尺，数据的主观程度较大，经常会有偏差。水平尺可以放置在平台托盘上面的任何位置，螺旋测微器和摄像机连接方式可以用多种形式，图 5－9 是一种连接方式。

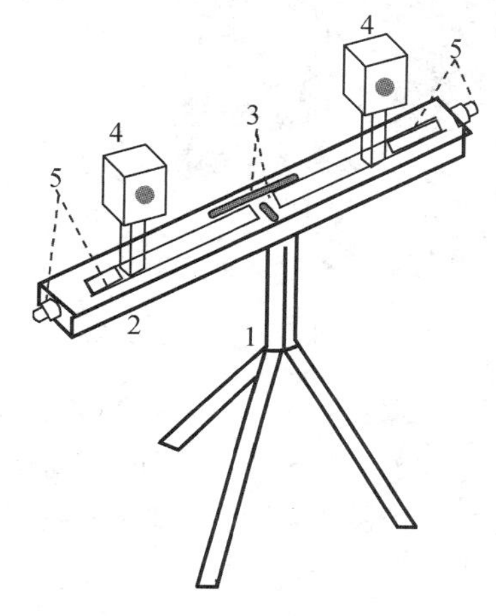

图 5－8　系统结构图

1—三角架；2—平台托盘；3—水平尺；
4—摄像头；5—螺旋测微器

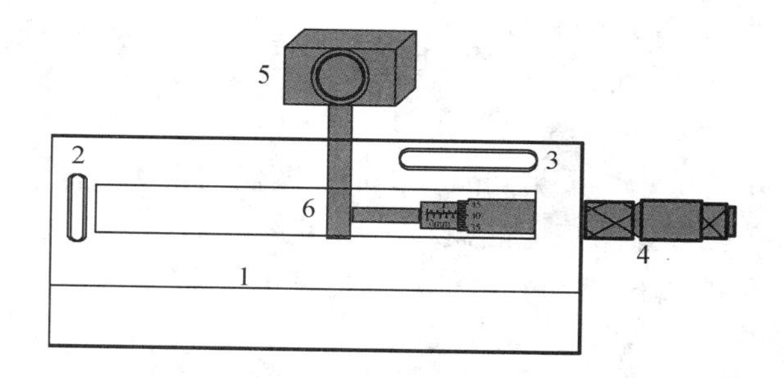

图 5－9　可精确调节的双目视觉实验系统

1—平台托盘；2—纵向水平尺；3—横向水平尺；
4—螺旋测微器；5—摄像机；6—连接杆

5.3.3　实验过程

1. 测量准备

实验采用 MV－VDF300SC 相机镜头，通过平台提供的硬质三角架进行固定，并与 MV－1394图像采集卡相连。摄像机的参数设置：成像平面为 3.225 mm × 3.225 mm，分辨率为 1 024 × 768。由此计算出 $d_X = 3.225/1\ 024 = 0.003\ 2$ mm，$d_Y = 3.225/768 = 0.004\ 2$ mm。

实验过程中，先在预采集的玉米植株上标定出 4 个类似于矩形的红色信息点，并对测量位置用 DS3 水准仪和 J2 经纬仪进行精确定位。一种方法是采取传统的测量方法，通过 50 分度的游标卡尺和测量用米尺实现对标定点中心的距离测量；另一种方法是通过双目视觉测量平台来完成玉米植株标定点的信息采集。设计时将两个摄像机平行放置，同时保证红色标定点处于非边缘位置。该实验主要针对植株标定点进行同一位置、不同时间点的图像信息采集和测量。

2. 图像信息采集

图像的采集主要以 MV－VS220 双目立体视觉测量系统平台为依托。本实验主要是针对玉米植株上的红色标定点进行同一位置、不同时间点的图像采集，并对其进行识别和测量。采集时将摄像机水平放置,光轴保持平行,成像于同一平面上。左摄像机采集到的图像如图 5-10(a)所示。摄像机获得的玉米植株标定点图像是含有颜色信息的,在图像处理时,由于所标定的是红色点,在 RGB 颜色空间内,只需提取它的红色通道内的数据即可,后期的处理只需针对提取到的图像数据就可以了。

由于4个红色标定点有别于其他图像信息点,经过颜色提取后的标定点相对稳定,很容易得到标定点的准确信息,从而实现标定点的分离。右摄像机采集到的图像如图 5-10(b)所示。

(a)

(b)

图 5-10　采集到的图像

(a)左摄像机;(b)右摄像机

由于所采集到的玉米植株图像的每个标定点是由很多个像素点构成的,要精确计算每个标定点的信息很难,本书采用每个标定点的像素中心坐标来计算标定点间的位置关系。本实验中,通过4个标定点的基本信息,以及计算各标定点区域的像素中心,来决定标定点的中心坐标,计算方式如下:

$$i_{\mathrm{m}} = \frac{1}{N_S} \sum_{(i,j) \in S} i \tag{5-2}$$

$$j_{\mathrm{m}} = \frac{1}{N_S} \sum_{(i,j) \in S} j \tag{5-3}$$

式中,S 为连通域,即每个标定点所处的区域;N_S 为连通域中像素的个数;$(i_{\mathrm{m}}, j_{\mathrm{m}})$ 为标定点像素中心的坐标。

根据摄像机参数设置情况,可得到各标定点像素中心坐标,如图 5-11 所示。

(145,246)　(177,246)

(145,269)　(177,269)

(a)

(137,239)　(169,240)

(138,263)　(170,264)

(b)

图 5-11　摄像机标定点像素中心坐标

(a)左摄像机;(b)右摄像机

5.3.4　实验数据处理

在保证两摄像机摄取图像位置不变的情况下,忽略自然因素对摄像机的影响,摄像机的焦距均为 $f = 20$ mm,初始基线 $B = 60$ mm。根据确定的标定点像素中心坐标,可计算出各标定点像素中心的空间坐标信息,以图像左上角为坐标原点,世界坐标系与左摄像机坐标系重合,以左上角的像素中心坐标为例,按照式(3-16)、式(3-17)和式(3-52)计算,结果如下：

$$X = 725.89\ \text{mm},\ Y = 884.23\ \text{mm},\ Z = 234.78\ \text{mm}$$

为方便表述，以左上、右上、左下、右下依次为点 A_1,B_1,C_1,D_1。依此类推，计算出其他像素中心坐标：

$$B_1(739.08,884.23,234.78)$$
$$C_1(725.89,867.99,234.78)$$
$$D_1(739.08,867.99,234.78)$$

改变基线间距，使基线间距每次增加 2 mm，共测量 10 次，如表 5－1 所示。其中，N 表示测量的序次；B 为测量时两个摄像机基线长度。根据前述所测得的试验数据，经过 10 次测量后，可计算出各标定点像素中心的平均物理坐标分别为

$$A_1(725.91,884.22,234.76)$$
$$B_1(739.07,884.21,234.77)$$
$$C_1(725.91,867.98,234.77)$$
$$D_1(739.08,867.99,234.78)$$

表 5－1　10 次测量结果统计 1

N	B	左上/mm			右上/mm			左下/mm			右下/mm		
		X	Y	Z	X	Y	Z	X	Y	Z	X	Y	Z
1	60	725.89	884.23	234.78	739.08	884.23	234.78	725.89	867.99	234.78	739.08	867.99	234.78
2	62	725.86	884.19	234.69	739.10	884.22	234.78	725.88	867.87	234.76	739.10	867.94	234.82
3	64	725.94	884.28	234.78	739.08	884.14	234.78	725.94	867.96	234.84	739.08	868.06	234.75
4	66	725.94	884.24	234.80	739.02	884.18	234.79	725.86	867.95	234.76	739.07	867.93	234.74
5	68	725.90	884.25	234.79	738.99	884.24	234.72	725.90	868.02	234.76	739.10	867.98	234.78
6	70	726.03	884.17	234.69	739.09	884.27	234.73	725.87	868.02	234.83	739.04	868.09	234.75
7	72	725.83	884.18	234.76	739.08	884.21	234.77	725.87	868.05	234.76	739.13	867.98	234.79
8	74	725.88	884.22	234.81	739.08	884.28	234.83	725.93	867.97	234.70	739.11	868.02	234.79
9	76	725.91	884.27	234.87	739.06	884.15	234.81	725.94	868.02	234.78	739.00	867.94	234.84
10	78	725.95	884.17	234.66	739.10	884.22	234.73	725.98	867.97	234.72	739.08	867.97	234.78

在保证两摄像机摄取图像位置不变的情况下，忽略自然因素对摄像机的影响，摄像机的焦距均为 $f = 20$ mm，初始基线 $B = 60$ mm。60 天后，左上标定点像素中心的物理坐标分别为

$$X = 714.53\ \text{mm},\ Y = 812.62\ \text{mm},\ Z = 234.89\ \text{mm}$$

为方便表述，以左上、右上、左下、右下依次为点 A_2,B_2,C_2,D_2。依此类推，计算出其他像素中心坐标：

$$B_2(727.27,812.95,234.89)$$
$$C_2(714.11,856.17,234.89)$$
$$D_2(727.59,856.16,234.89)$$

改变基线间距，使基线距离每次增加 2 mm，共测量 10 次，如表 5 – 2 所示。根据前述所测得的试验数据，经过 10 次测量后，可计算出各标定点像素中心的平均物理坐标分别为

$$A_2(714.36, 813.11, 234.87)$$
$$B_2(727.72, 812.45, 234.88)$$
$$C_2(714.44, 856.44, 234.88)$$
$$D_2(727.68, 856.49, 234.89)$$

表 5 – 2　10 次测量结果统计 2

N	B	左上/mm			右上/mm			左下/mm			右下/mm		
		X	Y	Z	X	Y	Z	X	Y	Z	X	Y	Z
1	60	714.53	812.62	234.89	727.27	812.95	234.89	714.11	856.17	234.89	727.59	856.16	234.89
2	62	714.53	812.60	234.80	728.06	812.35	234.89	714.61	856.39	234.87	727.50	856.81	234.93
3	64	714.27	813.15	234.89	727.90	812.40	234.89	714.14	856.17	234.95	727.65	856.18	234.86
4	66	714.72	813.13	234.91	727.26	813.04	234.90	714.14	856.69	234.87	727.96	856.80	234.85
5	68	713.96	812.34	234.90	727.59	813.09	234.83	714.77	856.11	234.87	727.92	856.20	234.89
6	70	714.66	812.25	234.80	727.84	813.25	234.84	714.63	856.37	234.94	727.26	856.67	234.86
7	72	714.16	812.54	234.87	728.05	812.59	234.88	714.03	856.82	234.87	727.51	856.14	234.90
8	74	714.15	812.69	234.92	727.71	812.33	234.94	714.81	856.79	234.81	728.07	856.82	234.90
9	76	714.35	812.44	234.98	727.89	812.96	234.92	714.68	856.06	234.89	727.53	856.29	234.95
10	78	714.24	813.16	234.77	727.64	812.41	234.84	714.50	856.86	234.83	727.83	856.82	234.89

根据表 5 – 1 和表 5 – 2 所测得的数据可以看出，各标定点像素中心发生了变化，说明玉米植株生长了，具体分析如下：

标定点像素中心坐标的距离变化具体表现是，左上方像素中心坐标与其他 3 个像素中心的空间距离分别为 $L_{A_1B_1}=13.16$ mm，$L_{A_1C_1}=16.24$ mm，$L_{A_1D_1}=20.90$ mm；同理，由表 5 – 2 可计算出 $L_{A_2B_2}=13.56$ mm，$L_{A_2C_2}=43.33$ mm，$L_{A_2D_2}=45.41$ mm。间隔两个月后，$\Delta L_{AB}=0.4$ mm，$\Delta L_{AC}=27.09$ mm，$\Delta L_{AD}=24.51$ mm。ΔL_{AB}说明 X 方向上发生了变化，ΔL_{AC}说明 Y 方向上发生了变化。虽然 X 方向和 Y 方向的增量只是一个相对量，但其代表了矩形信息点在水平方向和高度方向的增量变化，说明在两个月时间内，所标定的矩形信息点发生了生长状态的变化，矩形的大小有所扩大。而垂直方向的增长率远大于水平方向的增长率，是水平方向的增长率的 34.02 倍，说明玉米高度增长较快，而粗度增长相对较慢，这与实际植株的生长快慢也是一致的。

上述计算过程中，均采取原数据与两个月后图像数据之差的形式进行的，而且是以图像左上角为坐标原点。而 X 方向、Z 方向的数据变化较小，Y 方向的数据变化相对大一些，这与玉米植株生长过程高度增长得快一些、粗度增长得慢一些也是相符的。由此分析，若时间间隔增长，矩形点像素中心的位置和间距增量也会增加，矩形的大小也将会继续扩大。

在实际测量过程中，对玉米植株深度方向用最小分度为 1 mm 的米尺来进行测量，在水平方向和垂直方向上采用 50 分度的游标卡尺来进行测量，而且要在测量技术人员的协助下来完成，以保证测量方法具有可行性和准确性。本实验只针对玉米植株信息点的间距进行

了测量,采取测量10次取均值再进行间距计算的方式进行。初始和两个月后的测量结果如表5－3所示。从表5－3可以看出,利用传统的测量方法也可以实现对植株生长状态各个参量的测量,间隔两个月后,$\Delta L_{AB}=7.08$ mm,$\Delta L_{AC}=22.90$ mm,$\Delta L_{AD}=23.97$ mm,说明玉米植株生长状态的变化。ΔL左上右上代表水平方向上的增长,ΔL左上左下代表垂直方向上的增长。经过两个月生长后,4个矩形点的间距发生了不同程度的增长,矩形的大小也有所扩大,而垂直方向的增长率与水平方向的增长率之比为2.09,但与整株测量结果相比,比率明显偏小。主要原因是在测量过程中,周围环境和人工操作等因素引起的测量误差所导致的。

表5－3　两次传统测量的结果

对应点	初次测量(10次均值)/mm		两个月后测量(10次均值)/mm	
	Z	L	Z	L
左上右上(ULUR)	236.3	11.32	235.2	18.4
左上左下(ULLL)	235.2	18.33	234.8	41.23
左上右下(ULLR)	235.1	21.15	234.1	45.12

根据间隔两个月测得的结果,无论是采取视觉测量方法还是传统测量方法,各标定信息点间距均发生了变化,说明玉米的生长状态发生了改变。

3. 结果讨论分析

视觉测量与传统测量相比有很多优势,主要表现在以下方面:首先,从测量精度上看,传统测量中的米尺最小分度为1 mm,游标卡尺最小分度为0.02 mm;而本实验的图像测量最小单位达到0.004 2 mm,从数据精度的角度考虑,传统测量不如视觉测量。其次,从测量结果上看,传统测量垂直方向的增长率与水平方向的增长率之比为2.09,二者增长量接近,这与玉米生长中的实际情况是不相符的;而视觉测量中垂直方向的增长率是水平方向的增长率的34.02倍,这与玉米生长中的实际情况是一致的;再次,从误差处理上看,传统测量是人为选择信息点几何中心来进行距离测量,数据来源和处理方式欠准确;而视觉测量只需处理好采集到的图像信息点即可,通过计算来确定像素中心坐标,测量结果更科学、准确。最后,从采集环境上看,传统测量需到实验现场进行记录,人工来完成现场测量,受自然环境影响较大,测量结果缺乏准确性;而视觉测量对测量环境要求较低,即使玉米植株受风雨影响而姿态发生改变,但所标定的4个矩形信息点的间距是相对稳定的。

5.4　本章小结

本章将现代图像处理技术与计算机视觉理论相结合,应用机器视觉方法对玉米植株进行监测研究,能够做到对玉米植株阶段性的生长过程进行监测和分析,了解玉米植株不同时间段的生长状态和生长规律,为实现远程无线监测提供技术支持。

第6章　大豆籽粒图像提取与识别

大豆是我国的重要经济作物,它用途多样,营养价值高,栽培广泛,便于出口。中国各地均有大豆栽培,东北为大豆的主产区,是全国大豆的主要生产区和重要的出口基地,其大豆种植面积占全国大豆总种植面积的一半以上,仅黑龙江大豆年产量就占全国大豆年产量的37%,其出口量占全国大豆总出口量的80%左右。近年来,由于我国大豆种植面积的减少,因此大豆总产量和总出口量在逐年降低。

我国大豆种植面积逐年减少的主要原因,其一是境外一些国家大量应用转基因技术,不但使大豆生长成本降低,而且使大豆产量提高,因此在国际市场上有价格优势;其二是我国大部分地区在大豆的种植、收割、储存等过程中缺乏统一的专用性标准,大豆混合种植、混合收割和混合储藏等现象严重,直接导致大豆品质参差不齐;其三是目前大豆品质检测技术落后,东北大部分地区仍在使用低级的人工手段对大豆品质进行检测,致使东北大豆的专用性指标低于国外产品,价格高于同类进口产品,缺乏国际竞争力,严重影响大豆出口,同时也影响了加工企业对国产大豆的使用。而且,国外大豆检测基本实现了机器检测,效率要远高于我国的人工检测。

综上所述,提高大豆品质、进行专用品种生产与检测对保障豆农和加工企业利益,提升大豆产业链条整体效益都具有重要的意义。大豆的外观品质在很大程度上反映了内部质量,尤其是大豆外部病态可以直接决定大豆内部营养成分的缺失和等级评测。目前,传统的大豆外观品质检测技术仍然依靠人工检测,这种方法效率低,且精度低,不能满足大批量自动化生产的需要。而利用图像处理技术进行检测具有精确、稳定、快速、无损等特点,可大幅度提高生产效率和自动化程度。

中华人民共和国国家标准《大豆》(GB 1352—2009)于2009年9月1日起正式实施。表6-1为我国大豆的等级划分标准,其中损伤粒包括未熟粒(籽粒不饱满,瘪缩达粒面1/2及以上或子叶青达1/2及以上,与正常粒显著不同的颗粒)、虫蚀粒、病斑粒、破碎粒、霉变粒、冻伤粒。各类大豆以3等为中等标准,低于5等的为等外大豆。

表6-1　大豆等级划分标准

等级	完整粒率/%	损伤粒率/%	
		合计	其中,热损伤率
1	≥95.0	≤1.0	≤0.2
2	≥90.0	≤2.0	≤0.2
3	≥85.0	≤3.0	≤0.5
4	≥80.0	≤5.0	≤1.0
5	≥75.0	≤8.0	≤3.0

本章重点研究大豆图像的获取,以及正常大豆和不完善大豆图像的特征,利用图像处

理技术进行大豆质量的评估,检测和识别图像中的大豆质量。

6.1 实验材料与实验系统

6.1.1 实验材料

大豆不仅仅只是黄豆,依据大豆的颜色,可以将大豆分成多种类型,如黄豆、青豆、黑豆、红豆等。条件所限,本实验选用黄豆、黑豆和红豆三种颜色的大豆。实验用黄豆主要来自黑龙江八一农垦大学学校试验田,黑豆和红豆从市场选购,经相机拍照获取图像,所得大豆图像如图6-1所示。

(a)

(b)

(c)

图6-1 实验选用大豆图像

(a)黄豆;(b)红豆;(c)黑豆

本章仍以图像处理技术为基础进行分析处理。由于黄豆最为常见也最为主要,本实验以黄豆为主要研究对象,红豆和黑豆为次要研究对象。由于各实验原理相近,其他大豆的实验研究也可以参照本实验。从黑龙江八一农垦大学学校试验田产出的品种质量各异的黄豆中,共选取大豆约1 000粒,其中包括正常大豆、虫蚀大豆、病斑大豆、未成熟大豆、破损大豆等不同的材料。

6.1.2 机器视觉系统

机器视觉系统主要由工业相机、计算机、图像采集卡等组成。图6-2为机器视觉系统组成的示意图。

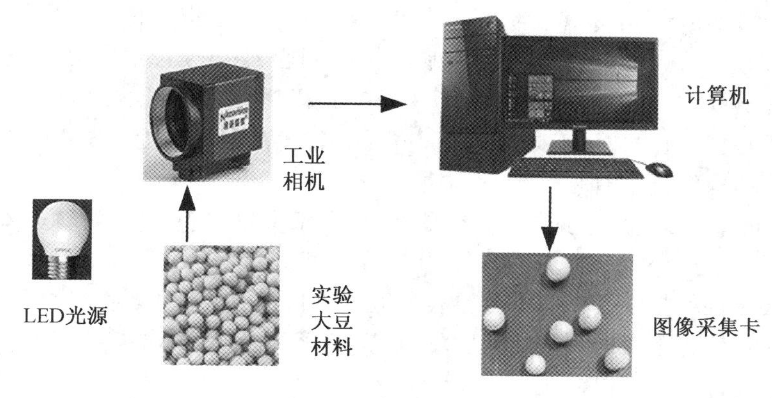

图6-2 机器视觉系统组成的示意图

(1)图像获取设备采用维视公司的高分辨率工业摄像机作为图像采集装置。相机采用高端CMOS作为传感器,并具有彩色和黑白两类产品。图像质量高,颜色还原性好。以USB2.0作为输出,信号稳定,一台计算机可以同时连接多台工业相机。支持图像存储和传输的板上帧存。

(2)本实验采用自然光和额定功率为3 W的普通LED灯作为光源。这样选择能够节约经济成本,且具有实用性,能耗也低,自然光不适应黑暗环境,LED灯更具有适用性,更节约硬件成本。

(3)拍摄背景的选择也是非常重要的。为更好地提取出大豆,当背景与目标容易分离时更方便,能够保留更多的大豆图像特征信息,大豆外观特征与质量对于目标和背景的分离有重要的意义。为选择更合适的背景,以黄豆为例,选择红色,黄色、蓝色、白色和黑色为背景进行实验,取相同光源下的二值化,检测结果如图6-3所示。

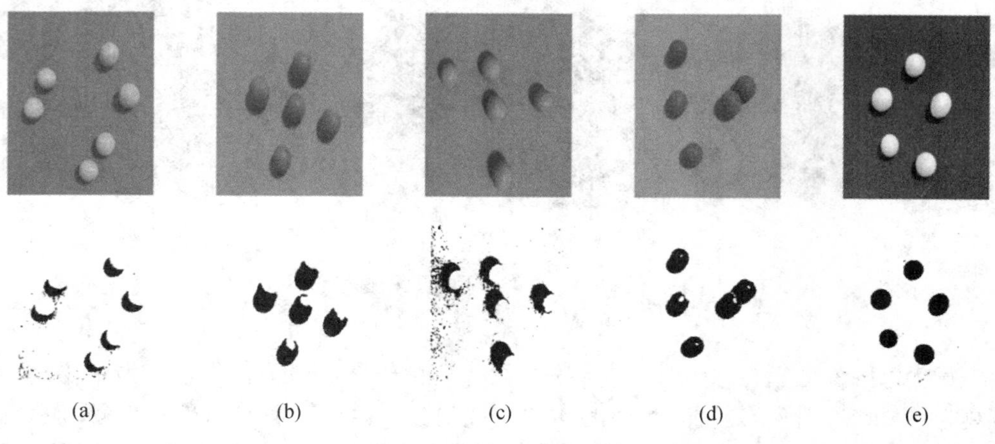

图6-3 不同背景下的原图像与二值图

(a)红色;(b)黄色;(c)蓝色;(d)白色;(e)黑色

图6-3(a)是以红色为背景的原图像与二值图像,彩色图像比较接近原色,稍有色差,与底色反光有关,二值图的边缘不清晰,有较多阴影;图6-3(b)是以黄色为背景的原图像与二值图像,彩色图像有较大色差,与底色反光有关,二值图的边缘不清晰,有较多阴影;图6-3(c)是以蓝色为背景的原图像与二值图像,彩色图像有较大色差,与底色反光有关,二值图的边缘不清晰,不能区分大豆与阴影;图6-3(d)是以白色为背景的原图像与二值图像,彩色图像颜色正常,二值图边缘清晰,有较多阴影,且与大豆边缘不能区分,豆粒中间白色部分反光,引起不准确的二值化;图6-3(e)是以黑色为背景的原图像与二值图像,彩色图像颜色正常,二值图边缘清晰。从以上不同底色背景的原图像与二值图可以看出,黑色背景更容易提取出目标黄豆。

图6-4为黑豆的底色选择,对于黑豆,直观感觉是白色背景更容易区分出目标,经过仿真实验证实了这个想法。

红色大豆仍然是在黑色背景下更容易区分出目标,但是需要注意的是,曝光不要太强,完全可以在自然光下获取图像,否则会由于反光导致二值化不准确。

(a)

(b)

图6-4 黑豆的底色选择

(a)大豆原图;(b)二值图

6.2 基于图像的大豆数量统计

大豆作为我国的主要农作物,已被广泛应用于畜牧、食品加工等诸多领域,已深入人们的生活。随着社会的高速发展,为生产出更为严格的食品或饲料,大豆计数已成为大豆生产及收购中不可或缺的步骤。而目前,对于大豆计数通常采用全人工或半人工计数的方法,显然,这种计数方法存在效率低、误差大等缺点。本节采用开闭运算的图像分割方法,实现大豆快速计数。

采集图像的方法有很多,可用手机、摄像机或电子扫描设备直接采集后生成 BMP、GIF、JPG 等多种图像格式,本书获取的图像是由微视工业相机直接拍摄的,操作过程简捷,相机便携、可移动,且所需成本低。拍摄过程中应保证大豆所在平面的平整环境光照不明显、灯光不强烈,且应在黑色背景下拍摄,这样可减少计算数据,提高工作效率。

预处理过程包括图像的灰度化、二值化、去噪等过程。我们可以以文件打开的方式读入图像,也可以直接读入图像,利用 MATLAB 软件图像处理工具箱,将图像用函数直接读入,读入后图像为既含有色彩信息又有亮度信息的彩色状态,每个像素点的像素值有 R,G,B 三个分量,且分别用表示 R,G,B 的三个矩阵表示,且处理数据量大,耗费时间长。鉴于在大豆计数过程中,对其颜色没有过多的要求,所以可采用将图像处理成只含有亮度信息不含有色彩信息的灰度图像,即将图像的每个像素值用一个灰度值来表示,去掉无用信息,提高运算速度,进而减小后续处理工作的难度,而一幅灰度图像有 $m \times n$ 个像素点,一般可用二维矩阵表示,图像中一个像素点的值对应矩阵的一个元素。如图6-5为大豆原图与灰度图的对比。

由于图像的噪声信息通常为随机且独立的像素点,导致图像质量下降,尽管在图像的获取及传输过程中可人为减少噪声污染,但仍不可避免,故需进行去噪处理,常用去噪方法有小波去噪、固态滤波、二值滤波等。采用非线性的局部平滑技术中值滤波,是指以一小块像素区域内某点为中心,将像素灰度值按从小到大的顺序排列,将中间值作为该处灰度值的方法,可有效删除小面积对象,且不破坏图像边缘。图6-6为大豆图像滤波效果图,滤除小面积对后续计算区域数目有较大帮助。

图像二值化处理即将图像灰度值设置为0或255,即呈现明显的黑白效果,从而凸显目标轮廓,处理过程中需先选取最佳阈值,完成二值化,所有大于或等于最佳阈值的像素视为要获取的目标物体,其灰度值用255表示,小于该阈值的像素点被排除。图6-7为经二值化处理后的大豆图像,黑白效果明显。

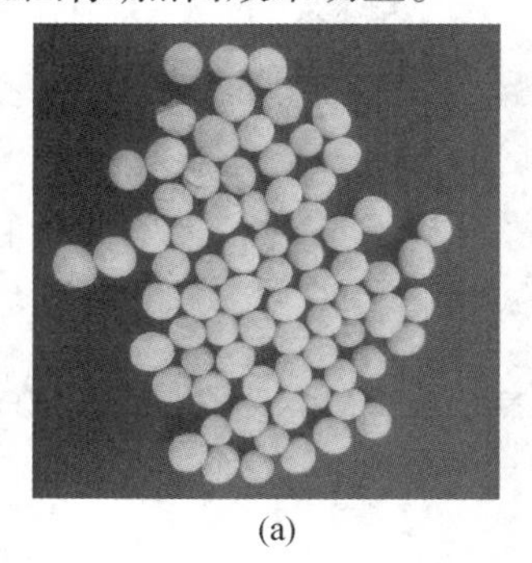

(a)

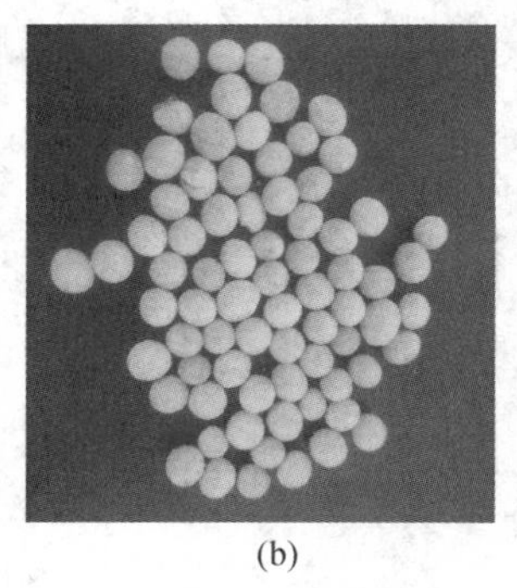

(b)

图6-5 大豆原图与灰度图的对比

(a)大豆原图;(b)灰度图

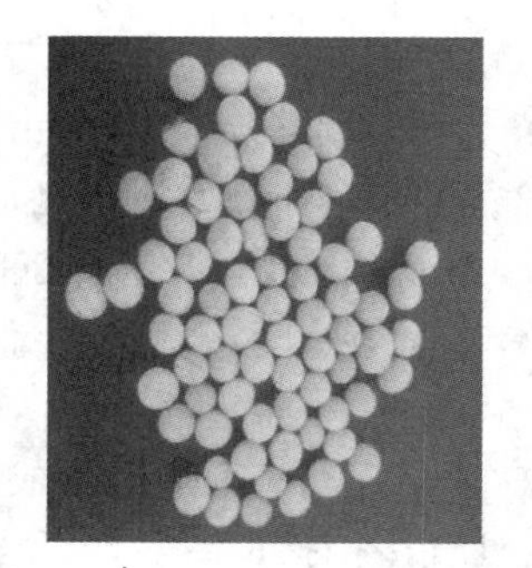

图6-6 大豆图像滤波效果图

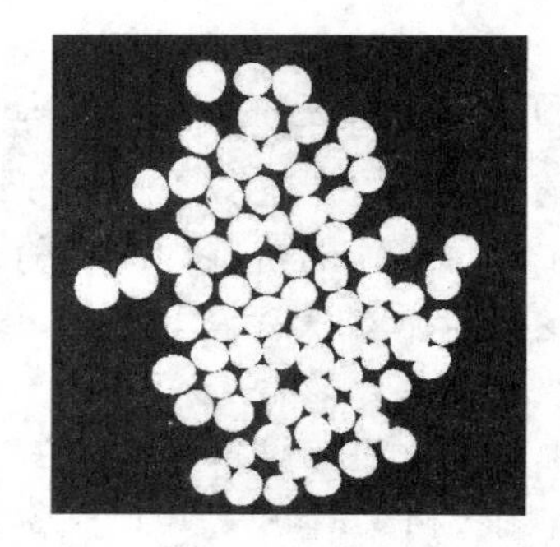

图6-7 二值化处理后的大豆图像

在计数过程中,尽管可以通过机器抖动等方法解决大豆叠加问题,但在大量计数时不可避免大豆间相互紧贴或粘连的情况,因程序无法识别粘连部分造成计数误差,故对得到的二值图像进行形态学中先腐蚀后膨胀的开运算,删除不包含结构元素的对象区域,平滑目标轮廓,断开狭窄的连接部分,去除细小凸起,使每个目标物体呈现互相分离状态,有效减小计数误差,便于后续处理。在目标区域以外,其灰度值用0表示,代表背景或杂质物体,从而明显区分目标。

图6-8为腐蚀后大豆图像,图6-9为膨胀后大豆图像。由图6-8和图6-9可明显发现,经过先腐蚀后膨胀后的图像与二值化处理后的图像中大豆间互相粘连状态有明显区别。

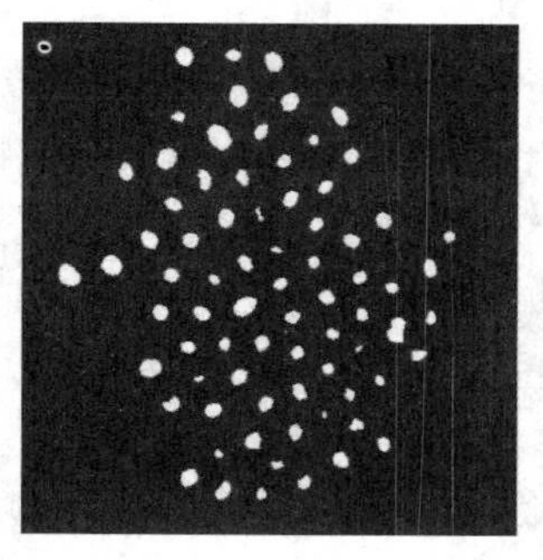

图6-8 腐蚀后大豆图像

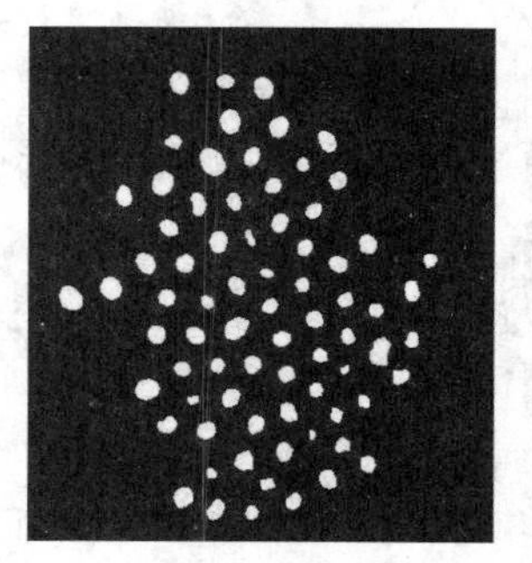

图6-9 膨胀后大豆图像

二值化处理后的值只有0和255，而只用255表示的像素表示需要计数的目标物体，相邻的用255表示的像素点呈现连通状态，在MATLAB中可采用bwlabel函数将上、下、左、右相连的四连通，或除上、下、左、右外还有左上、右上、左下、右下相连的八连通区域连接起来，进行二值图像连通物体标记，将像素点为0的背景区域标记为0，第一个连通区域标记为1，第二个连通区域标记为2，以此类推，得到的连通区域数量即为目标大豆数量。

区域标记是指给连接在一起的像素附上相同的标记，不同的连接成分附上不同的标记。区域标记在二值图像处理中占有非常重要的地位。图6－10表示了区域标记后的图像，通过该处理将各个连接成分区分开来，然后即可调查各个连接成分的形状特征。

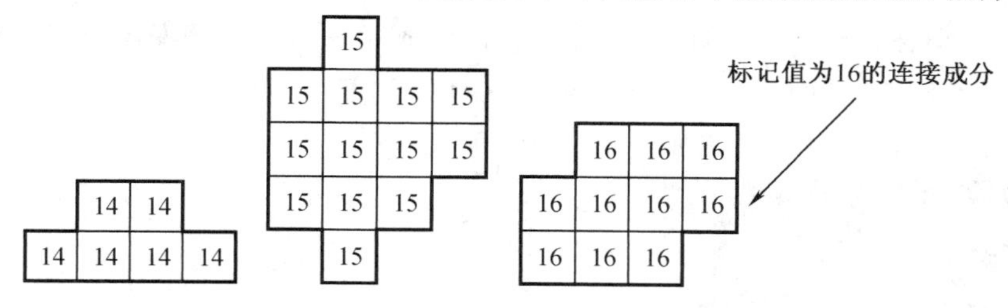

图6－10　区域标记后的图像

区域标记也有许多方法，下面介绍一个简单的方法。

区域标记方法参考图6－11，步骤如下：

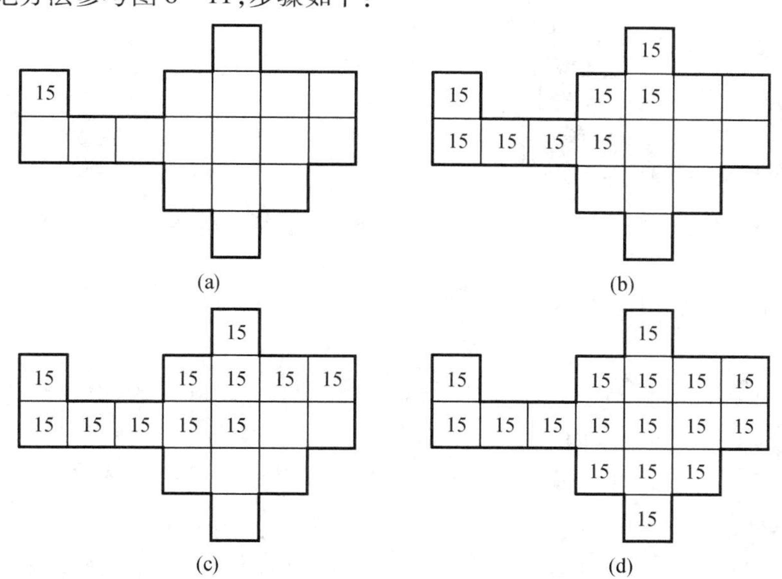

图6－11　区域标记方法

(a)给白像素 P 附加新标记“15”；(b)给 P 连接在一起的像素附加相同的标记；(c)给所有加标记像素连接在一起的像素附加相同的标记；(d)连接在一起的像素全部标记

(1)扫描图像，遇到没有标记的目标像素(白像素)P 时，附加一个新的标记。

(2)给 P 连接在一起(即相同连接成分)的像素附加相同的标记。

(3)进一步,给所有加标记像素连接在一起的像素附加相同的标记。

(4)直到连接在一起的像素全部被附加标记之前,继续步骤(2)。这样一个连接成分就被附加了相同的标记。

(5)返回到步骤(1)重新查找新的没有标记的像素,重复上述各步骤。

(6)图像全部被扫描后,处理结束。

进行图片处理方法的计数实验,图6-12中有75颗豆粒,全部都标记出来了,经过20次随机大豆数目实验,得到的计数结果准确率可达99%。

上述过程应注意的是需要选择合适的腐蚀区域半径:如果腐蚀区域过小,可能会区域分割不尽,腐蚀区域过大,会令小的区域全部腐蚀掉,这两种情况都会使标记的区域数目不足,解决途径是动态调整腐蚀区域大小,建立腐蚀区域半径与标记数量的联系,找到最大的标记区域,由于同一批次的黄豆大小相对均匀,所以这个方法是有效的。图6-13给出了腐蚀区域半径和最大标记数目的关系。

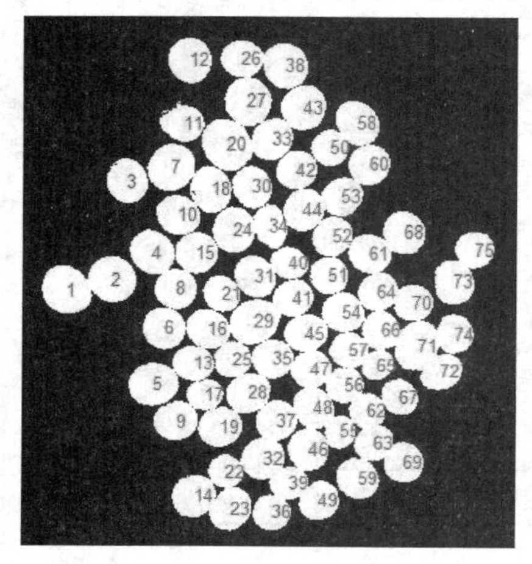

图6-12　大豆计数结果

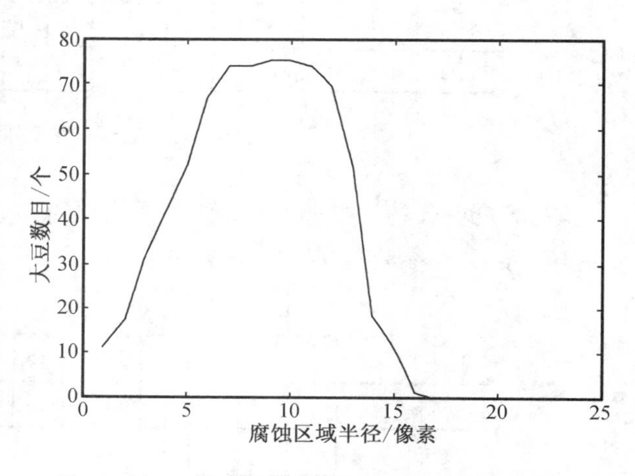

图6-13　腐蚀区域半径和最大标记数目的关系图

基于图像处理大豆计数准确率是非常高的,引起误差的可能影响因素主要有以下几个方面:

(1)因为图像处理大豆计数技术通常应用于大型工厂及畜牧场,所以在拍摄时大豆难免会被太阳光照射,而大豆表面较光滑,光照便会在拍摄出的大豆图像中留下光圈,后期优化处理便会将光圈视为目标物体进行分割,产生行程目标数目剧增现象,使实验结果出现极大误差,所以在图像获取过程中,应选取灯光不强烈且阳光不充足的空间或场所。

(2)在进行少量大豆计数时,通常会随意选在粗糙的桌面或不平整但很光滑容易形成反光的地面或直接在手掌中进行,反光、粗糙等因素均可造成后期处理的误差,桌面的木纹和手掌纹在后期优化的二值化处理中均可形成连通区域,在进行标记时便会被计入目标物体从而造成误差,而不平整的地面通常会因为光照出现反光现象,也会对实验结果产生影响,二值化处理后目标物体用白色表示,而背景则用黑色表示,为减少工作量,建议在图像获取前就将大豆平铺于黑色背景的平面上。

(3)大量收购的大豆中难免掺杂石子、土块等与大豆形状相似的物体,如果进行大量计数，会因为视觉影响不能及时发现并去除这些与大豆形状相似的物体，从而导致后期处理过程中错误地把它们当成目标物体对其进行计数，该影响在大量计数中为不可避免的因素。

6.3 不完善大豆籽粒的识别

本节说明的内容主要是通过大豆的各项外观品质指标来对大豆的品质进行综合评价。在大豆的外观特征提取过程中，采用的是机器视觉技术，并要求对整个结果进行汇总分析。

依据中华人民共和国国家标准《大豆》（GB 1352—2009）以及大豆的特征选出所需要的大豆外观评价指标，包括粒型、病斑粒与霉变粒、虫蚀粒与破碎粒、褶皱和颜色等。确定外观评价指标后利用摄像设备获取图像，然后进行图像处理，其步骤如下：首先是图像的去噪和背景分离；其次，将有连接的豆粒图像分开，得到单独的豆粒图像；最后，对得到的大豆图像进行特征提取和分析，从而得出各项指标的检测结果。

大豆籽粒不完善主要是指有虫蚀、病斑、霉变、破损、生芽、破损或未成熟等缺陷。下面以典型的两种情况，即病斑和虫蚀大豆说明图像处理方法的检测应用。

6.3.1 大豆病斑籽粒识别

图 6－14 中有三颗大豆有病斑，病斑粒与正常粒在外观上有显著不同，颜色上有较大区别，因此可以统计颜色分量的直方图。按前面所述的分割方法将豆粒分开，每个区域的颜色分量直方图进行分析，结果如图 6－15 所示。

图 6－14 病斑大豆

为方便计算，目标提取过程中，选用了包含单个豆粒的最小矩形区域，由于背景为黑色底色，因此会有部分灰度值比较小的统计结果，对于病变大豆来说，其颜色变换主要是由于不同颜色分量的比例和灰度变化，因此矩形区域可以应用于直方图计算。图 6－15 为病斑大豆图像直方图计算结果，图 6－15（a）为大豆总体目标的直方图，据图 6－14 可知，正常大豆占绝大多数，因此总体目标的直方图可以近似作为正常大豆的直方图，三个颜色分量的主要灰度值集中在 200 附近，且红色分量与绿色分量集中程度略高于蓝色分量，逐个对豆粒区域计算，绝大多数的直方图基本上与此图相似；图 6－15（b）为病斑大豆直方图 1，相比于图6－15（a），每个颜色的直方图都趋于平坦，说明灰度值整体降低，蓝色分量集中区域降低明显，灰度值集中部分较窄，说明病斑的部分不大；图 6－15（c）为病斑大豆直方图 2，相比于图 6－15（a），每个颜色的直方图都更加平坦，说明灰度值整体降低，没有明显的集中峰值区域，说明病斑较大。

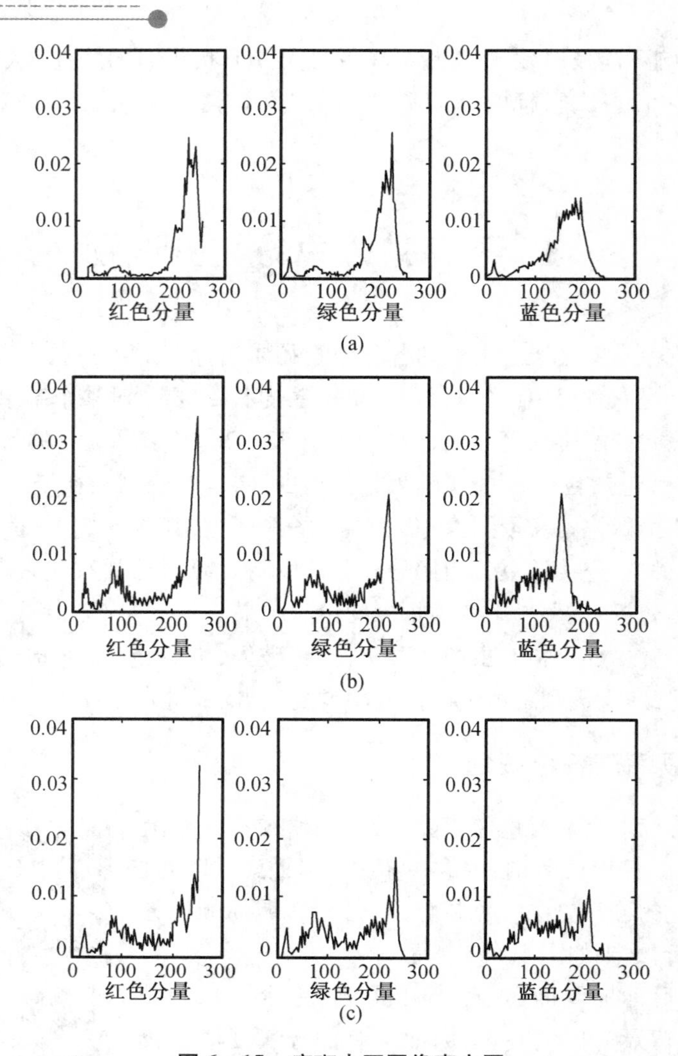

图 6-15　病斑大豆图像直方图

(a)大豆总体目标直方图;(b)病斑大豆直方图1;(c)病斑大豆直方图2

基于上述结论,依据颜色分量直方图的差异,设定阈值范围进行判断,不在阈值范围之内的可以认定为是病斑大豆。表6-2是根据直方图统计后检验阈值范围。

表 6-2　*R*,*G*,*B* 分量阈值

	R	*G*	*B*
80%	196~245	181~241	130~236
90%	182~249	167~249	115~247
95%	127~255	123~255	75~255

利用该阈值规则,对实验用大豆进行处理,病斑检出率为76.54%,不准确的原因是,由于大豆滚动,部分大豆病斑并未进入图像。

除病斑大豆外,大豆未熟粒的比较明显的特征是籽粒不饱满,颜色明显偏绿,因此可以提取大豆图像中各个豆粒的颜色分量，绿色分量灰度值偏高的或者直方图明显不同的，即为未成熟豆粒。由于霉变的豆粒颜色会有较大变化，因此通过颜色特征可以比较容易识别。除直方图外，常用的颜色特征还有三阶矩、峰态系数和偏态系数等。

6.3.2　大豆虫蚀籽粒识别

这个部分主要利用大豆图像的几何特征，被虫蚀的大豆其外形有较大变化，不再是规则的圆球或者椭球。图 6－16 中混有 4 颗虫蚀豆粒，先对每个区域进行特征分析，对虫蚀豆粒进行检测和识别。

所谓图像的特征，换句话说是指图像中包括具有何种特征的物体。表 6－3 给出了几个图形及其特征。

图 6－16　虫蚀大豆图像

表 6－3　图形及其特征

项目	圆形	正方形	正三角形
图形			
面积	πr^2	r^2	$\frac{\sqrt{3}}{4}r^2$
周长	$2\pi r$	$4r$	$3r$
圆形度	1.0	$\frac{\pi}{4}\approx 0.79$	$\frac{\pi\sqrt{3}}{9}\approx 0.60$

1. 面积和周长

面积的意义是计算区域中包含的像素数。

周长则是物体（或区域）轮廓线的周长，是指轮廓线上像素点的距离之和。像素间的距离有图 6－17(a)和图 6－17(b)两种情况。图 6－17(a)是并列的像素，当然并列方式可以是上、下、左、右 4 个方向，这种并列像素点的距离是 1 个像素；图 6－17(b)表示的是倾斜方向连接的像素，倾斜方向也有左上角、左下角、右上角、右下角 4 个方向，这种倾斜方向的像素间的距离是$\sqrt{2}$像素，再进行周长测量时，需要根据像素点的连接方式分别计算距离；图 6－17(c)是一个周长的测量例。

如图 6－18 所示，提取轮廓线需要按如下步骤对轮廓线进行追踪。

(1)扫描图像，顺序调查图像上各个像素的值，寻找没有扫描标志 a_0 的边界点。

(2)如果 a_0 周围全为黑像素 0，说明 a_0 是个孤立点，停止追踪。

(3)否则，按顺序寻找下一个边界点。用同样的方法，追踪其他的边界点。

(4)到了下一个交界点 a_0，证明已经围绕物体一周，终止扫描。

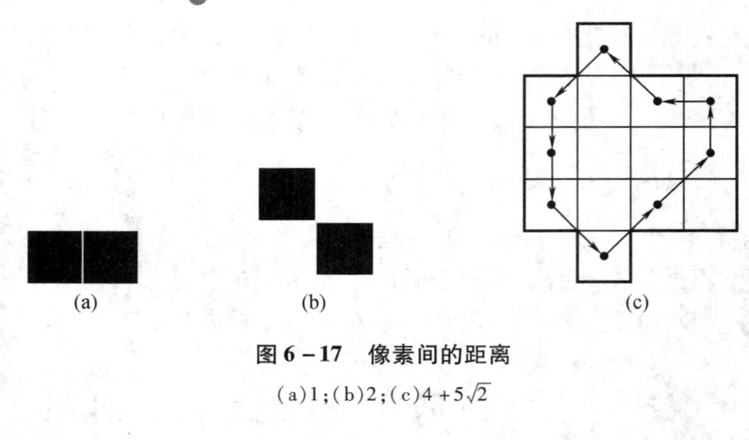

图 6-17　像素间的距离

(a)1;(b)2;(c)$4+5\sqrt{2}$

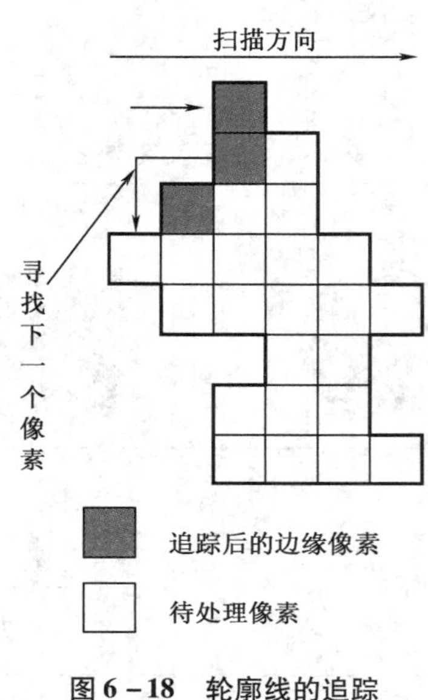

图 6-18　轮廓线的追踪

2. 圆形度

圆形度是基于面积和周长而计算区域形状的复杂程度的特征量。例如,圆和长方形,如果长方形的面积和圆的面积相等,那么长方形的周长一定比圆的周长大。因此,可以定义圆形度特征:

$$e=\frac{4\pi S}{l^2} \tag{6-1}$$

式中,e 为圆形度;l 为区域周长;S 为区域面积。对于半径为 r 的圆来说,区域面积等于 πr^2,区域周长等于 $2\pi r$,所以圆形度等于 1。由表 6-3 可以看出,形状越接近于圆,圆形度越大,最大为 1,形状越复杂,圆形度越小,其值在 0 和 1 之间。

3. 重心

重心就是求区域中像素坐标的平均值。例如,某白色像素的坐标为 (X_i,Y_i) $(i=0,1,\cdots,n-1)$,其重心坐标 $(\overline{X},\overline{Y})$ 可由下式求得:

$$(\overline{X},\overline{Y})=\left(\frac{1}{n}\sum_{i=0}^{n-1}X_i,\frac{1}{n}\sum_{i=0}^{n-1}Y_i\right) \tag{6-2}$$

4. 偏心率

区域外接椭圆的偏心率，即椭圆两焦点间距离和长轴长度的比值。

5. 中心力矩

中心力矩就是区域像素的计算累加，即

$$L = \sum S(X_i - \overline{X})^2 (Y_i - \overline{Y})^2 \tag{6-3}$$

式中，S 为区域面积；(X_i, Y_i) 为像素点；$(\overline{X}, \overline{Y})$ 为区域重心。

从图6－19中分离出各个不同区域，结果如图6－20所示，对每个几何特征区域进行提取。

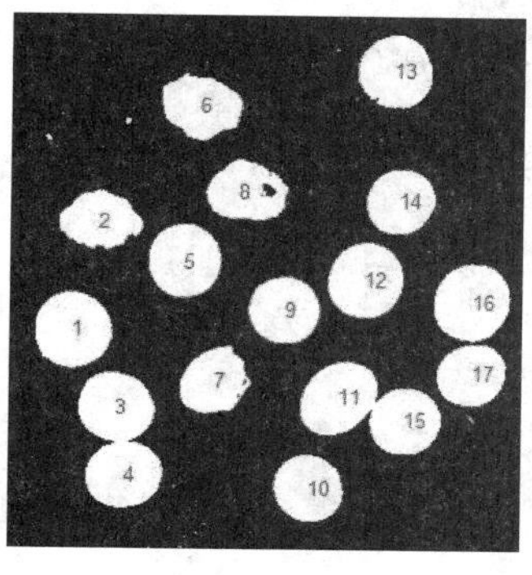

图6－19　虫蚀大豆区域标记

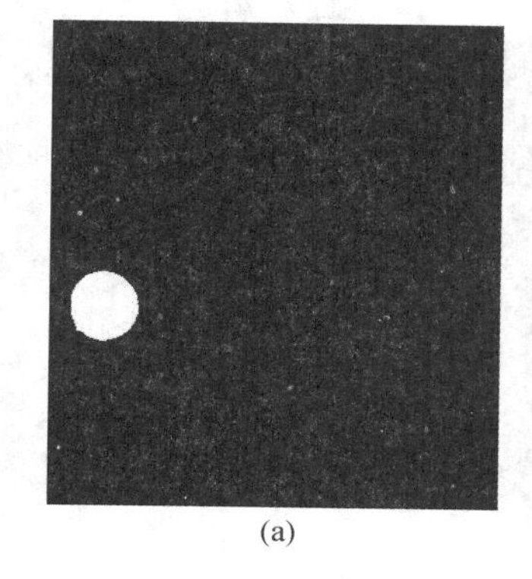

(a)

(b)

图6－20　几何特征区域提取

(a)正常大豆；(b)虫蚀大豆

图6－20(a)与图6－20(b)依次为正常大豆与虫蚀大豆二值图。依前述几何特征，选择圆形度、偏心率和中心力矩等进行计算，得到结果如表6－4所示。

表6－4　大豆图像的几何特征参数

区域序号	圆形度	偏心率	中心力矩
1	0.941 4	0.08	1 521 234 554
2	0.622 9	0.34	1 517 252 657
3	0.905 3	0.25	1 521 285 461
4	0.785 4	0.24	1 521 231 207
5	0.844 5	0.31	1 521 124 467

从统计结果看，形状特征或几何特征中圆形度是非常好的识别特征，因此可以按圆形度进行虫蚀豆粒的检测。利用该阈值规则，对实验用大豆进行处理，病斑检出率为86.54%，不准确的原因是，由于大豆滚动，部分大豆病斑并未进入图像。

除虫蚀大豆外，大豆破损也会有较大形态变化，圆形度会大大降低，因此通过几何特征比较容易识别。另外，由于虫蚀后大豆的颜色会有变化，因此仍然可以利用颜色特征进行虫蚀大豆的检测识别。

6.4 本章小结

本章主要利用机器视觉对大豆图像进行评价分析,通过各项外观品质指标来对大豆籽粒的不完善程度进行识别,进而对大豆品质进行综合客观的评价,对大豆进行分级。大豆籽粒不完善主要是指有虫蚀、病斑、霉变、冻伤、破碎或未成熟等缺陷,本章通过最为普遍的两种情形病斑和虫蚀实验,给出了一般大豆外观分析评价过程。

第7章 甘薯图像处理与分析

甘薯作为一种重要的粮食作物,具有丰富的营养,并且有预防多种疾病的功效,是一种健康食品。长久以来甘薯作为重要口粮和饲料,农户普遍追求其产量。黑龙江省气候寒冷,甘薯质量好但产量低,种植面积少而零散;现今人们更加注重甘薯的品质口感,黑龙江省甘薯产业起步较晚,但由于种植环境的特殊性,冷凉气候、降水量、有效积温和无霜期等条件都非常适宜甘薯生长,雨热同季,昼夜温差大,有利于薯块积累和膨大,产出的甘薯品质较好。甘薯是目前重要的经济作物,已经形成了一定规模的产业化种植,且种植面积逐年扩大。

7.1 实验过程设计

本节研究自动识别甘薯品质检测与分级的机器视觉系统。通过摄像机获取甘薯的外观图像,对甘薯实现动态图像采集的自动化,比较正常和缺陷甘薯颜色纹理形状等方面的不同,在不同的空间中分别统计它们的参数值,确定甘薯品质。依据视觉图像进行甘薯的三维重建,根据外形体积,结合重量传感器采集到的信息分析甘薯的内部品质。系统替代人工分拣,大大提高甘薯品质分级的效率,提升甘薯的商品性,创造出经济效益。

甘薯按完整块根分等,等级指标及其他质量指标见表7-1。

表7-1 甘薯国家标准

等级	完整块根/% (每块100g以上)	不完整块根/%			杂质/%
		总量	病害	其他	
1	90.0	10.0	3.0	7.0	2.0
2	80.0	20.0	8.0	12.0	2.0
3	70.0	30.0	12.0	18.0	2.0

实验条件及过程与前述玉米和大豆类似,甘薯质量分级的流程如图7-1所示。

甘薯分级系统主要由工业相机、图像采集卡、计算机等组成。图7-2为甘薯质量分级系统。器件与计算机光源等选择如前所述。

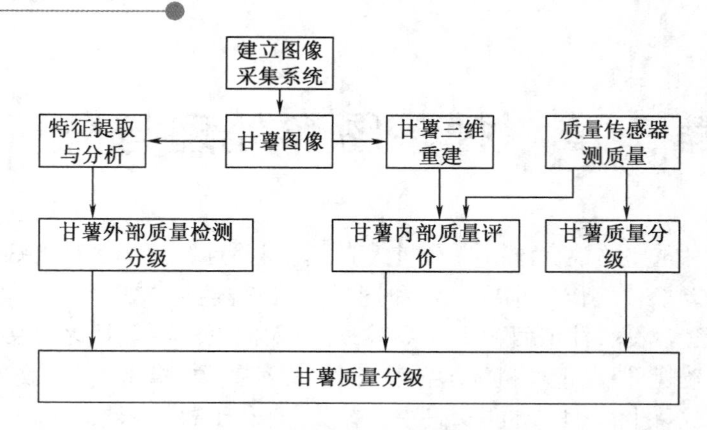

图 7－1　甘薯质量分级流程

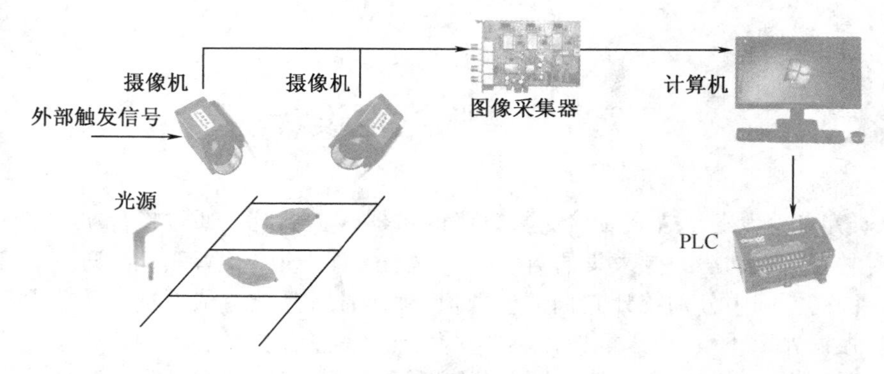

图 7－2　甘薯质量分级系统

7.2　甘薯病虫害检测

常见的甘薯病害与虫害主要有黑斑病、根腐病和茎线虫病。甘薯黑斑病又名黑疤病。危害症状:该病主要危害薯苗和薯块。薯苗受害,一般在幼苗茎基部,尤其在白部分产生长椭圆形稍凹陷的黑褐色病斑。

甘薯根腐病亦称烂根病。危害症状:根尖发黑,向上扩展,苗矮小,节短,叶黄变脆,自下而上脱落,严重的干枯死亡。

甘薯茎线虫病也叫糠心病、菊花心、糠梆子、空心病等。危害症状:皮色正常或发暗,内部褐白相间成为糠心或花瓤。

与不完善大豆的图像类似,这些病害与虫害可以通过图像的颜色特征和形状特征来进行检测和识别。图 7－3 为黑斑病甘薯及颜色直方图;图 7－4 为甘薯根腐病图;图 7－5 为甘薯茎线虫病图;图 7－6 为甘薯茎线虫病不同颜色分量的偏度与峭度,与正常甘薯的偏度与峭度分布曲线,区别明显,正常甘薯的偏度与峭度集中,曲线光滑。

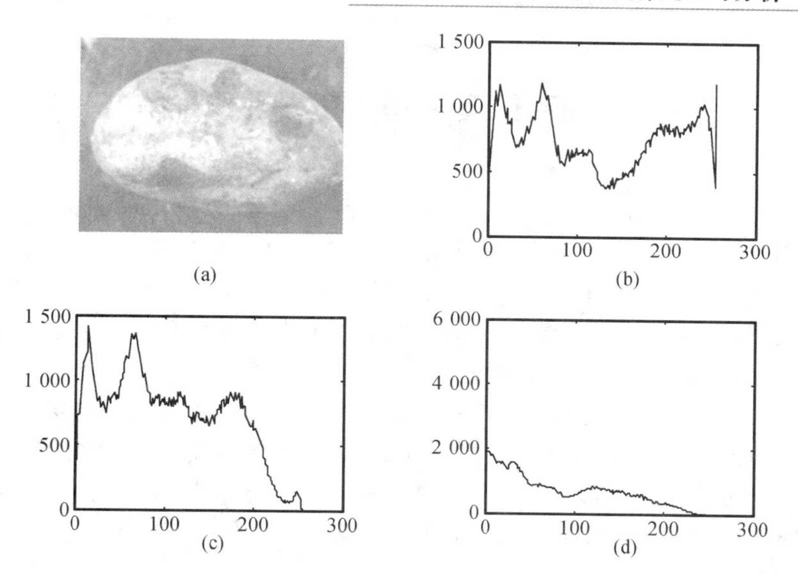

图 7-3 黑斑病甘薯及颜色直方图

(a)黑斑病甘薯;(b)红色分量;(c)绿色分量;(d)蓝色分量

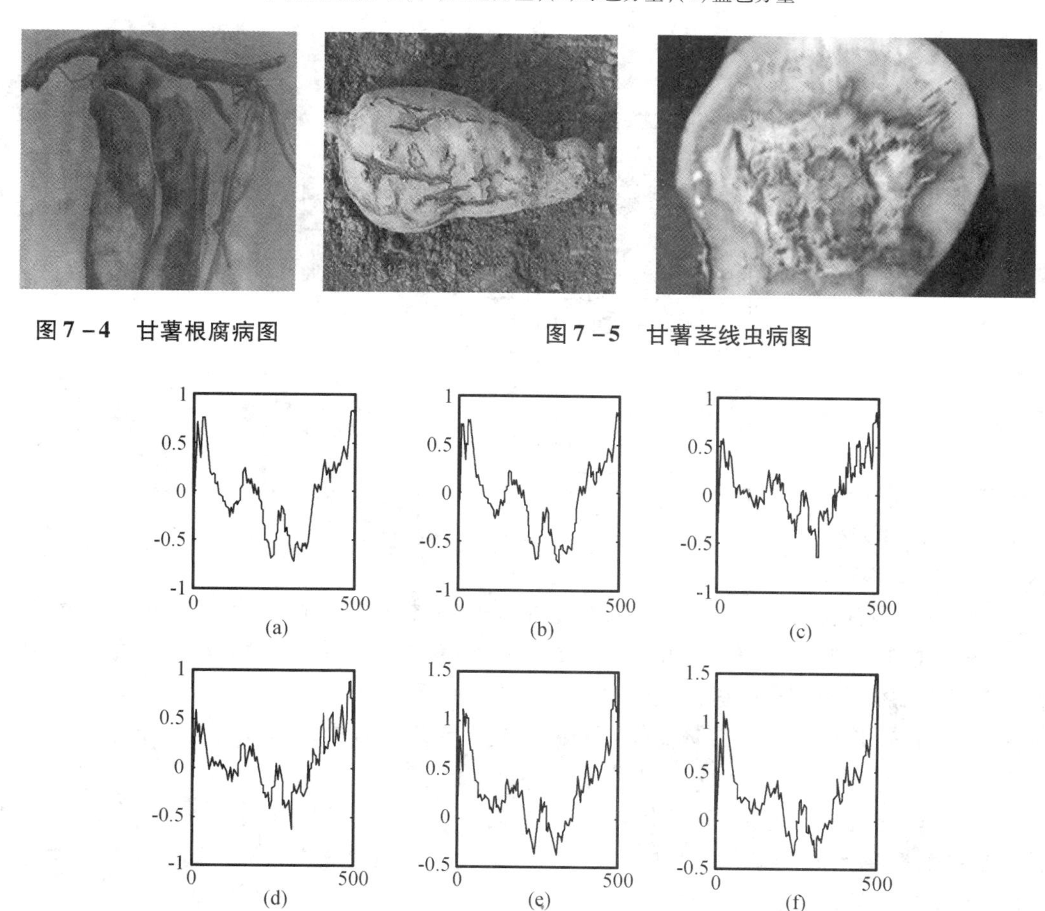

图 7-4 甘薯根腐病图

图 7-5 甘薯茎线虫病图

图 7-6 甘薯茎线虫病不同颜色分量的偏度与峭度

(a)红色分量偏度;(b)红色分量峭度;(c)绿色分量偏度;(d)绿色分量峭度;(e)蓝色分量偏度;(f)蓝色分量峭度

7.3 遗传算法的甘薯图像配准

遗传算法(Gentile algorithm,GA)是由美国密执安大学的 Holland 提出,后经 De Jong、Goldberg 等归纳总结形成的一类模拟进化算法。GA 是基于生物的遗传变异与自然选择原理的达尔文进化论的理想化的随机搜索方法,它通过一些个体(Individual)之间的选择(Selection)、交叉(Crossover)、变异(Mutation)等遗传操作相互作用而获取最优解。GA 是从被称为种群(Population)的一组解开始的,而这组解就是经过基因(Gene)编码的一定数目代表染色体(Chromosome)的个体所组成的。取一个种群用于形成新的种群,这是出于希望新的种群优于旧的种群的动机。用于形成子代(即新的解)的亲代是按照它们的适应度(Fitness)来选定的,即适应能力越强,越有机会被选中。这一过程通过世代交替直到某些条件(如进化代数、最大适应度或平均适应度)被满足(图 7 - 7)。问题的求解经常能够表达为寻找函数的极值。

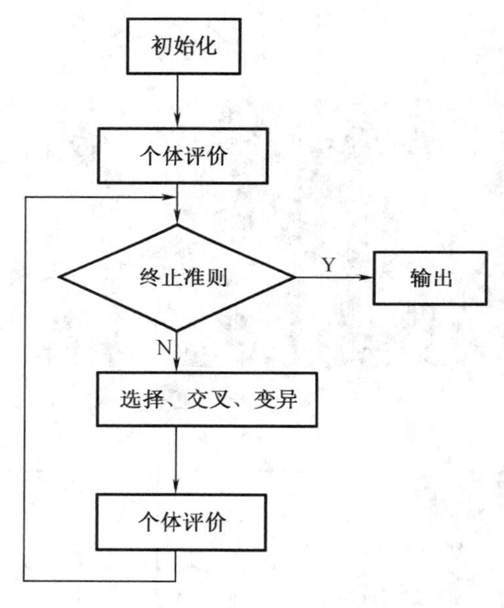

图 7 - 7　遗传算法流程

此外,GA 还有各种推广和变形。GA 代替单点搜索方式而通过个体的种群发挥作用,这样搜索是按并行方式进行的。由图 7 - 7 可见,GA 的基本操作流程是很普通的,根据不同的问题需采用不同的执行方式,关键需要解决如下两个问题:

第一个问题是如何创建个体,选择什么样的遗传表示形式。与其有关的是交叉和变异两个基本遗传算子。

第二个问题是如何选择用于交叉的亲代,有许多方式可以考虑,但是主要想法是选择较好的亲代,希望更好的亲代能够产生更好的子代。你也许认为,仅把新的子代作为新一代种群可能会使最优个体(染色体)从上一个种群中丢失,这完全是可能的。

7.3.1　遗传表达

当开始用GA求解问题时,就需要考虑遗传表达问题,染色体应该以某种方式包含所表示的解的信息。选择、交叉和变异是GA的最重要部分,GA的性能主要受3个遗传操作的影响。

遗传表达也称为遗传编码或染色体编码(Encoding)。最常用的遗传表达方式是采用二进制字符串(Binary strings),染色体可以表达成如下形式:

染色体1:1101100100110110;

染色体2:1101111000011110。

每个染色体有一个二进制字符串,在这个字符串中的每个位(bit)能代表解的某个特征。或者整个字符串代表一个数字,即每个表现型可以由基因型来表达。当然,也有许多其他的编码方式,这主要依赖于所求解的问题本身,例如,能够以整数或者实数编码;有时用排列编码是很有用的。

1.交叉

在确定了所用的编码之后,我们能够进行重组(Recom bination)。在生物学中,重组的最一般形式就是交叉。交叉从亲代的染色体中选择基因,创造一个中间个体。最简单的交叉方式是随机地选择某个交叉点,这点之前的部分从第一个亲代中拷贝,这点之后的部分从第二个亲代中拷贝。

交叉可以表示成如下形式:

亲代1的染色体:1101110010011011;

亲代2的染色体:1101111100001110;

中间个体1的染色体:11011|111000011110;

中间个体2的染色体:11011|00100110110。

其中,1为交叉点。

这种交叉方法称为单点交叉,还有其他的交叉方式。如我们能够选择更多的交叉点,交叉可以是相当复杂的,这主要依赖于染色体的编码。对特定问题所做的特别交叉能够改善GA的性能。

2.选择

如上所述,染色体从用于繁殖的亲代的种群中选取。问题是如何选取这些染色体。按照达尔文的进化论,最好的个体应该生存并创造新的子代。如何选择最好的染色体有许多方法,如轮盘赌选择法、局部选择法、锦标赛选择法、截断选择法、稳态选择法等。我们在此仅介绍一种常用的选择方法——轮盘赌选择法。

轮盘赌选择法是按照适应度选择亲代。染色体越好被选择的机会将越多。想象一下把种群中的所有染色体放在轮盘赌上,其中每个个体的染色体依照适应度函数有它存在的位置,那么当扔一个弹球来选择染色体时,具有较大适应度的染色体将会多次被选中。

7.3.2　遗传参数

1.交叉率和变异率

GA中有两个最基本参数——交叉率和变异率。交叉率表示交叉所进行的频度。如果没有交叉,中间个体将精确地拷贝亲代;如果有交叉,中间个体是从亲代的染色体的各个部分产生。如果交叉率是100%，那么所有的中间个体都是由交叉形成的。如果交叉率是0，全部新一代种群是由精确地拷贝旧一代种群的染色体而形成的，但这并不意味着新一代种群都是相同的。交叉是希望新的染色体具有旧的染色体好的部分，也许新的染色体会更好地把种群中的一些部分残留到下一个种群是有利的。变异率表示染色体部分被变异的频度。如果没有变异，候选个体没有任何变化地由交叉(或复制)而产生。如果有变异，部分染色体被改变；如果变异率是100%，全部染色体将改变；如果变异率为0，则染色体无改变。

2. 遗传参数的确定

需要用GA进行特殊问题的实验，因为到现在为止还没有对任何问题都适用的一般理论来描述GA参数。因此，这里的建议只是实验的结果总结，实验往往是采用二进制编码进行的。

(1)交叉率应该高一些，一般在80%～90%，但是实验结果也表明，对有一些问题，交叉率在60%左右最佳。

变异率：变异率应该低一些，最好的变异率在0.5%～1%，也可按照种群大小(pop_size)和染色体长度(chromosome_length)来选取，典型的变异率在1/pop_size和1/chromosome_length之间。

(2)种群大小：可能难以置信，很大的种群规模通常并不能改善GA的性能(即找到最优解的速度)。优良的种群大小在20～30，但也有使用50～100为最佳的实例。有些研究也表明了最佳种群规模取决于编码以及被编码的字符串大小，这就意味着如果你有32 bit的染色体，那么种群大小也应该是32 bit。但是，这无疑是16 bit染色体的最佳种群大小的2倍。

3. 适应度函数

GA在进化搜索中基本上不用外部信息，仅以目标函数即适应度函数为依据，利用种群中每个个体(染色体)的适应度值来进行搜索。GA的目标函数不受连续可微的约束，而且定义域可以为任意集合。对目标函数的唯一要求是针对输入可计算出能加以比较的非负结果。

在具体应用中，适应度函数的设计要结合求解问题本身的要求而定。需要指出的是，适应度函数评价是选择操作的依据，适应度函数设计直接影响到GA的性能。在此，只介绍适应度函数设计的基本准则和要点，重点讨论适应度函数对GA性能的影响并给出相应的对策。

在许多问题求解中，目标是求取函数$g(x)$的最小值。由于在GA中适应度函数要比较排序，并在此基础上计算选择概率，所以适应度函数的值要取正值。由此可见，在不少场合将目标函数映射为求最大值形式且函数值非负的适应度函数是必要的。

7.3.3 基于GA的甘薯图像匹配

两眼立体视觉是恢复场景深度信息的一种常用方法，基础模型见3.5节，但求解对应问题又是两眼立体视觉最困难的一步。下面采用前面介绍的基于GA的模板匹配的方法，实现甘薯图像的对应问题的一个实例。

一组(左、右两幅)甘薯图像的对应点借助于基于轮廓的模板匹配算法来确定，因此，定义从左图像中提取的每个甘薯轮廓为一个模板；从右图像中提取的含有甘薯轮廓的二值化图像为搜索图像。利用前面介绍的方法，基于轮廓模板匹配过程就是对左图像中选定的模板在搜索图像中试图寻找同一甘薯的轮廓。

图像处理算法如下：

第一步，对所拍摄的红色甘薯的两幅彩色图像(左、右图像)通过色差G－Y法取阈值

-5 进行二值化，得到区域分割后的两幅二值图像，再对其进行消除小区域的噪声的处理。

第二步，对于右图像，通过轮廓跟踪处理提取整个轮廓线作为搜索图像。对于左图像，进行区域分割，然后由中心区域矩、圆形度和面积等参数所组成的线性判别函数，把甘薯区域分成单个甘薯和复合甘薯（多个甘薯重叠在一起的情况）。当为复合甘薯时，使用距离变换和膨胀的分离处理方法提取各个单个甘薯。左图像中的甘薯轮廓分别作为模板被提取出来。最后，使用 GA 模板匹配方法来寻找与从左图像中逐一选择的模板同一的甘薯轮廓。在左、右图像中，被匹配的甘薯的三维位置就能借助重心坐标计算得到。重复迭代这个搜索操作直到左图像中的所有甘薯，即模板被处理完为止。

图 7 -8 是遗传算法的甘薯图像匹配。它是摄像机在距甘薯所处地点 100 cm 处拍摄的。图 7 -8(a)和图 7 -8(b)表示了由彩色图像分割处理获得的各个二值图像。图 7 -8(a)中具有标记“1”到“8”的 8 个甘薯分别对应图 7 -8(b)中具有标记“a”到“h”的甘薯。

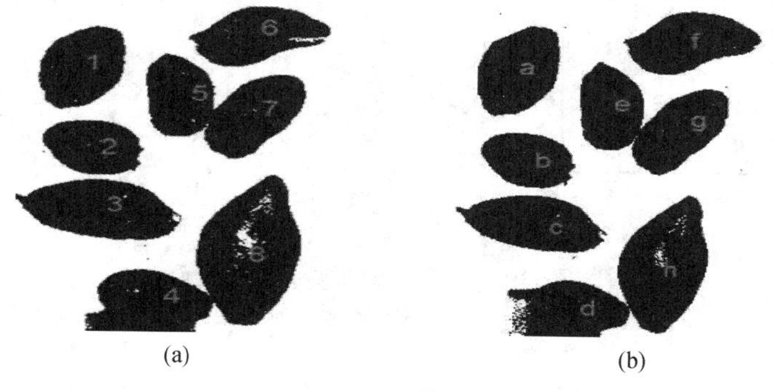

图 7 -8　遗传算法的甘薯图像匹配

(a)左图像；(b)右图像

除了最上面的一个甘薯有遮挡，在分离处理中变得过小而不能作为模板外，其余 8 个甘薯都正确地匹配上了，如图 7 -8 所示。本实验在各种光照条件下设定基线 10 cm，15 cm，20 cm 各拍摄了 36 组图像，实验结果 95% 以上的甘薯都正确地得到了匹配。

7.4　甘薯三维重建

依前述遗传算法方法进行粗略配准，再对图像的 SIFT 特征点进行提取，图 7 -9 为实验用甘薯原图。

图 7 -9　甘薯原图

正确甘薯偏度与峭度分布如图 7 – 10 所示。

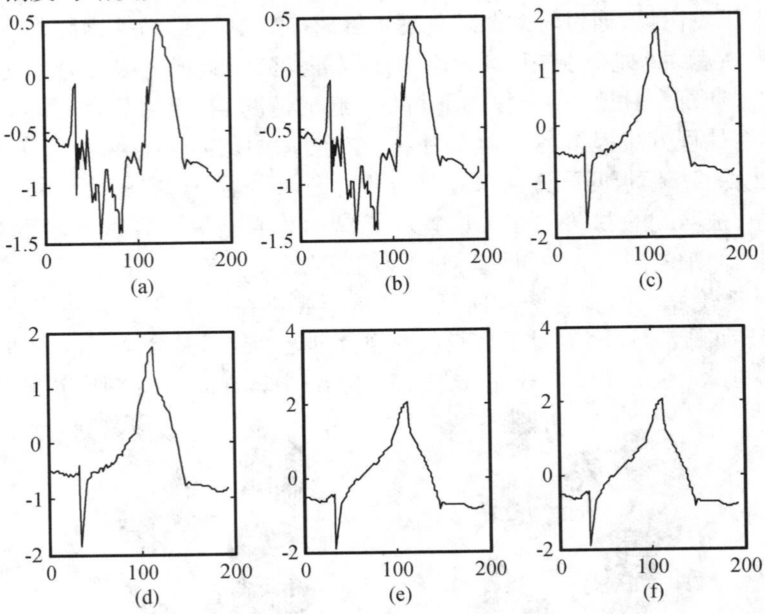

图 7 – 10　正常甘薯偏度与峭度分布

(a)红色分量偏度;(b)红色分量峭度;(c)绿色分量偏度;(d)绿色分量峭度;(e)蓝色分量偏度;(f)蓝色分量峭度

实验过程中,选择金字塔分组数为 4,每组层数为 5,取得高斯金字塔如图 7 – 11 所示。

图 7 – 11　甘薯图像高斯金字塔

取得高斯金字塔后,进行差分运算得到差分高斯金字塔,结果如图 7 – 12 所示。

图 7 – 13 为左、右两个相机取得的甘薯图像,经过特征提取后,进行配准,匹配结果基本正确。

采用三维点云重建方法,对多个角度甘薯进行成像,得到序列甘薯图像,依据最小化反投影误差处理,进行三维重建。

由此,可以依据相机照片的尺度得到甘薯的尺度,在具有三维形状的条件下,能够粗略估算甘薯体积,结合重量传感器得到的甘薯质量,估算出甘薯内部密度,比对正常甘薯密度,可以判断甘薯是否有空心和空心比例。

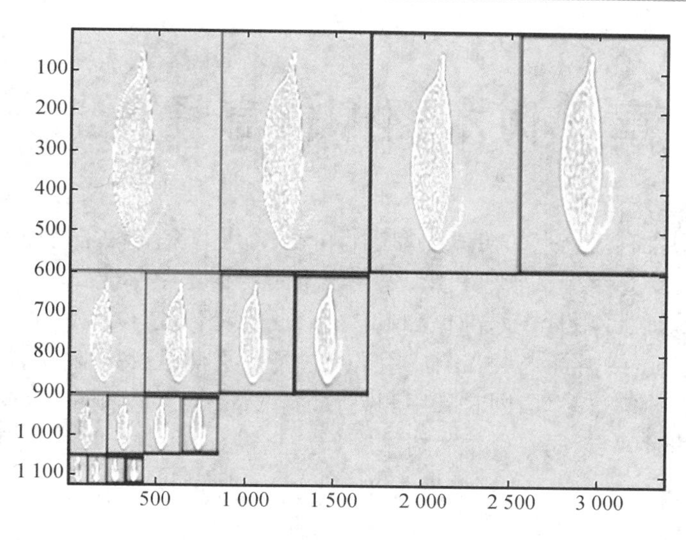

图 7-12 甘薯图像高斯金字塔

图 7-13 甘薯图像配准

7.5 本章小结

本章通过对甘薯图像外观的分析处理，对甘薯实现动态图像采集的自动化，对甘薯质量进行评价，比较正常和缺陷甘薯颜色纹理形状等方面的不同，在不同的空间中分别统计它们的参数值，确定甘薯品质。依据视觉图像理论，通过多视图方法进行了点云的三维重建，得到甘薯的整体形状，结合重量传感器采集到的信息分析甘薯内部品质。系统替代人工分拣，大大提高了甘薯品质分级的效率，提升了甘薯的商品性，创造出经济效益。

第 8 章 树木图像信息提取与分析

本章主要介绍含有信息点的树木图像进行处理及其生长量研究过程，并对处理过程和处理方式进行了简要介绍。试验过程中，先在预采集的树木上标定出 4 个类似于矩形的红色信息点，并对测量位置用 DS3 水准仪和 J2 经纬仪进行精确定位。一种方法是采取传统的测量方法通过 50 分度的游标卡尺和测量用米尺进行距离测量；另一种方法是通过双目视觉来完成树木标定点的信息采集，同时利用测高仪对树木进行高度测量。该试验主要针对树木标定点进行不同时间点、同一位置的树木图像信息采集和测量。（试验间隔为 1 年，共采集 25 次图像。）

8.1 树木图像处理方案

8.1.1 双目视觉平台设计

为确保采集到的图像信息处理的便利，本书在进行双目视觉平台设计时，采用的是平行双目模式。同时，为减少计算过程的计算量，提高树木信息点测量过程中的准确性，减少算法及匹配过程中的算法要求，试验设计时，将两摄像机的成像平面设计成同一平面，摄像机间的基线距离调整通过水平标尺来完成。平行双目视觉平台结构图如图 8－1 所示。

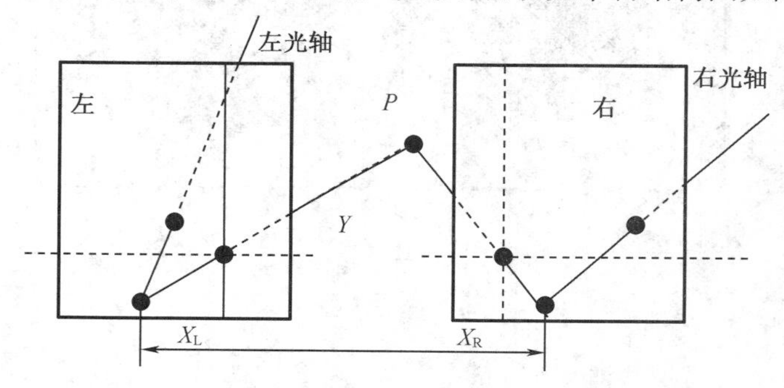

图 8－1 平行双目视觉平台结构图

实物平台放置图如图 8－2 所示。

8.1.2 采集前期准备

首先要选择树木采集区域和待采集树木，本试验以黑龙江八一农垦大学主楼东侧校园绿化景观为研究区域；其次，在进行树木图像采集前，对待采集树木和拟研究树木进行信息点标注，用红色印记在树木胸高位置标记出矩形的4 个信息点，后期树木采集和处理主要针对树木上的红色信息点即可；最后，对各图像采集过程，要确保双目视觉平台位置不变，后期信息点提取过程主要针对含有红色标定点的图像即可，结合各次测量数据，研究信息点变化规律及树木生长量的变化过程,从而进一步研究树木的生长状态变化情况。

图8-2 实物平台放置图

8.1.3 树木图像处理过程设计

本节主要探讨对采集到的树木图像的信息提取和分析过程,主要包括图像滤波处理、颜色特征提取、直方图阈值化处理等过程。

1. 树木图像滤波处理

通过平行双目平台采集到的树木图像,存在各类影响图像效果的噪声因素,为消除噪声因素对试验效果的影响,针对采集到的树木图像要对其进行必要的噪声处理,减少噪声环节,因此,需要将采集到的图像进行均值、中值滤波,以及一阶、二阶等各类算子(如Laplace算子、Sobel算子等)进行滤波处理,尽可能地减少树木图像采集过程中的影响因素。

2. 颜色特征提取

树木图像经过噪声处理后,减少了噪声对成像过程的影响,但是由于含有信息点的树木图像是含有颜色信息的,在进行图像处理时,由于所标定的是红色点,在RGB颜色空间内,只需提取树木图像红色通道内的数据即可。然而,在RGB色系下,各信息点的提取效果并不理想,需要将其进行模型转换,转换到HSV模型进行处理,用其S分量数据即可。本书采用MATLAB7.1进行颜色提取和模型转换。

3. 直方图阈值化处理

(1)最大隶属度原则

在树木图像处理中,每个红色信息点均有别于其他图像信息点,经过颜色提取后,信息点特征相对稳定,但是其灰度范围和周围像素相差不大,很难将提取到颜色信息点准确地分割开,因此本书中引入最大隶属度归并算法,对提取颜色后的信息点图像进行最大隶属度化处理,确保树木图像的红色信息点特征能够被准确提取,方便后续针对信息点的处理和研究。

(2)二维阈值化处理

通过隶属度归并处理的树木图像信息点,如何将其从树木图像整体中分离出来,得到准确的信息点特征,成为图像处理的关键。考虑到树木图像处理过程难易程度,将树木图像转化为二值图像,但在此过程中,二值化阈值的选取成为关键,本书在传统图像分割基础上,采用二维熵算法来进行图像阈值选取,取得较好的二值化处理效果,准确实现了树木图像信息点的分离,为后续的深入研究奠定了良好的基础。

(3)标定点中心确定

经过提取后的树木图像信息点,其每个点是由多个像素点构成的,要准确无误地得到每个标定点的信息很难,本书采用信息点像素中心坐标来代替每个信息点,得到各个信息点间的相对位置和空间关系。试验中,通过计算各信息点区域的像素中心,来得到各个信息点的中心坐标,计算方式如下:

$$i_m = \frac{1}{N_S}\sum_{(i,j)\in S} i,\quad j_m = \frac{1}{N_S}\sum_{(i,j)\in S} j \tag{8-1}$$

式中,S 为连通域,即每个信息点区域;N_S 为连通域中像素个数;(i_m, j_m) 为信息点像素中心坐标。

8.1.4　树木信息点测量方法

1. 传统测量方法

在进行树木图像采集进行过程中,也通过人工手段来进行传统方式测量。对深度方向用分度值为 1 mm 的常规测量米尺来测量;在直径测量上,用测径尺在胸高位置来进行测量;在红色信息点位置处,水平和垂直方向用游标卡尺,最小分度值采取的是 50 分度;高度用测高仪来进行测量。本试验只针对树木信息点间距、树木高度、胸高位置直径进行了测量,均采取测量 10 次取均值方式进行,然后再结合相应计算公式进行处理。

2. 视觉测量方法

试验过程中,以 1 年内 25 次树木图像采集所得到的测量数据为依托,得到各次测量过程中信息点间距离变化,并将测量结果与树木年周期变化规律进行对比。同时,根据各次的测量数据变化,结合树木生长模型,逆向得到由于信息距离变化面引起的树木材积量变化和高度变化数据,并与传统测量数据进行类比,证实视觉技术测量方法的可行性和科学性,从而实现通过信息点距离变化来研究树木生长量变化。通过对信息点的线性拟合来研究其发展趋势,由此实现对树木标定点的空间位置变化研究,达到实现树木生长状态监测的作用。

3. 数据对比分析

通过对树木图像信息点的数据变化情况的对比研究,证实视觉测量方法较传统的测量方法更具有可行性和针对性。同时,通过不同时间点的图像信息点间数据变化分析,知晓一定时间段像素中心坐标的变化情况,将其与传输测量方法的数据结果进行类比,得到信息点是数据变化线性拟合结果,根据该结果推断出下一步的变化规律。并且,结果树木生长模式,将视觉测量数据结果与实际树木的生长规律相比较,证实了视觉测量方法能够实现对树木生长量的反演变化研究,证实了该方法的测量准确性和科学性。

8.2　树木图像采集与处理

本节主要介绍树木图像的采集和相应的图像处理过程,重点突出图像处理的算法应用研究,以颜色提取和二维阈值化方法将采集到的树木图像进行二值化处理,并计算出树木标定信息点的像素中心坐标,为下一步进行图像信息点的空间坐标测量与分析奠定良好的基础。

8.2.1　树木图像采集

在本次图像采集过程中，摄像机焦距均为 $f=20$ mm，初始基线距离 $B=100$ mm，左摄像机固定，通过调整右摄像机位置来改变基线距离，每次基线距离增加 5 mm，采集 10 幅树木图像样本，共计调整 10 次基线距离来完成图像采集过程。第一次图像采集时间为 2015 年 11 月 12 日，间隔 15 天采集一次，共采集 25 次。以左摄像机各次采集时的第 1 幅样本图像为例，采集 25 次的树木图像如图 8－3 至图 8－27 所示。

图 8－3　第 1 次采集到的图像

图 8－4　第 2 次采集到的图像

图 8－5　第 3 次采集到的图像

图 8－6　第 4 次采集到的图像

图 8－7　第 5 次采集到的图像

图 8－8　第 6 次采集到的图像

图 8－9　第 7 次采集到的图像

图 8－10　第 8 次采集到的图像

图 8－11　第 9 次采集到的图像

图 8－12　第 10 次采集到的图像

图 8－13　第 11 次采集到的图像

图 8－14　第 12 次采集到的图像

图 8－15 第 13 次采集到的图像

图 8－16 第 14 次采集到的图像

图 8－17 第 15 次采集到的图像

图 8－18 第 16 次采集到的图像

图 8－19 第 17 次采集到的图像

图 8－20 第 18 次采集到的图像

图 8-21　第 19 次采集到的图像

图 8-22　第 20 次采集到的图像

图 8-23　第 21 次采集到的图像

图 8-24　第 22 次采集到的图像

图 8-25　第 23 次采集到的图像

图 8-26　第 24 次采集到的图像

图 8－27 第 25 次采集到的图像

8.2.2 图像处理算法对比

1. 图像平滑滤波

(1)均值滤波

设当前像素点位置为(x,y),其像素值或灰度值为$f(x,y)$,经过均值处理后图像在该点上的灰度为$g(x,y)$,则有

$$g(x,y)=\frac{1}{M}\sum_{f\in S}f(x,y) \tag{8-2}$$

式中,S为模板;M为该模板中包含当前像素在内的像素总个数。常用的均值滤波模板和含有加权系数的滤波模板形式如下:

$$\boldsymbol{H}=\frac{1}{9}\begin{bmatrix}1&1&1\\1&1&1\\1&1&1\end{bmatrix},\boldsymbol{H}_1=\frac{1}{10}\begin{bmatrix}1&1&1\\1&2&1\\1&1&1\end{bmatrix},\boldsymbol{H}_2=\frac{1}{16}\begin{bmatrix}1&2&1\\2&4&2\\1&2&1\end{bmatrix},\boldsymbol{H}_3=\frac{1}{8}\begin{bmatrix}1&1&1\\1&0&1\\1&1&1\end{bmatrix} \tag{8-3}$$

以模板$\boldsymbol{H}$为例,将树木图像转化成灰度图像后,均值滤波处理后如图 8－28 和图 8－29 所示。

图 8－28 均值滤波后的树木图像

图 8－29 均值滤波后的三个月后的树木图像

(2)中值滤波

中值滤波,也需要模板,但不需要模板的系数关系,只需要将模板所能覆盖的范围的图像灰度值进行由小到大进行排序,然后取排在中间位置的像素即可,以 3×3 模板为例,中值滤波后的树木图像如图 8－30 和图 8－31 所示。

图 8-30　中值滤波后的树木图像

图 8-31　中值滤波后的三个月后的树木图像

2. 图像锐化

(1) Sobel 算子

Sobel 算子是一阶微分算子,它的模板如下:

$$\boldsymbol{D}_x = \begin{bmatrix} -1 & -2 & -1 \\ 0 & 0 & 0 \\ 1 & 2 & 1 \end{bmatrix}$$

$$\boldsymbol{D}_y = \begin{bmatrix} -1 & 0 & 1 \\ -2 & 0 & 2 \\ -1 & 0 & 1 \end{bmatrix}$$

$$\nabla f = \sqrt{\boldsymbol{D}_x^2 + \boldsymbol{D}_y^2}$$

Sobel 算子锐化后的树木图像如图 8-32 和图 8-33 所示。

图 8-32　Sobel 算子锐化后的树木图像

图 8-33　Sobel 算子锐化后的三个月后的树木图像

(2) Prewitt 算子

Prewitt 算子是一阶微分算子,它的模板如下:

$$\boldsymbol{D}_x = \begin{bmatrix} -1 & -1 & -1 \\ 0 & 0 & 0 \\ 1 & 1 & 1 \end{bmatrix}$$

$$\boldsymbol{D}_y = \begin{bmatrix} -1 & 0 & 1 \\ -1 & 0 & 1 \\ -1 & 0 & 1 \end{bmatrix}$$

$$\nabla f = \sqrt{D_x^2 + D_y^2}$$

Prewitt 算子锐化后的树木图像如图 8－34 和图 8－35 所示。

图 8－34　Prewitt 算子锐化后的树木图像

图 8－35　Prewitt 算子锐化后的三个月后的树木图像

（3）Laplace 算子

Laplace 算子属于线性锐化滤波器，其模板中仅中心系数为正而周围的系数均为负值，它是二阶微分算子，两个常用的 Laplace 算子模板如图 8－36 所示。

0	-1	0
-1	4	-1
0	-1	0

-1	-1	-1
-1	8	-1
-1	-1	-1

图 8－36　Laplace 算子模板

采取此模板方式处理后的树木图像如图 8－37 和图 8－38 所示。

图 8－37　Laplace 算子锐化后的树木图像

图 8－38　Laplace 算子锐化后的三个月后的树木图像

（4）LOG 算子

设 $f(x,y)$ 为原图像，$h(x,y)$ 为高斯函数，$g(x,y)$ 为平滑滤波后的图像，则有

$$g(x,y) = f(x,y) \times h(x,y) \tag{8-4}$$

然后对 $g(x,y)$ 利用 Laplace 算子进行边缘检测，得

$$\nabla^2 g(x,y) = \nabla^2 [f(x,y) \times h(x,y) = f(x,y) \times \nabla^2 h(x,y)] \tag{8-5}$$

其中，$\nabla^2 h(x,y) = \frac{1}{2\pi\sigma^4}\left(\frac{x^2+y^2}{\sigma^2} - 2\right)e^{-\frac{x^2+y^2}{2\sigma^2}}$，称为 LOG 算子。采取 LOG 算子锐化后的树木图

像如图 8－39 和图 8－40 所示。

图 8－39　LOG 算子锐化后的树木图像

图 8－40　LOG 算子锐化后的三个月后的树木图像

3. 树木信息点颜色特征提取

在对树木图像进行锐化处理后，从直观上看，每幅图像信息变化差异性不大，树木图像未发生根本性变化，只是个别细节部分发生了微小的变化，需要对 4 个信息点进行提取，并通过信息点特征来研究其变化规律。

(1) RGB 通道内树木图像

由于通过摄像机采集到的树木图像是含有颜色信息的，试验前期所标定的是红色信息点，其与树木其他特征是有一定差异性的，所以需从树木图像的不同颜色通道进行分析和处理，树木图像的红色通道、绿色通道、蓝色通道内的灰度图像如图 8－41 至图 8－46 所示。

图 8－41　红色通道内的图像

图 8－42　红色通道内的三个月后图像

图 8－43　绿色通道内的图像

图 8－44　绿色通道内的三个月后图像

图 8-45　蓝色通道内的图像

图 8-46　蓝色通道内的三个月后图像

上述六幅图像中，分别是 R，G，B 三个颜色通道内的初次采集和第 7 次采集到的树木图像，从直观上看，差异性不大，而且 3 个通道内 4 个信息点均是灰度的，和周围像素相似度很高。虽然树木图像上标记的是红色信息点，但由于在非红色信息点区域内也是含有一定量的 R 分量信息的，所以很难从单一颜色通道内准确地提取出目标信息点。

（2）RGB 向 HSV 的转换

由于树木图像的三个颜色通道内相似度很大，而且 4 个信息点与周围像素值也非常接近。因此，为方便对树木图像进行特征信息点提取和分析，将其从 RGB 模型转换为 HSV 模型，然后再根据各分量特征进行图像处理和分析。转换后的 HSV 模型下各分量图像如图 8-47 至图 8-52 所示。

图 8-47　HSV 模型下 H 分量图像

图 8-48　HSV 模型下 H 分量三个月后图像

图 8-49　HSV 模型下 S 分量图像

图 8-50　HSV 模型下 S 分量三个月后图像

图 8-51　HSV 模型下 V 分量图像

图 8-52　HSV 模型下 V 分量三个月后图像

从上述 HSV 模型下各分量树木图像信息中，可以看出 HSV 模型下 S 分量的树木图像的信息点特征更明显、直观，针对 S 分量树木信息点进行信息提取和特征识别则更方便、快速。后期有关树木图像处理工作以此分量为基准点进行即可，从而实现对树木信息点图像的准确、快速提取和处理，为进一步空间计算和生长量反演研究奠定基础。

4. 直方图阈值化处理

(1)最大隶属度归并算法

树木图像表达的是空间二维信息，而对于二维图像中的任一像素，它只能属于图像目标物、图像背景或其他噪声。因此在图像处理过程中，为充分表达信息点特征性质，文中引入 5 个隶属度归并化模板，各模板中均包括 1 个中心像素(用★表示)和 4 个邻近像素(用●表示)，如图 8-53 所示。

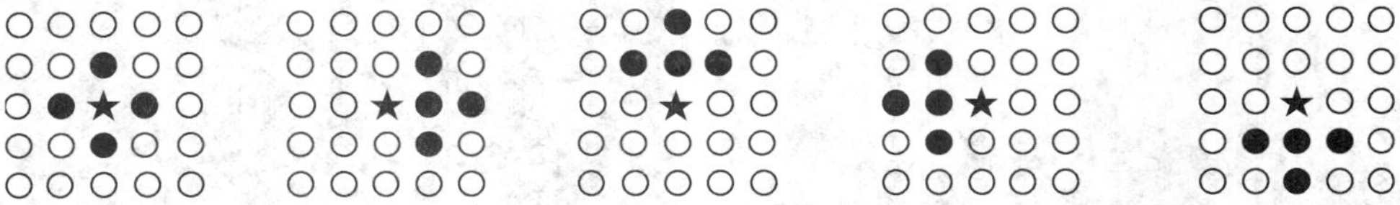

○○○○○	○○○○○	○○●○○	○○○○○	○○○○○
○○●○○	○○○●○	○●●●○	○●○○○	○○○○○
○●★●○	○○★●●	○○★○○	●●★○○	○○★○○
○○●○○	○○○●○	○○○○○	○●○○○	○●●●○
○○○○○	○○○○○	○○○○○	○○○○○	○○●○○

图 8-53　隶属度兼并模板

若将图像隶属度函数定义为

$$C_M = 1 - \frac{|X_M - f(i,j)|}{2^n} \tag{8-6}$$

式中，C_M 为中心像素对第 M 个模板的隶属度；X_M 为第 M 个模板的灰度均值；$f(i,j)$ 为中心像素值；n 为量化位数，本实验 $n=8$。根据不同模板所得的 C_M 值，以最大隶属度归并后的图像如图 8-54 和图 8-55 所示。

(2)图像边缘检测

经过 HSV 模型转换和隶属度归并后，树木图像的 S 分量的信息点特征更清晰，易于识别，但如何准确地提取出图像信息点特征需要进一步探索和分析，结合图像处理中常规边缘检测算子，检测结果如图 8-56 至图 8-65 所示。

图 8－54 最大隶属度归并后的图像

图 8－55 最大隶属度归并后的三个月后图像

图 8－56 Roberts 算子边缘检测结果

图 8－57 Roberts 算子三个月后检测结果

图 8－58 Sobel 算子边缘检测结果

图 8－59 Sobel 算子三个月后检测结果

图 8－60　Prewitt 算子边缘检测结果

图 8－61　Prewitt 算子三个月后检测结果

图 8－62　LOG 算子边缘检测结果

图 8－63　LOG 算子三个月后检测结果

图 8－64　Canny 算子边缘检测结果

图 8－65　Canny 算子三个月后检测结果

（3）图像阈值分割

①全局阈值法

设阈值分割后的图像可表示为 $g(x,y)=k$，若 $T_{k-1}<f(x,y)<T_k(k=0,1,\cdots,k)$，$T_0$，$T_1,\cdots,T_k$ 为一系列阈值。则确定最佳全局阈值步骤如下：

a. 求出图像中的最小和最大灰度值 Z_1 和 Z_k 的阈值初值 $T_0=(Z_1+Z_k)/2$。

b. 根据阈值 Z_k 将图像分割成目标和背景两部分，求出两部分的平均灰度值班 Z_0 和 Z_B：

$$Z_0=\frac{\sum\limits_{z(i,j)<T_k} z(i,j)\times N(i,j)}{\sum\limits_{z(i,j)<T} N(i,j)},\quad Z_B=\frac{\sum\limits_{z(i,j)>T_k} z(i,j)\times N(i,j)}{\sum\limits_{z(i,j)>T} N(i,j)} \tag{8-7}$$

式中，$z(i,j)$ 是图像上 (i,j) 点的灰度值；$N(i,j)$ 是图像上 (i,j) 点的权重系数。

c. 求出新的阈值：$T_{k+1}=\frac{z_0+z_B}{2}$。

d. 若 $T_k=T_{k+1}$ 结束，否则转步骤 b，直到 $T_k=T_{k+1}$ 结束。

全局阈值化处理的树木图像如图 8－66 和图 8－67 所示（归一化的全局阈值为 0.58）。

图 8－66　全局阈值化处理的树木图像

图 8－67　全局阈值化处理的三个月后的树木图像

②分水岭算法阈值分割

分水岭算法是一种以形态学理论为参考点的侵害式算法，在图像处理过程中，首先要将一幅数字树木图像看成一个拓扑地形图，图像中各像素值对应着地形图中各点高度，山峰对应着高灰度值部分，山谷对应着低灰度值部分。按照水总是由高向低流的特点，在拓扑地形图上形成不同的吸水盆地，吸水盆地之间的山脊被称为分水岭。结合分水岭算法处理后的树木图像如图 8－68 和图 8－69（阈值 0.43）所示。

图 8－68　分水岭算法处理后的树木图像

图 8－69　分水岭算法处理后的三个月后的树木图像

(4)二维最大熵算法

①一维最大熵方法

设某事件以概率 $P_1, P_2, \cdots, P_s$ 发生,则熵定义为 $E_i = -P_i \cdot \ln P_i (i=1,2,\cdots,s)$,当 $P_1 = P_2 = \cdots = P_s$ 时,熵取最大值,即此时信息量最大。根据上述原理,对于图像而言,其一维熵算法步骤如下:

a. 求出图像中所有像素的分布概率(图像灰度分布范围为[0,255]):

$$P_i = \frac{N_i}{N_o} \quad (i=0,1,\cdots,255) \tag{8-8}$$

式中,N_i 为图像中灰度值为 i 的像素个数;N_o 为图像的总像素数。

b. 给定一个初始阈值 $Th = Th_0$,将图像分为 C_1 和 C_2 两大类,计算平均相对熵。

$$E_1 = -\sum_{i=0}^{Th}\left(\frac{P_i}{P_{Th}}\right)\cdot \ln\left(\frac{P_i}{P_{Th}}\right) \tag{8-9}$$

$$E_2 = -\sum_{i=Th+1}^{255}\left(\frac{P_i}{1-P_{Th}}\right)\cdot \ln\left(\frac{P_i}{1-P_{Th}}\right) \tag{8-10}$$

式中,$P_{Th} = \sum_{i=0}^{Th} P_i$。

c. 选择最佳的阈值 $Th = Th^*$,使得图像分为 C_1 和 C_2 两大类后,满足:

$$[E_1 + E_2]_{Th=Th^*} = \max\{E_1 + E_2\} \tag{8-11}$$

一维最大熵算法处理后的图像如图 8-70(阈值 0.12)和图 8-71(阈值 0.1)所示。

从图 8-70 和图 8-71 中可以看出,一维最大阈值化处理后的树木图像只含有一个标定点信息,较原来所标定的 4 个信息点少了 3 个,说明该方法虽然能提取出一部分树木的图像信息,但提取的内容不全,处理效果也较欠缺,不能完全满足提取图像信息点的需要。

图 8-70　一维最大阈值化处理的图像

图 8-71　一维最大阈值化处理的三个月后的树木图像

②二维最大熵理论

对于一幅大小为 $M \times N$ 的数字图像,若用 i 表示图像上坐标为 (x,y) 的灰度值,j 表示该点 $k \times k$ 邻域(k 取奇数)的平均灰度值,则 i 和 j 组成了一个二元组,即二维直方图。设原图像的灰度级为 L,则像素领域均值的灰度级也为 L,当分别给二维变量一个合理的阈值时,则将图像的二维直方图分成四个区,如图 8-72 所示。

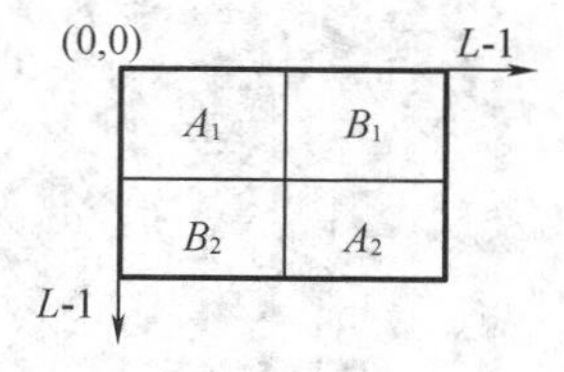

图 8-72　二维直方图

若目标物为亮区域,则 A_1 为背景区,A_2 为目标区,B_1,B_2 为边缘和噪声区。对一般图像来讲,大部分像素点应落在目标区和背景区,而且更多的情形是集中在对角线附近。若 C_{ij} 表示满足当前灰度为 i 而区域均值为 j 的像素点对数,P_{ij} 表示 C_{ij} 发生的概率,则有

$$P_{ij} = C_{ij}/(M \times N), \text{且} \sum_{i=1}^{L} \sum_{j=1}^{L} P_{ij} = 1 \tag{8-12}$$

二维熵最大阈值法就是在 A 区(A_1 区和 A_2 区)确定最佳阈值,使目标区和背景区的信息量达到最大,因为在目标区和背景区的内部,灰度的变化是相对平缓的。若图像的离散二维熵定义为 $H = \sum_i \sum_j P_{ij} \ln P_{ij}$,设$(S,T)$为二维初始阈值,则目标区与背景区的二维熵分别为

$$H(A_1) = -\sum_{i=S}^{L-1} \sum_{j=T}^{L-1} \left(\frac{P_{ij}}{P_{A_1}}\right) \ln\left(\frac{P_{ij}}{P_{A_1}}\right) = \ln P_{A_1} + \frac{H_{A_1}}{P_{A_1}} \tag{8-13}$$

$$H(A_2) = -\sum_{i=0}^{S-1} \sum_{j=0}^{T-1} \left(\frac{P_{ij}}{P_{A_2}}\right) \ln\left(\frac{P_{ij}}{P_{A_2}}\right) = \ln P_{A_2} + \frac{H_{A_2}}{P_{A_2}} \tag{8-14}$$

式中,$P_{A_1} = \sum_{i=S}^{L-1} \sum_{j=T}^{L-1} P_{ij}$;$P_{A_2} = \sum_{i=0}^{S-1} \sum_{j=0}^{T-1} P_{ij}$;$H_{A_1} = -\sum_{i=S}^{L-1} \sum_{j=T}^{L-1} P_{ij} \ln P_{ij}$;$H_{A_2} = -\sum_{i=0}^{S-1} \sum_{j=0}^{T-1} P_{ij} \ln P_{ij}$。

则寻求的最佳阈值(S^*, T^*),使得 $H(S^*, T^*) = \max\{H(A_1) + H(A_2)\}$,此时求得的二维熵值最大,根据此阈值,就可以实现对图像进行二维阈值化分割。二维直方图和二维熵最大阈值化处理后的树木图像如图 8-73 至图 8-75 所示。

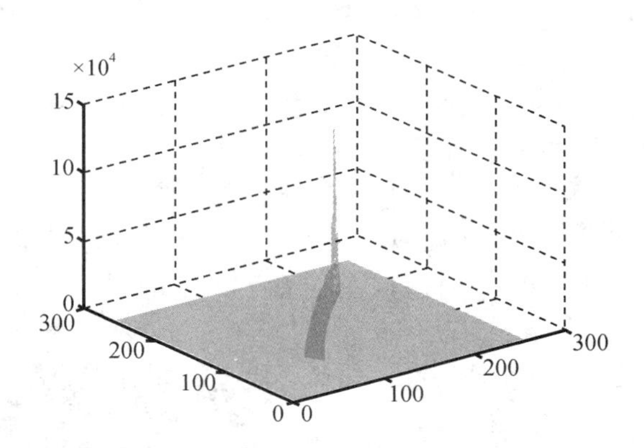

图 8-73 采集到的树木图像的二维直方图

从图 8-74 和图 8-75 中可以看出,经过二维熵最大阈值化处理后的树木图像,树干上的 4 个信息点清晰可见,而且与周围像素区域差异性较大,这充分说明该方法能够准确地提取出树木图像的信息点特征。图 8-74 二维图像阈值为(162,168),三个月后的树木图像的阈值为(56,59)。由此证明,通过二维熵最大法来得到图像阈值点,能够很好提取出树木图像中的信息点,为下一步信息点坐标计算、数据分析、生长量研究打下了牢固的技术基础。

图 8 – 74　二维熵最大阈值化处理后的树木图像

图 8 – 75　二维熵最大阈值化后的三个月后树木图像

8.3　树木信息点中心坐标

8.3.1　信息点提取

如图 8 – 75 所示，经过二维熵阈值化的树木图像，树干上的信息点特征明显，但同时图像中也包含着其他大量的非信息点相关信息，为得到准确的信息点特征量，获取明确的 4 个信息点，结合树木图像的上述特点，通过运用图像信息点区域的像素多少和信息点圆形度等手段进行处理和分析，减少与树木信息无关图像点，实现对树木图像红色信息点的准确提取。结果如图 8 – 76 至图 8 – 81 所示。

图 8 – 76 和图 8 – 77 两幅图像均含有清晰的 4 个图像信息点，在其周围同样也分布着其他像素；而图 8 – 78 和图 8 – 79 两幅图像中不再含有 4 个信息点，其周围同样也分布着其他像素点。将上述图像进行两两差值运算，就能得到准确的图像信息点，结果如图 8 – 80 和 8 – 81 所示。

图 8 – 76　像素面积小于 700 的图像

图 8 – 77　三个月后像素面积小于 910 的图像

图8－78　像素面积小于1 000图像

图8－79　三个月后像素面积小于1375的图像

图8－80　二维阈值化和差值处理的图像

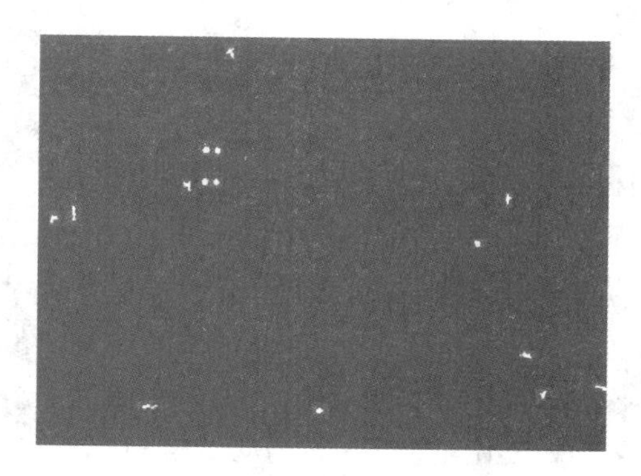

图8－81　二维阈值化和差值处理的三个月后图像

从图8－80可以看出，对树木图像进行二维阈值化处理后，再通过像素个数来对区域面积的大小进行控制，能够准确地提取出树木图像中的4个红色信息点；而对于第7次采集到的树木图像而言，不但含有树木信息点，也含有一部分特征像素，对其进行圆形度处理后，得到的树木图像如图8－82所示。

图8－82　二维阈值化、差值处理、圆形度处理后的三个月后树木图像

从图8－76到图8－82可知，通过对树木图像进行二维阈值处理、面积控制、差值分析等相关处理，能够很好地提取出树木图像信息点，证实该方法的可行性与科学性，为下一步处理打下了很好的基础。为方便后期图像处理和分析，对图8－80和图8－82中的树木图像进行取反处理，同时为观察方便、直观，在图像四周加了虚线边框，取反处理后树木图像

如图 8－83 和 8－84 所示。

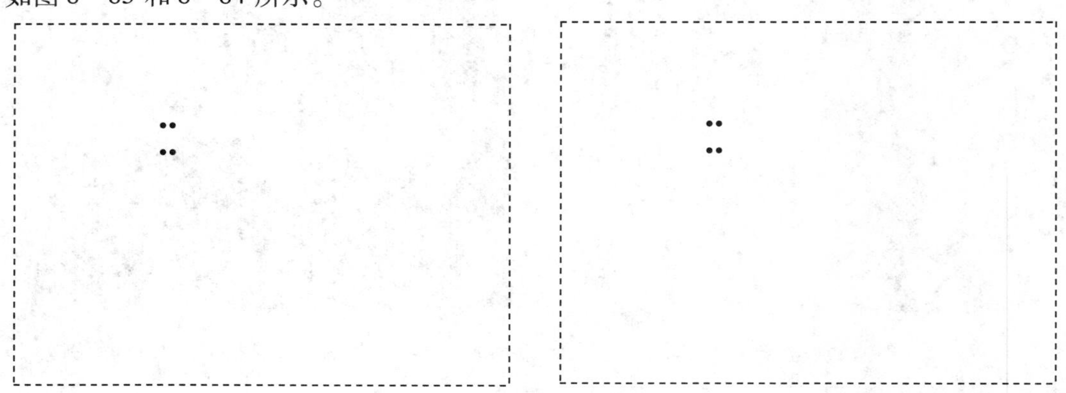

图 8－83　差值控制后的树木图像信息点　　图 8－84　差值控制后的三个月后树木图像信息点

8.3.2　信息点中心坐标

1. 树木样本图像的信息点坐标

从图 8－83 和图 8－84 可以看出,4 个图像信息点已经被准确地提取出来,充分说明通过隶属度归并和二维阈值化处理后的树木图像,可以准确地得到所标定的信息点。由于树木图像每个信息点均是由区域内多个像素来组成的,每个信息点都是区域内多像素组合而成,本书采取用信息点区域内的像素中心坐标来代表该信息点的空间位置关系。

各信息点区域内的像素中心坐标通过下式来实现:

$$i_m = \frac{1}{N_S}\sum_{(i,j)\in S} i,\quad j_m = \frac{1}{N_S}\sum_{(i,j)\in S} j \tag{8-15}$$

式中,S 表示各个信息点区域域;N_S 为区域内像素个数;(i_m, j_m) 为信息点像素中心坐标。根据摄像机参数设置和双目成像原理,各信息点像素中心坐标如图 8－85 和图 8－86 所示。

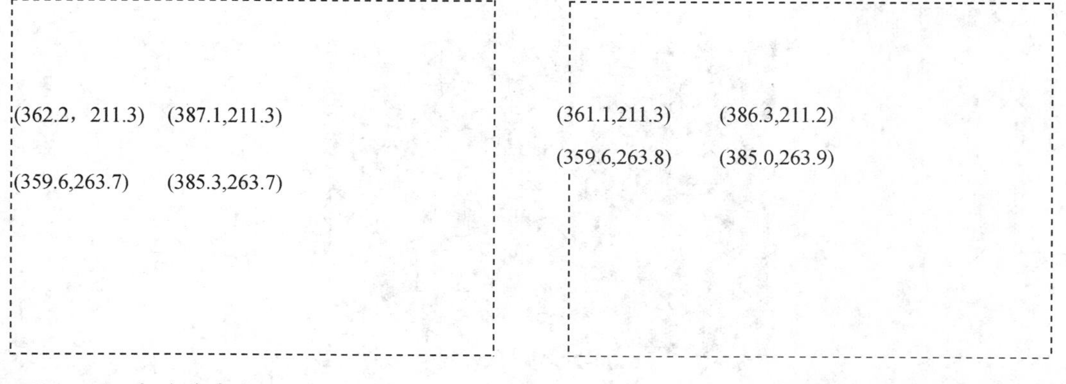

图 8－85　标有像素中心坐标的树木图像信息点　　图 8－86　标有像素中心坐标的三个月后树木图像信息点

2. 10 幅树木图像的信息点坐标

图 8－85 是左摄像机 10 幅样本图像中的第 1 幅图像,考虑到在每个位置上,试验时均采集 10 幅图像,所以要准确描述出各次采集时树木图像的准确信息,必须对每幅图像进行信息点提取,再通过对 10 幅图像求像素坐标均值形式,才能准确地描述每个置上的信息点像素坐标。左摄像机第 1 次采集到的 10 幅树木图像的各像素中心坐标如表 8－1 所示。

表 8－1 左摄像机第 1 次采集 10 幅树木图像的各像素中心坐标

测量次数	左上		左下		右上		右下	
	X	*Y*	*X*	*Y*	*X*	*Y*	*X*	*Y*
1	362.2	211.3	359.6	263.7	377.1	211.3	375.3	263.7
2	362.5	211.5	359.4	263.8	376.8	211.6	375.1	263.3
3	362.3	211.4	359.7	263.7	377.3	211.4	375.6	263.5
4	362.4	211.3	359.5	263.6	377.2	211.3	375.4	263.9
5	362.1	211.6	359.6	263.5	377.5	211.5	375.3	263.7
6	362.2	211.4	359.5	263.9	376.9	211.6	375.7	263.4
7	362.3	211.2	359.8	263.8	377.6	211.5	375.2	263.8
8	362.0	211.5	359.6	263.6	377.4	211.4	375.5	263.6
9	361.9	211.3	359.5	263.7	377.5	211.4	375.4	263.9
10	362.1	211.4	359.7	263.8	377	211.2	375.6	263.5
平均值	362.2	211.4	359.6	263.7	377.2	211.4	375.4	263.6

从表 8－1 可知，左摄像机 10 幅图像的像素中心坐标各有不同，但整体上差异不大。用第 1 次和第 7 次采集的 10 幅图像像素坐标均值对整体像素中心坐标应进行修正，如图 8－87 和图 8－88 所示。

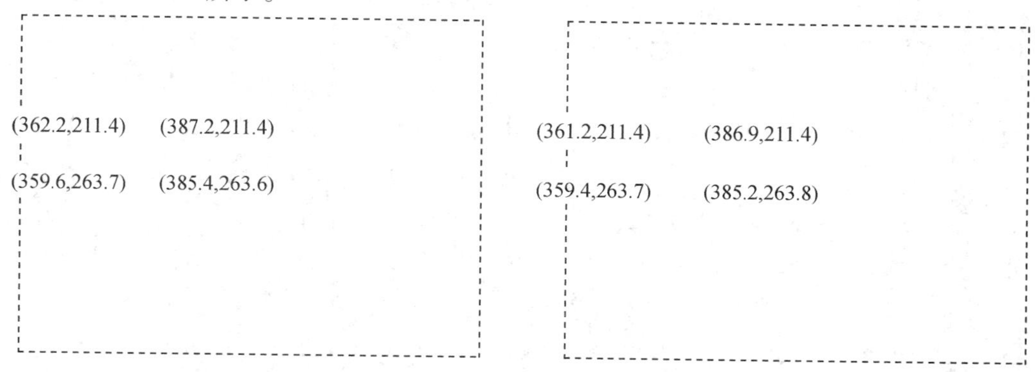

图 8－87 标有像素坐标的初始树木图像信息点　图 8－88 标有像素坐标的三个月后树木图像信息点

根据上述利用区域内像素平均坐标来代替信息点像素中心实现策略，在各次图像采集和测量时，每个采样点均采集 10 幅图像，对左摄像机进行 25 次采集后，所得到的像素中心平均坐标如表 8－2 所示。

表 8-2　左摄像机 25 次采集 10 幅树木图像像素中心平均坐标

测量次数	左上		左下		右上		右下	
	X	*Y*	*X*	*Y*	*X*	*Y*	*X*	*Y*
1	362.2	211.4	359.6	263.7	387.2	211.4	385.4	263.7
2	362.1	211.3	359.5	263.5	387.1	211.2	385.3	263.6
3	361.9	211.4	359.5	263.7	386.8	211.3	385.3	263.7
4	361.8	211.4	359.4	263.6	386.9	211.4	385.2	263.6
5	361.5	211.3	359.6	263.7	387.0	211.3	385.3	263.6
6	361.1	211.4	359.5	263.5	386.8	211.3	385.4	263.5
7	361.2	211.4	359.4	263.7	386.9	211.4	385.2	263.8
8	361.1	211.3	359.3	263.6	386.8	211.3	385.1	263.6
9	361.0	211.4	359.2	263.7	386.7	211.3	385.0	263.7
10	360.8	211.2	359.4	263.5	386.9	211.2	385.3	263.6
11	360.7	211.3	359.3	263.7	386.8	211.3	385.2	263.7
12	360.3	211.4	358.9	263.6	25.9	211.4	262.5	263.6
13	360.2	211.4	358.8	263.7	25.9	211.3	262.6	263.7
14	359.9	211.3	358.9	263.5	25.9	211.3	262.4	263.6
15	359.8	211.4	358.4	263.7	25.9	211.4	262.6	263.7
16	359.5	211.4	358.5	263.6	25.9	211.2	262.5	263.8
17	359.4	211.3	358.7	263.7	25.9	211.3	262.6	263.7
18	359.7	211.2	358.3	263.5	25.9	211.2	262.4	263.6
19	359.6	211.4	358.2	263.7	25.9	211.2	262.6	263.7
20	359.1	211.3	357.8	263.6	25.9	211.3	262.5	263.6
21	358.8	211.4	357.3	263.7	25.9	211.3	262.6	263.6
22	359.0	211.4	357.2	263.5	25.9	211.4	262.4	263.5
23	358.6	211.3	357.6	263.7	25.9	211.3	262.6	263.7
24	358.9	211.4	357.9	263.6	25.9	211.2	262.5	263.6
25	359.0	211.3	357.8	263.7	25.9	211.3	262.6	263.6

3. 不同基线距下 10 幅树木图像的信息点坐标

试验过程中，在每个采样位置和每个基线距上，均采集 10 幅树木图像，并利用 10 幅树木图像信息点像素中心平均坐标，来代替各次采样过程中同一基线距下的像素坐标，以第 1 次测量为例，结果如表 8-3 所示。

表 8-3　右摄像机第 1 次测量时不同基线距像素中心坐标

信息点		基线距离/mm									
		100	105	110	115	120	125	130	135	140	145
左上	*X*	281.3	277.2	273.2	269.1	265.1	261.0	257.0	252.9	248.9	244.8
	Y	211.3	211.2	211.1	211.4	211.2	211.1	211.3	211.0	211.2	211.4
左下	*X*	278.8	274.7	270.7	266.6	262.5	258.5	254.4	250.4	246.3	242.4
	Y	263.6	263.5	263.6	263.4	263.6	263.5	263.6	263.5	263.4	263.5
右上	*X*	306.4	302.2	298.3	294.2	290.2	286.1	282.1	278.0	274.0	269.9
	Y	211.2	211.3	211.1	211.2	211.5	211.3	211.4	211.1	211.0	211.2
右下	*X*	304.7	300.6	296.6	292.5	288.4	284.4	280.3	276.3	272.2	268.3
	Y	263.7	263.3	263.8	263.5	263.7	263.4	263.4	263.6	263.5	263.6

8.4　树木信息点空间坐标提取

8.4.1　空间信息获得机理

根据平行双目系统结构，设两个摄像机同时同一特征点 $P(X_C, Y_C, Z_C)$，分别在左、右摄像机点 P 坐标记为 (X_L, Y) 和 (X_R, Y)，摄像机焦距都为 f，则

$$X_C = \frac{B \cdot X_L}{D} \tag{8-16}$$

$$Y_C = \frac{B \cdot Y}{D} \tag{8-17}$$

$$Z_C = \frac{B \cdot f}{D} \tag{8-18}$$

式中，D 为视差，$D = X_L - X_R$。由于摄像机成像于同一平面上，根据坐标变换和视差计算方法，可得 $D = X_2 - X_1 = (u_2 - u_1)d_X$，因此

$$X_C = \frac{B \cdot X_L}{(u_2 - u_1)d_X} \tag{8-19}$$

$$Y_C = \frac{B \cdot Y}{(u_2 - u_1)d_X} \tag{8-20}$$

$$Z_C = \frac{B \cdot f}{(u_2 - u_1)d_X} \tag{8-21}$$

通过式(8-19)、式(8-20)、式(8-21)，就把空间点与像平面的距离 Z(也就是三维空间中信息点的深度)和视差 D 直接联系起来了。

8.4.2　信息点空间坐标

试验过程中，摄像机分辨率为 1 024×768，成像平面为 3.225 mm×3.225 mm。由此计算出 $d_X = 3.225/1024 = 0.0032$ mm，$d_Y = 3.225/768 = 0.0042$ mm。在本试验中，摄像机焦

距均调整为 $f=20$ mm，初始基线距离 $B=100$ mm。

在进行空间坐标计算时，以左摄像机 10 幅树木图像均值为参考点，并将摄像机上述参数值代入到计算公式，以左上信息点为例，计算结果如下：

左上信息点：

$$X_C=\frac{B\cdot X_L}{(u_2-u_1)d_X}=\frac{100\times 362.2\times 0.003\ 2}{(362.2-282.3)\times 0.003\ 2}=453.32\ \text{mm} \tag{8-22}$$

$$Y_C=\frac{B\cdot Y}{(u_2-u_1)d_X}=\frac{100\times 211.4\times 0.004\ 2}{(362.2-282.3)\times 0.003\ 2}=347.26\ \text{mm} \tag{8-23}$$

$$Z_C=\frac{B\cdot f}{(u_2-u_1)d_X}=\frac{100\times 20}{(362.2-282.3)\times 0.003\ 2}=7\ 822.28\ \text{mm} \tag{8-24}$$

同理，可以计算出各次测量过程中，其他信息点、其他基线距下、其他树木图像的空间信息，以第 1 次测量树木图像结果为例，如表 8－4 所示。

表 8－4　第 1 次测量树木图像信息点的空间坐标

信息点		基线距离/mm									
		100	105	110	115	120	125	130	135	140	145
左上	X_C	447.71	447.42	447.66	447.40	447.62	447.38	447.59	447.37	447.56	447.35
	Y_C	342.97	342.75	342.93	342.73	342.90	342.72	342.87	342.70	342.85	342.69
	Z_C	7 725.59	7 720.59	7 724.72	7 720.19	7 724.00	7 719.86	7 723.38	7 719.58	7 722.86	7 719.34
左下	X_C	445.05	444.73	444.95	444.67	444.41	444.61	444.37	444.56	444.34	444.90
	Y_C	428.35	428.05	428.25	427.98	427.73	427.93	427.70	427.88	427.67	428.20
	Z_C	7 735.15	7 729.68	7 733.41	7 728.49	7 724.00	7 727.50	7 723.38	7 726.65	7 722.86	7 732.51
右上	X_C	479.21	478.31	479.10	478.80	479.01	478.73	478.93	478.68	478.87	478.64
	Y_C	343.39	342.75	343.32	343.10	343.25	343.05	343.20	343.02	343.15	342.98
	Z_C	7 735.15	7 720.59	7 733.41	7 728.49	7 731.96	7 727.50	7 752.86	7 726.65	7 729.68	7 725.92
右下	X_C	477.57	477.21	477.41	477.08	476.78	476.98	476.71	476.89	476.64	477.22
	Y_C	428.88	428.55	428.74	428.44	428.17	428.35	428.10	428.27	428.05	428.57
	Z_C	7 744.73	7 738.80	7 742.12	7 736.81	7 731.96	7 735.15	7 730.73	7 733.73	7 729.68	7 739.11

8.5　信息点变化研究

8.5.1　树木图像空间距离

树木经过一定时间的生长后，各次测量时信息点的空间位置也会发生一定的变化，虽然提取方法和手段差异性不大，但信息点像素中心平均坐标位置和相应参数必然也有所变动。各次测量时信息点间距离计算可由下式得出：

$$L=\sqrt{(X_2-X_1)^2+(Y_2-Y_1)^2+(Z_2-Z_1)^2} \tag{8-25}$$

根据式(8－25),可得到各次测量时树木图像信息点的空间坐标,在1年内25测量过程中,每次测量均可得信息点间距离信息,以第1次测量为例,其信息点间距离如表8－5所示。

表8－5 第1次测量树木图像信息点间距离

信息点	基线距离/mm									
	100	105	110	115	120	125	130	135	140	145
左上左下	85.95	85.82	85.81	85.7	84.89	85.6	84.89	85.51	84.88	86.55
左上右上	32.92	30.88	32.62	32.48	32.39	32.27	43.03	32.11	32.05	31.97
左下右下	33.91	33.73	33.61	33.47	33.34	33.27	33.16	33.10	33.02	33.00
右上右下	86.04	87.72	85.88	85.76	84.95	85.66	87.77	85.57	84.92	86.61

同理,也可以得到其他各次测量中图像信息点间的平均距离。(略)

8.5.2 各次测量信息点平均距离

根据各次测量过程中,不断基线距下距离分析可知,虽然基线距变化,但空间距离基本不变,所以可以用不同基线距下信息点间的平均距离来表达各次测量时信息点间距离,减少数据量。各次测量的图像信息点平均距离如表8－6所示。

表8－6 各次测量的图像信息点平均距离

测量次数	空间平均距离/mm			
	左上左下	左上右上	左下右下	右上右下
1	85.56	33.27	33.36	86.09
2	85.54	33.63	33.72	86.10
3	85.53	33.88	33.98	86.08
4	85.54	34.04	34.14	86.10
5	85.55	34.12	34.23	86.11
6	85.56	34.15	34.26	86.12
7	85.56	34.16	34.27	86.09
8	85.55	34.18	34.30	86.08
9	85.57	34.23	34.35	86.10
10	85.57	34.31	34.43	86.11
11	85.59	34.42	34.55	86.10
12	85.57	34.56	34.69	86.11
13	85.58	34.74	34.88	86.09
14	85.56	35.00	35.14	86.13
15	85.57	35.37	35.52	86.10

表 8－6(续)

测量次数	空间平均距离/mm			
	左上左下	左上右上	左下右下	右上右下
16	85.58	35.88	36.03	86.09
17	85.55	36.47	36.63	86.09
18	85.56	37.19	37.37	86.10
19	85.58	38.05	38.23	86.12
20	85.55	38.93	39.12	86.08
21	85.57	39.74	39.94	86.10
22	85.59	40.47	40.67	86.11
23	85.56	41.11	41.32	86.09
24	85.56	41.64	41.85	86.09
25	85.58	42.05	42.30	86.12

各次测量空间距离增量变化数据如表 8－7 所示。

表 8－7　各次测量空间距离增量变化数据

测量次数	空间距离增量变化/mm			
	左上左下	左上右上	左下右下	右上右下
1	－0.02	0.36	0.36	0.01
2	－0.01	0.25	0.26	－0.02
3	0.01	0.16	0.16	0.02
4	0.01	0.08	0.09	0.01
5	0.01	0.03	0.03	0.01
6	0.00	0.01	0.01	－0.03
7	－0.01	0.02	0.03	－0.01
8	0.02	0.05	0.05	0.02
9	0.00	0.08	0.08	0.01
10	0.02	0.11	0.12	－0.01
11	－0.02	0.14	0.14	0.01
12	0.01	0.18	0.19	－0.02
13	－0.02	0.26	0.26	0.04
14	0.01	0.37	0.38	－0.03
15	0.01	0.51	0.51	－0.01
16	－0.03	0.59	0.60	0.00
17	0.01	0.72	0.74	0.01

表8－7(续)

测量次数	空间距离增量变化/mm			
	左上左下	左上右上	左下右下	右上右下
18	0.02	0.86	0.86	0.02
19	－0.03	0.88	0.89	－0.04
20	0.02	0.81	0.82	0.02
21	0.02	0.73	0.73	0.01
22	－0.03	0.64	0.65	－0.02
23	0.00	0.53	0.53	0.00
24	0.02	0.41	0.45	0.03

表8－7是各次采集时树木图像信息点间距离增量的变化规律，可以看出，增量变化横向上变化较大，而纵向上基本未发生变化。从横向数据变化规律来看，不同时间点其变化幅度是不同的，但是与树木一年生长过程中的变化年周期是一致的。

8.6 传统测量数据结果

8.6.1 信息点间距离数据

试验设程中，在进行视觉测量时，也通过传统测量方法对树木信息点间距离、树高和胸径进行测量。在深度方向上采取增量方式，用 ΔZ 来表示；而垂直方向则用 L_{XY}来表示；信息点间距离用 L_{XYZ}来表示，每个树木图像信息点距离同样是根据测量10次取平均值的形式来进行。

1.25 次测量的信息点数据

传统测量方法所获得的各次测量的树木图像信息点数据如表8－8所示。

表8－8 各次测量的树木图像信息点数据 单位：mm

测量次数	左上左下			左上右上			左下右下			右上右下		
	L_{XY}	ΔZ	L_{XYZ}	L_{XY}	ΔZ	L_{XYZ}	L_{XY}	ΔZ	L_{XYZ}	L_{XY}	ΔZ	L_{XYZ}
1	84.12	15.6	85.55	32.55	6.5	33.19	32.66	6.7	33.34	84	15.8	85.47
2	84.18	15.3	85.56	32.92	6.4	33.54	33.03	6.7	33.70	84.03	15.5	85.45
3	84.23	14.9	85.54	33.23	6.6	33.88	33.34	6.7	34.01	84.1	15.1	85.44
4	84.16	15.5	85.58	33.38	6.7	34.05	33.49	6.8	34.17	83.97	15.7	85.43
5	84.12	15.4	85.52	33.46	6.7	34.12	33.57	6.8	34.25	83.97	15.6	85.41
6	84.21	15.3	85.59	33.51	6.6	34.15	33.62	6.7	34.28	84.04	15.5	85.46
7	84.19	15.4	85.59	33.52	6.6	34.16	33.63	6.7	34.29	84.01	15.6	85.45

表 8-8(续)

N	左上左下			左上右上			左下右下			右上右下		
	L_{XY}	ΔZ	L_{XYZ}	L_{XY}	ΔZ	L_{XYZ}	L_{XY}	ΔZ	L_{XYZ}	L_{XY}	ΔZ	L_{XYZ}
8	84.22	15.2	85.58	33.56	6.5	34.18	33.67	6.6	34.31	84.01	15.4	85.41
9	84.25	15.0	85.57	33.57	6.7	34.23	33.68	6.8	34.36	84.1	15.2	85.46
10	84.19	15.3	85.57	33.67	6.6	34.31	33.78	6.7	34.44	84.06	15.5	85.48
11	84.26	15.1	85.60	33.75	6.7	34.41	33.86	6.8	34.54	84.11	15.3	85.49
12	84.27	14.9	85.58	33.9	6.8	34.58	34.01	6.9	34.70	84.16	15.1	85.50
13	84.25	14.8	85.54	34.1	6.8	34.77	34.21	6.9	34.90	84.1	15.0	85.43
14	84.3	14.7	85.57	34.42	6.5	35.03	34.53	6.6	35.16	84.15	14.9	85.46
15	84.21	14.8	85.50	34.7	6.9	35.38	34.81	7.0	35.51	84.09	15.0	85.42
16	84.13	15.4	85.53	35.23	6.8	35.88	35.34	6.9	36.01	84.02	15.6	85.46
17	84.14	15.3	85.52	35.84	6.7	36.46	35.99	6.8	36.63	84.02	15.5	85.44
18	84.17	15.5	85.59	36.63	6.5	37.20	36.77	6.6	37.36	83.99	15.7	85.44
19	84.21	15.2	85.57	37.48	6.6	38.06	37.64	6.7	38.23	84.06	15.4	85.46
20	84.14	15.7	85.59	38.34	6.8	38.94	38.5	6.9	39.11	83.99	15.9	85.48
21	84.16	15.3	85.54	39.19	6.7	39.76	39.37	6.8	39.95	84.01	15.5	85.43
22	84.22	15.1	85.56	39.95	6.4	40.46	40.16	6.5	40.68	84.11	15.3	85.49
23	84.19	15.8	85.66	40.57	6.7	41.12	40.76	6.8	41.32	84.04	16.0	85.55
24	84.17	15.6	85.60	41.08	6.8	41.64	41.29	6.9	41.86	84.02	15.8	85.49
25	84.25	15.2	85.61	41.53	6.7	42.07	41.74	6.8	42.29	84.12	15.4	85.52

2. 信息点间距离

将表 8-8 中所获得的试验数据转换成信息点间距离形式，如表 8-9 所示。

表 8-9 各次测量的树木图像信息点间距离

测量次数	空间平均距离/mm			
	左上左下	左上右上	左下右下	右上右下
1	85.55	33.19	33.34	85.47
2	85.56	33.54	33.70	85.45
3	85.54	33.88	34.01	85.44
4	85.58	34.05	34.17	85.43
5	85.52	34.12	34.25	85.41
6	85.59	34.15	34.28	85.46
7	85.59	34.16	34.29	85.45
8	85.58	34.18	34.31	85.41

表 8 - 9(续)

测量次数	空间平均距离/mm			
	左上左下	左上右上	左下右下	右上右下
9	85.57	34.23	34.36	85.46
10	85.57	34.31	34.44	85.48
11	85.60	34.41	34.54	85.49
12	85.58	34.58	34.70	85.50
13	85.54	34.77	34.90	85.43
14	85.57	35.03	35.16	85.46
15	85.50	35.38	35.51	85.42
16	85.53	35.88	36.01	85.46
17	85.52	36.46	36.63	85.44
18	85.59	37.20	37.36	85.44
19	85.57	38.06	38.23	85.46
20	85.59	38.94	39.11	85.48
21	85.54	39.76	39.95	85.43
22	85.56	40.46	40.68	85.49
23	85.66	41.12	41.32	85.55
24	85.60	41.64	41.86	85.49
25	85.61	42.07	42.29	85.52

3. 空间距离增量

将表 8 - 9 中信息点间距离形式转换成各次测量时信息点间距离增量变化形式，如表 8 - 10 所示。

表 8 - 10 各次测量信息点间距离增量

测量次数	空间距离增量变化/mm			
	左上左下	左上右上	左下右下	右上右下
1	0.00	0.34	0.36	-0.03
2	-0.02	0.34	0.30	0.00
3	0.04	0.17	0.17	-0.02
4	-0.06	0.08	0.08	-0.02
5	0.07	0.03	0.03	0.05
6	0.00	0.01	0.01	-0.01
7	-0.01	0.02	0.02	-0.04
8	-0.01	0.05	0.05	0.05
9	-0.01	0.08	0.08	0.01
10	0.03	0.10	0.10	0.01
11	-0.03	0.17	0.17	0.01
12	-0.04	0.20	0.20	-0.08

表 8-9(续)

测量次数	空间平均距离/mm			
	左上左下	左上右上	左下右下	右上右下
13	0.03	0.26	0.26	0.03
14	-0.07	0.35	0.35	-0.04
15	0.03	0.50	0.50	0.04
16	-0.01	0.58	0.62	-0.02
17	0.07	0.74	0.73	0.01
18	-0.01	0.85	0.87	0.01
19	0.02	0.88	0.88	0.02
20	-0.05	0.82	0.84	-0.05
21	0.02	0.70	0.73	0.06
22	0.10	0.66	0.64	0.06
23	-0.06	0.52	0.54	-0.06
24	0.01	0.43	0.43	0.03

8.6.2 信息点处直径数据

在进行试验数据采集过程中,将左下右下信息点标定于胸高 1.3m 处,在进行垂直和深度方向测量时,同时也通过测径尺来实现胸径测量,数据如表 8-11 所示。

表 8-11 各次测量信息点直径数据

测量次数	测径尺数据	
	D/cm	ΔD/cm
1	13.86	
2	13.99	0.13
3	14.10	0.11
4	14.16	0.07
5	14.20	0.04
6	14.21	0.01
7	14.22	0.00
8	14.23	0.01
9	14.25	0.02
10	14.28	0.03
11	14.33	0.05
12	14.39	0.06
13	14.47	0.08

表 8 - 11(续)

测量次数	测径尺数据	
	D/cm	ΔD/cm
14	14.58	0.11
15	14.74	0.16
16	14.95	0.21
17	15.20	0.25
18	15.50	0.31
19	15.86	0.36
20	16.23	0.37
21	16.57	0.34
22	16.87	0.30
23	17.14	0.27
24	17.36	0.22
25	17.55	0.19

8.7　图像信息点变化分析

在 1 年生长周期内,各次测量所获得的图像信息点相关数据会发生不同程度的变化,但变化规律与树木实际生长过程是一致的。

8.7.1　视觉测量信息点距离变化

根据视觉测量过程中所取得实验数据,如表 8 - 6 所示,可以得到各次测量时信息点间距离变化,其散点图如图 8 - 89 所示。

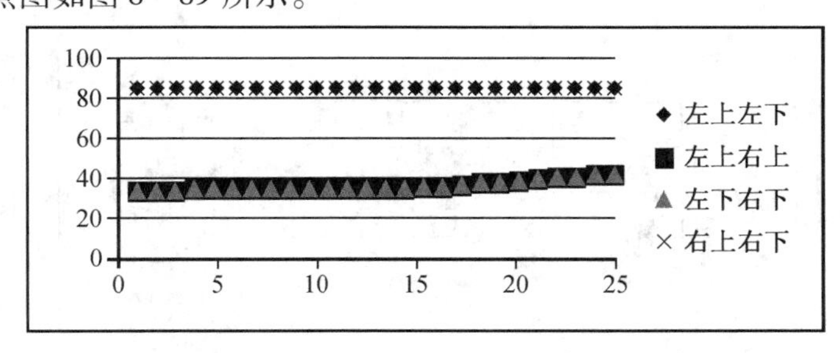

图 8 - 89　各次测量图像信息点间距离散点图

为清晰表达 25 次测量过程中信息点间距离的变化分布,采取以各次测量时空间距离增量形式来表示,如图 8 - 90 所示。

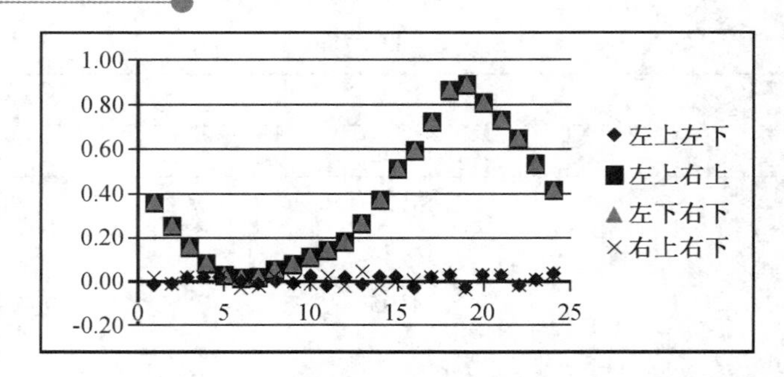

图 8－90　不同测量次数空间距离增量变化散点图

从图 8－89 和图 8－90 中可以看出,代表着高度上增长的左上左下、右上右下信息点间距离基本没有发生变化,而代表着径向方向增长的左上右上、左下右下信息点间距离变化差异性较大。由此说明,树木图像信息点高度上没有发生变化,而在粗度上发生了增长。

8.7.2　传统测量信息点距离变化

从传统测量所获得的各项实验数据可知,树木在 1 年生长周期内,其各次测量时的信息点间距离发生了不同程度的变化,其散点图如图 8－91 所示。

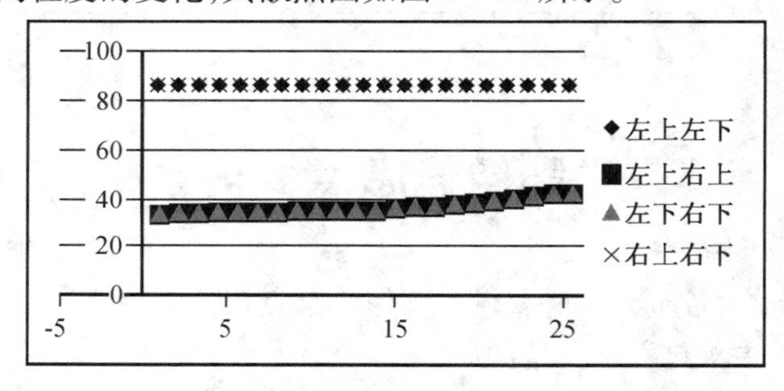

图 8－91　传统测量信息点间距离散点图

为清晰表达 25 次测量过程中信息点间距离的变化分布,采取以各次测量时距离增量形式来表示,如图 8－92 所示。

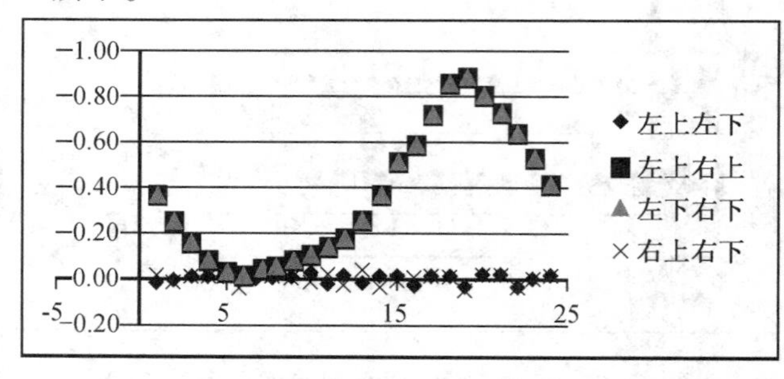

图 8－92　传统测量空间距离增量变化散点图

从图 8－92 可以看出,传统测量方法所得到的试验数据与视觉测量方法所得的图像数据,其变化规律是相一致的。

8.7.3 传统测量直径变化

从传统测量获得胸高位置直径数据来看,各次测量时直径均发生不同程度的变化,其变化规律如图 8 – 93 所示。

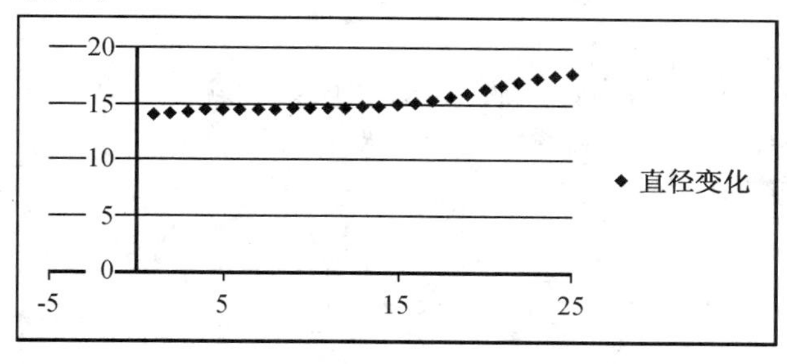

图 8 – 93 传统测量直径变化散点图

图 8 – 93 所示为传统测量直径变化的方法,将其转换成直径增量变化形式,其直径增量变化散点图如图 8 – 94 所示。

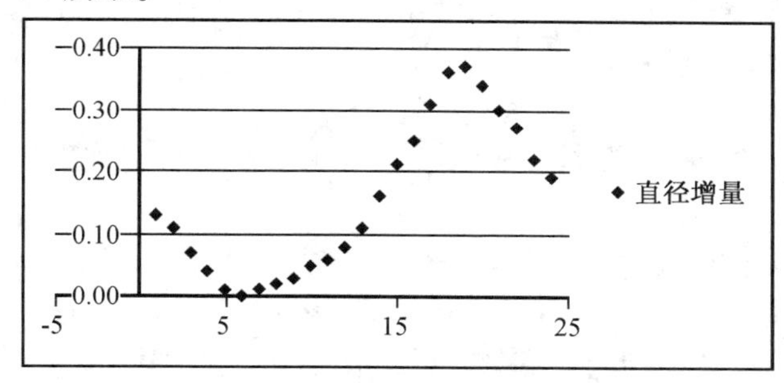

图 8 – 94 传统测量直径增量变化散点图

从图 8 – 94 可知,在传统测量方法下,直径增量变化与视觉测量方法和传统测量方法所得的测量数据是相近的,充分说明视觉测量方法的实施方案是可行的、科学的。

8.8 本章小结

本章主要以树木图像信息采集为起点,通过对树木图像进行颜色提取、滤波处理等手段,得到信息点特征,同时结合隶属度归并算法和二维熵算法对树木信息点进行了准确提取。同时,以平行双目视觉系统为中心,通过不同坐标系间坐标变换等手段,得到各信息点的空间坐标,由此得到各次测量时树木图像信息点间距离的变化情况。

第 9 章　树木生长量反演研究

本章主要以树木图像信息点的数据为依托，通过研究信息点间距离变化规律，来逆向研究树高、材积量变化，并将其与传统测量方法得到的实验数据进行对比，从而实现对树木生长量的反演研究，为图像视场内多树木图像信息提取和分析奠定一定的技术基础。

9.1　树木生长量

根据树木生长规律和测树学原理，通常以胸径、树高、材积量等调查因子来研究一段时间范围内的数据变化来研究树木生长过程的变化。树木生长量的测定，主要包括直径的测定、树高的测定和材积量的测定等。若设树木当前材积量为 V_t，前期某一时间点材积量为 V_{t-n}，则一段时间内材积量变化为

$$Z_n = V_t - V_{t-n} \tag{9-1}$$

关于树木高度测量方法，则主要利用测高仪来完成，其中布鲁莱斯测高仪结构如图 9－1 所示。

图 9－1 中，AE 为仪器高度，AB 为水平距离，α 为仪器仰角，则有

$$H = CB + BD = AB\tan\alpha + AE \tag{9-2}$$

从式(9－2)可知，只要知道 AE 和 AB，以及 α，就可以得到树高 H。第 5 次测量时，测高仪树木现场全景图像如图 9－2 所示。

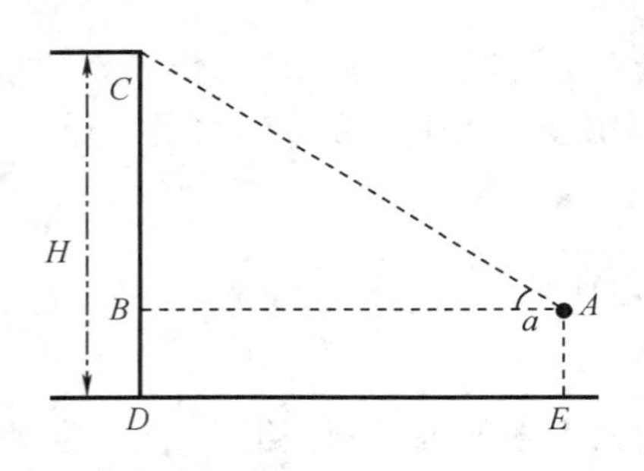

图 9－1　布鲁莱斯测高原理

图 9－2　第 5 次测量树木全景图像

根据测高仪测量机理，测高仪时间与视觉、传统测量季度性时间一致，从第 1 次高度测量开始，共进行 5 次树高的季度性测量，结果如表 9－1 所示。

表 9－1　测高仪所测树木高度变化情况

	AB/m	AE/m	α/(°)	H/m
初次测量	10	0.45	42.4	9.57
	15	0.45	31.4	9.59
	20	0.45	24.5	9.58
	30	0.45	17.0	9.61
一季度后	10	0.40	42.9	9.70
	15	0.40	31.9	9.72
	20	0.40	24.9	9.68
	30	0.40	17.2	9.69
二季度后	10	0.42	43.1	9.77
	15	0.42	32.0	9.79
	20	0.42	25.0	9.76
	30	0.42	17.3	9.78
三季度后	10	0.45	44.3	10.21
	15	0.45	33.0	10.18
	20	0.45	26.0	10.20
	30	0.45	18.1	10.23
四季度后	10	0.43	45.8	10.70
	15	0.43	34.3	10.68
	20	0.43	27.2	10.71
	30	0.43	20.6	11.69

根据表 9－1，各次测量时的树木平均高度和增量，如表 9－2 所示。

表 9－2　测高仪所测树木平均高度和高度增量

	初次测量高度/m	一季度后高度/m	二季度后高度/m	三季度后高度/m	四季度后高度/m
H	9.59	9.70	9.78	10.21	10.70
ΔH		0.11	0.8	0.43	0.49

9.2　树木生长量反演研究

9.2.1　树干直径生长过程

树木生长过程中，树木高度变化主要体现在树木顶端，而直径变化则表现为直径方向，以横截面展现树木径向增长过程，则是一个同心圆由内向外膨胀的过程。设某一时刻树木

直径为 D，半径为 R，经过一定时间生长后，半径由 R 变化为 $R+\Delta R$，如图 9－3 所示。

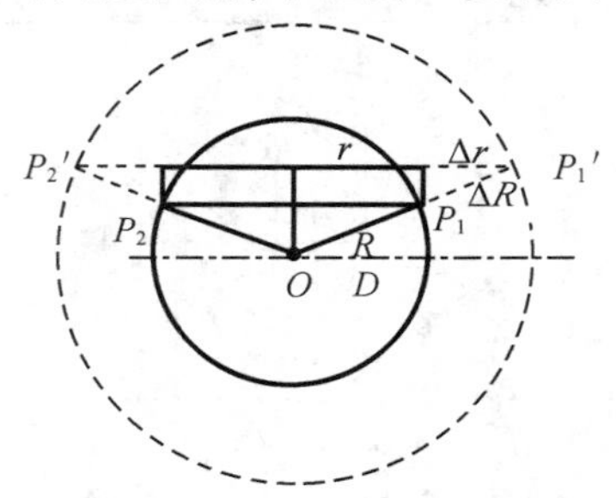

图 9－3　树木直径增长剖面图

根据图 9－3 树木剖面图可知，若 P_1 和 P_2 为初始信息点，P_1P_2 为信息点间距离，一段时间后，P_1 变到 P_1'位置，P_2 变到 P_2'位置，结合几何关系，则有

$$\frac{\Delta r}{r+\Delta r}=\frac{\Delta R}{R+\Delta R} \tag{9-3}$$

可得

$$\frac{\Delta r}{r}=\frac{\Delta R}{R}=\frac{\Delta D}{D} \tag{9-4}$$

式（9－4）说明，信息点间距离变化比例与半径或直径变化比例是一致的。

9.2.2　树木材积量变化

树木材积量变化规律是测量树木生长量变化研究的重要因子之一，利用树木胸径与材积量变化关系编制的数据表称为一元材积表，但由于仅考虑胸径变化情况，不同区域树木高度差异性不同，所以要结合不同树种和当地自然因素，所以又称地方材积表。本书试验区域树种为山杨，其黑龙江林区一元材积公式为

$$V=0.000\,199\times D^{2.342\,724} \tag{9-5}$$

树木生长一段时间后，其材积量变化为

$$V+\Delta V=0.000\,199\times(D+\Delta D)^{2.342\,724} \tag{9-6}$$

由式（9－5）和式（9－6）可以得到

$$\frac{\Delta V}{V}=\left(1+\frac{\Delta D}{D}\right)^{2.342\,724}-1 \tag{9-7}$$

根据式（9－4）可知

$$\frac{\Delta V}{V}=\left(1+\frac{\Delta D}{D}\right)^{2.342\,724}-1=\left(1+\frac{\Delta R}{R}\right)^{2.342\,724}-1=\left(1+\frac{\Delta r}{r}\right)^{2.342\,724}-1 \tag{9-8}$$

根据式（9－8）可以看出，信息点间距离增量变化影响树木材积量变化，即利用树木信息点距离增量的相对变化可以得到体积增量的相对变化，从而实现对树木材积量逆向变化研究。

9.2.3　树木高度变化研究

不同地区一元材积表是在国家林业局二元材积表基础上推导而来的，所以可以结合一元材积表得到树高与直径之间的变化关系，实现由直径变化来研究树木高度变化。

黑龙江林区，山杨二元材积公式为

$$V=0.0000053474319\times D^{1.8778994}H^{0.99982785} \tag{9-9}$$

一段时间树木生长后，材积量变为

$$V+\Delta V=0.0000053474319\times(D+\Delta D)^{1.8778994}(H+\Delta H)^{0.99982785} \tag{9-10}$$

由式(9－9)和式(9－10)可以得到

$$\frac{\Delta V}{V}=\left(1+\frac{\Delta D}{D}\right)^{1.8778994}\left(1+\frac{\Delta H}{H}\right)^{0.99982785}-1 \tag{9-11}$$

根据式(4－4)可知

$$\frac{\Delta V}{V}=\left(1+\frac{\Delta r}{r}\right)^{1.8778994}\left(1+\frac{\Delta H}{H}\right)^{0.99982785}-1 \tag{9-12}$$

考虑到不管是利用一元材积公式，还是通过二元材公式来计算树木材积量，其变化比例是相对不变的，则有

$$\left(1+\frac{\Delta r}{r}\right)^{1.8778994}\left(1+\frac{\Delta H}{H}\right)^{0.99982785}=\left(1+\frac{\Delta r}{r}\right)^{2.342724} \tag{9-13}$$

得出

$$\left(1+\frac{\Delta H}{H}\right)^{0.99982785}=\left(1+\frac{\Delta r}{r}\right)^{0.4648246} \tag{9-14}$$

由此得到

$$\frac{\Delta H}{H}=\left(1+\frac{\Delta r}{r}\right)^{0.46490463}-1 \tag{9-15}$$

由式(9－15)可以看出，依照信息点间距离增量变化，可以获得树木高度的相关变化，达到由树木图像信息点距离变化来研究树木高度变化的目的。

9.3 各次测量数据变化研究

9.3.1 传统测量材积量变化

在黑龙江林区，根据山杨树种一元材积公式：

$$V=0.000199\times D^{2.342724} \tag{9-16}$$

将传统测量方法得到的直径数据值到式(9－16)中去，以得到不同直径下树木材积量，如表9－3所示。

表9－3 传统直径测量树木材积量变化情况

测量次数	直径 D/cm	材积量 V/m^3	增量 ΔV/m^3
1	13.86	0.094 121 58	
2	14.01	0.096 540 72	0.002 419 145
3	14.12	0.098 316 50	0.001 775 781
4	14.19	0.099 427 66	0.001 111 158
5	14.23	0.100 066 18	0.000 638 519
6	14.24	0.100 295 23	0.000 229 045

表 9-3(续)

测量次数	直径 D/cm	材积量 V/m^3	增量 $\Delta V/m^3$
7	14.25	0.100 387 33	0.000 092 106
8	14.26	0.100 616 88	0.000 229 545
9	14.28	0.100 984 44	0.000 367 561
10	14.32	0.101 560 03	0.000 575 587
11	14.37	0.102 415 12	0.000 855 094
12	14.43	0.103 414 11	0.000 998 993
13	14.51	0.104 770 34	0.001 356 230
14	14.62	0.106 633 89	0.001 863 550
15	14.78	0.109 380 34	0.002 746 445
16	14.99	0.113 121 22	0.003 740 879
17	15.24	0.117 610 94	0.004 489 719
18	15.55	0.123 281 17	0.005 670 229
19	15.91	0.130 060 40	0.006 779 237
20	16.28	0.137 296 33	0.007 235 931
21	16.63	0.144 166 60	0.006 870 263
22	16.93	0.150 450 17	0.006 283 569
23	17.20	0.156 179 90	0.005 729 733
24	17.43	0.160 950 71	0.004 770 811
25	17.62	0.165 072 72	0.004 122 005

由表 9-3 可知以看出,直径不同,树木材积量也是不同的,其增量变化也是存在一定差异性的。

9.3.2 视觉测量材积量变化

通过信息点空间距离变化来计算各次测量时树木材积量变化,便可以得到各次测量时的材积相对增长量。根据表 8-6 和表 8-9 所示视觉测量与传统测量的信息点、间变化规律,可得到相对树木材积量变化,如表 9-4 所示。

表 9-4 传统与视觉测量树木材积量变化

测量次数	直径测量材积量变化			视觉公式计算材积量变化			
	V_1/m^3	$\Delta V_1/m^3$	$\Delta V_1/V_1$	r/mm	Δr/mm	$\Delta r/r$	$\Delta V_2/V_2$
1	0.094 121 58			33.36			
2	0.096 540 72	0.002 419 145	2.570%	33.72	0.36	1.079%	2.546%
3	0.098 316 50	0.001 775 781	1.839%	33.98	0.26	0.771%	1.816%
4	0.099 427 66	0.001 111 158	1.130%	34.14	0.16	0.471%	1.107%

表 9－4(续)

测量次数	直径测量材积量变化			视觉公式计算材积量变化			
	V_1/m^3	$\Delta V_1/m^3$	$\Delta V_1/V_1$	r/mm	Δr/mm	$\Delta r/r$	$\Delta V_2/V_2$
5	0.100 066 18	0.000 638 519	0.642%	34.23	0.09	0.264%	0.619%
6	0.100 295 23	0.000 229 045	0.229%	34.26	0.03	0.088%	0.205%
7	0.100 387 33	0.000 092 106	0.092%	34.27	0.01	0.029%	0.068%
8	0.100 616 88	0.000 229 545	0.229%	34.30	0.03	0.088%	0.205%
9	0.100 984 44	0.000 367 561	0.365%	34.35	0.05	0.146%	0.342%
10	0.101 560 03	0.000 575 587	0.570%	34.43	0.08	0.233%	0.546%
11	0.102 415 12	0.000 855 094	0.842%	34.55	0.12	0.349%	0.818%
12	0.103 414 11	0.000 998 993	0.975%	34.69	0.14	0.405%	0.952%
13	0.104 770 34	0.001 356 23	1.311%	34.88	0.19	0.548%	1.288%
14	0.106 633 89	0.001 863 55	1.779%	35.14	0.26	0.745%	1.755%
15	0.109 380 34	0.002 746 445	2.576%	35.52	0.38	1.081%	2.552%
16	0.113 121 22	0.003 740 879	3.420%	36.03	0.51	1.436%	3.396%
17	0.117 610 94	0.004 489 719	3.969%	36.63	0.6	1.665%	3.945%
18	0.123 281 17	0.005 670 229	4.821%	37.37	0.74	2.020%	4.797%
19	0.130 060 4	0.006 779 237	5.499%	38.23	0.86	2.301%	5.475%
20	0.137 296 33	0.00 723 593 1	5.564%	39.12	0.89	2.328%	5.539%
21	0.144 166 6	0.006 870 263	5.004%	39.94	0.82	2.096%	4.980%
22	0.150 450 17	0.006 283 569	4.359%	40.67	0.73	1.828%	4.335%
23	0.156 179 9	0.005 729 733	3.808%	41.32	0.65	1.598%	3.784%
24	0.160 950 71	0.004 770 811	3.055%	41.85	0.53	1.283%	3.031%
25	0.165 072 72	0.004 122 005	2.561%	42.30	0.45	1.075%	2.537%

由表 9－4 可以看出,直径不同树木材积量及其增量变化是有所不同的,其增量变化比例也是存在差异性的;但是由信息点距离增量变化得到的材积量变化,二者数据结果是相近的,误差相差不大,最大误差 0.024 2%,最小误差为 0.023 4%,是完全可以忽略不计的。

9.3.3 视觉测量高度变化

根据研究地域山杨种的一元材积公式和二元材积公式,可以获得树高与信息点增量的变化关系,得到各次测量时树木高度变化,如表 9－5 所示。

表 9－5 视觉增量计算树木高度变化

测量次数	r/mm	Δr/mm	$\Delta r/r$	H/m	ΔH/m	$\Delta H/H$
1	33.36			9.59		
2	33.72	0.36	1.079%	9.64	0.048	0.500%

表 9-5(续)

测量次数	r/mm	Δr/mm	$\Delta r/r$	H/m	ΔH/m	$\Delta H/H$
3	33.98	0.26	0.771%	9.67	0.034	0.358%
4	34.14	0.16	0.471%	9.69	0.021	0.219%
5	34.23	0.09	0.264%	9.71	0.012	0.122%
6	34.26	0.03	0.088%	9.71	0.004	0.041%
7	34.27	0.01	0.029%	9.71	0.001	0.014%
8	34.30	0.03	0.088%	9.72	0.004	0.041%
9	34.35	0.05	0.146%	9.72	0.007	0.068%
10	34.43	0.08	0.233%	9.73	0.011	0.108%
11	34.55	0.12	0.349%	9.75	0.016	0.162%
12	34.69	0.14	0.405%	9.77	0.018	0.188%
13	34.88	0.19	0.548%	9.79	0.025	0.254%
14	35.14	0.26	0.745%	9.82	0.034	0.346%
15	35.52	0.38	1.081%	9.87	0.049	0.501%
16	36.03	0.51	1.436%	9.94	0.066	0.665%
17	36.63	0.6	1.665%	10.02	0.077	0.771%
18	37.37	0.74	2.020%	10.11	0.094	0.934%
19	38.23	0.86	2.301%	10.23	0.108	1.063%
20	39.12	0.89	2.328%	10.33	0.110	1.076%
21	39.94	0.82	2.096%	10.43	0.100	0.969%
22	40.67	0.73	1.828%	10.52	0.088	0.846%
23	41.32	0.65	1.598%	10.59	0.078	0.740%
24	41.85	0.53	1.283%	10.66	0.063	0.594%
25	42.30	0.45	1.075%	10.71	0.053	0.498%

由表9-5可以看出,利用信息点增量变化可以获得各次测量过程中树木高度的增量变化,其结果与测高仪季度性测量的高度数据也是一致的。

9.4 测量数据对比研究

由于树高变化更多表现在树木顶端的增长变化,树干位置上各信息点不发生高度上的增长变化,所获得的数据结果也已经充分证实了。即左上左下、右上右下信息点间距离基本没有发生变化,进一步讨论与分析过程中,信息点高度数据将不再考虑在内。

9.4.1　传统测量与视觉测量增量变化

1. 信息点间距离变化

从试验数据结果上看，视觉测量方法与传统测量方法的数据结果是一致的。在试验过程中，之所以引入左上右上信息点，就是要证明信息点间高度不变性，考虑到左下右下处于胸高位置，后续信息点间距离增量变化以左下右下信息点为基准点。在1年内25次测量过程中，所获得左下右下信息点距离变化情况，如表9－6所示。

表9－6　视觉测量与传统测量增量对照表

测量次数	传统测量		视觉测量	
	r/mm	Δr/mm	r/mm	Δr/mm
1	33.34		33.36	
2	33.70	0.36	33.72	0.36
3	34.01	0.31	33.98	0.26
4	34.17	0.16	34.14	0.16
5	34.25	0.08	34.23	0.09
6	34.28	0.03	34.26	0.03
7	34.29	0.01	34.27	0.01
8	34.31	0.02	34.30	0.03
9	34.36	0.05	34.35	0.05
10	34.44	0.08	34.43	0.08
11	34.54	0.10	34.55	0.12
12	34.70	0.16	34.69	0.14
13	34.90	0.20	34.88	0.19
14	35.16	0.26	35.14	0.26
15	35.51	0.35	35.52	0.38
16	36.01	0.50	36.03	0.51
17	36.63	0.62	36.63	0.60
18	37.36	0.73	37.37	0.74
19	38.23	0.87	38.23	0.86
20	39.11	0.88	39.12	0.89
21	39.95	0.84	39.94	0.82
22	40.68	0.73	40.67	0.73
23	41.32	0.64	41.32	0.65
24	41.86	0.54	41.85	0.53
25	42.29	0.43	42.30	0.45

为更清晰地表达二种测量方法的数据变化关系和差异性，上述数据散点图如图 9－4 所示。

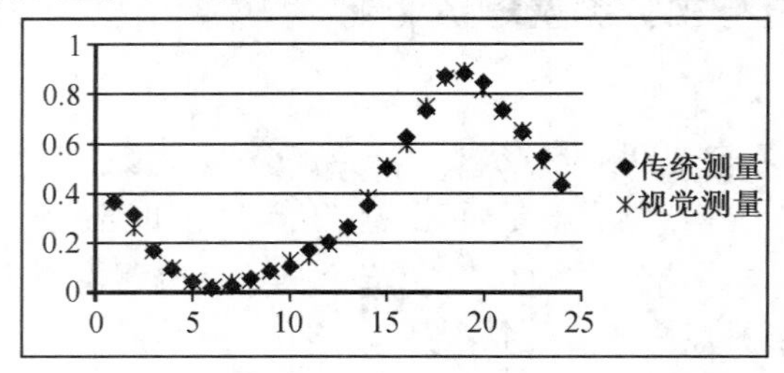

图 9－4　视觉测量与传统测量增量对比图

2. 直径与信息点距离增长比例变化

将传统测量方法中得到的直径数据变化引入到上表中，便可得到传统与视觉测量方法下信息点间距和直径变化的增长比例数据表，在各次测量过程中，相关数据的比例变化情况（小数点后保留两位），如表 9－7 所示。

表 9－7　各次测量增长比例变化对照表

测量次数	传统测量						视觉测量		
	r/mm	Δr/mm	$\Delta r/r$	D/cm	ΔD/cm	$\Delta D/D$	r/mm	Δr/mm	$\Delta r/r$
1	33.34			13.86			33.36		
2	33.70	0.36	1.07%	14.01	0.15	1.08%	33.72	0.36	1.08%
3	34.01	0.31	0.92%	14.12	0.11	0.79%	33.98	0.26	0.77%
4	34.17	0.16	0.47%	14.19	0.07	0.50%	34.14	0.16	0.47%
5	34.25	0.08	0.23%	14.23	0.04	0.28%	34.23	0.09	0.26%
6	34.28	0.03	0.09%	14.24	0.01	0.07%	34.26	0.03	0.09%
7	34.29	0.01	0.03%	14.25	0.01	0.07%	34.27	0.01	0.03%
8	34.31	0.02	0.06%	14.26	0.01	0.07%	34.30	0.03	0.09%
9	34.36	0.05	0.15%	14.28	0.02	0.14%	34.35	0.05	0.15%
10	34.44	0.08	0.23%	14.32	0.03	0.21%	34.43	0.08	0.23%
11	34.54	0.1	0.29%	14.37	0.05	0.35%	34.55	0.12	0.35%
12	34.70	0.16	0.46%	14.43	0.06	0.42%	34.69	0.14	0.41%
13	34.90	0.2	0.58%	14.51	0.08	0.55%	34.88	0.19	0.55%
14	35.16	0.26	0.74%	14.62	0.11	0.76%	35.14	0.26	0.75%
15	35.51	0.35	1.00%	14.78	0.16	1.09%	35.52	0.38	1.08%
16	36.01	0.5	1.41%	14.99	0.21	1.42%	36.03	0.51	1.44%
17	36.63	0.62	1.72%	15.24	0.25	1.67%	36.63	0.6	1.67%
18	37.36	0.73	1.99%	15.55	0.31	2.03%	37.37	0.74	2.02%
19	38.23	0.87	2.33%	15.91	0.36	2.32%	38.23	0.86	2.30%
20	39.11	0.88	2.30%	16.28	0.37	2.33%	39.12	0.89	2.33%

表 9－7（续）

测量次数	传统测量						视觉测量		
	r/mm	Δr/mm	$\Delta r/r$	D/cm	ΔD/cm	$\Delta D/D$	r/mm	Δr/mm	$\Delta r/r$
21	39.95	0.84	2.15%	16.63	0.34	2.09%	39.94	0.82	2.10%
22	40.68	0.73	1.83%	16.93	0.31	1.86%	40.67	0.73	1.83%
23	41.32	0.64	1.57%	17.2	0.27	1.59%	41.32	0.65	1.60%
24	41.86	0.54	1.31%	17.43	0.22	1.28%	41.85	0.53	1.28%
25	42.29	0.43	1.03%	17.62	0.19	1.09%	42.30	0.45	1.08%

从表 9－7 中可知，两种测量方法所得到信息点间距离变化比例是相近的，与直径增长比例的变化也是相符的，其增长比例变化散点图如图 9－5 所示.

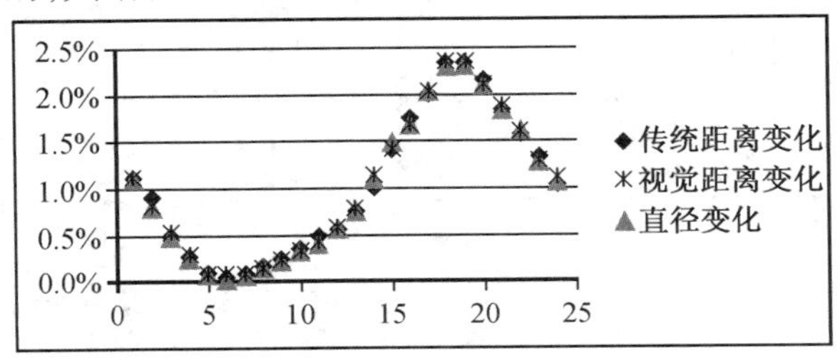

图 9－5　距离变化与直径增长比例变化散点图

图 9－5 表明，传统方法（信息点间距离变化、直径变化）、视觉方法所获得的数据结果是相近的，其增长比例变化曲线是一致的。

9.4.2　测高仪数据与视觉高度数据对比

从数据结果的变化趋势看，无论是传统测量方法还是视觉测量方法，测量结果都是一致的。在试验过程中，考虑到树木高度的增量变化研究，本书用布鲁莱斯测高仪季度性地测量树木图像的高度数据，结果如表 9－8 所示。

表 9－8　测高仪测量高度数据

	AB/m	AE/m	α/(°)	H/m
初次测量	10	0.45	42.4	9.57
	15	0.45	31.4	9.59
	20	0.45	24.5	9.58
	30	0.45	17.0	9.61
一季度后	10	0.40	42.9	9.70
	15	0.40	31.9	9.72
	20	0.40	24.9	9.68
	30	0.40	17.2	9.69

表 9-8(续)

	AB/m	AE/m	α/(°)	H/m
二季度后	10	0.42	43.1	9.77
	15	0.42	32.0	9.79
	20	0.42	25.0	9.76
	30	0.42	17.3	9.78
三季度后	10	0.45	44.3	10.21
	15	0.45	33.0	10.18
	20	0.45	26.0	10.20
	30	0.45	18.1	10.23
四季度后	10	0.43	45.8	10.70
	15	0.43	34.3	10.68
	20	0.43	27.2	10.71
	30	0.43	18.9	10.69

由表 9-8 得到各次测量的平均高度与增量变化,如表 9-9 所示。

表 9-9 测高仪测量平均高度与增量数据

	初次测量/m	一季度后/m	二季度后/m	三季度后/m	四季度后/m
H	9.59	9.70	9.78	10.21	10.70
ΔH		0.11	0.08	0.43	0.49

若以测高仪在第一次测量所得到的树高 9.59 m 为基准点,可以获得各次测量时信息点增量变化下的树高数据,如表 9-10 所示。

表 9-10 信息点增量变化测得树木高度数据

测量次数	信息点距离变化			树木高度变化		
	r/mm	Δr/mm	$\Delta r/r$	H/m	ΔH/m	$\Delta H/H$
1	33.36			9.59		
2	33.72	0.36	1.079%	9.64	0.048	0.500%
3	33.98	0.26	0.771%	9.67	0.034	0.358%
4	34.14	0.16	0.471%	9.69	0.021	0.219%
5	34.23	0.09	0.264%	9.71	0.012	0.122%
6	34.26	0.03	0.088%	9.71	0.004	0.041%
7	34.27	0.01	0.029%	9.71	0.001	0.014%
8	34.30	0.03	0.088%	9.72	0.004	0.041%
9	34.35	0.05	0.146%	9.72	0.007	0.068%

表 9-10(续)

测量次数	信息点距离变化			树木高度变化		
	r/mm	Δr/mm	$\Delta r/r$	H/m	ΔH/m	$\Delta H/H$
10	34.43	0.08	0.233%	9.73	0.011	0.108%
11	34.55	0.12	0.349%	9.75	0.016	0.162%
12	34.69	0.14	0.405%	9.77	0.018	0.188%
13	34.88	0.19	0.548%	9.79	0.025	0.254%
14	35.14	0.26	0.745%	9.82	0.034	0.346%
15	35.52	0.38	1.081%	9.87	0.049	0.501%
16	36.03	0.51	1.436%	9.94	0.066	0.665%
17	36.63	0.6	1.665%	10.02	0.077	0.771%
18	37.37	0.74	2.020%	10.11	0.094	0.934%
19	38.23	0.86	2.301%	10.23	0.108	1.063%
20	39.12	0.89	2.328%	10.33	0.110	1.076%
21	39.94	0.82	2.096%	10.43	0.100	0.969%
22	40.67	0.73	1.828%	10.52	0.088	0.846%
23	41.32	0.65	1.598%	10.59	0.078	0.740%
24	41.85	0.53	1.283%	10.66	0.063	0.594%
25	42.30	0.45	1.075%	10.71	0.053	0.498%

因为测高仪得到的高度数据是按季度性进行测量的，按季度性对应关系，将各次测量过程中的高度数据按季度性进行对应，一、二、三、四季度后分别对应着第7，13，19，25次测量高度数据，如表9-11所示。

表 9-11 测高仪、信息点增量所测树木高度数据

测量方式	参量	初次测量	一季度后	二季度后	三季度后	四季度后
测高仪	H/m	9.59	9.70	9.78	10.21	10.70
	ΔH/m		0.11	0.08	0.43	0.49
	$\Delta H/H$		1.15%	0.824%	4.39%	7.78%
信息点增量	H/m	9.59	9.71	9.79	10.23	10.71
	ΔH/m		0.12	0.08	0.44	0.48
	$\Delta H/H$		1.25%	0.823%	4.48%	4.69%

虽然测高仪测量获得的高度数据单位是m，而视觉测量单位是mm，但是单位不一致并不影响数据结果变化比例。两种测量方法树木高度变化如图9-6所示。

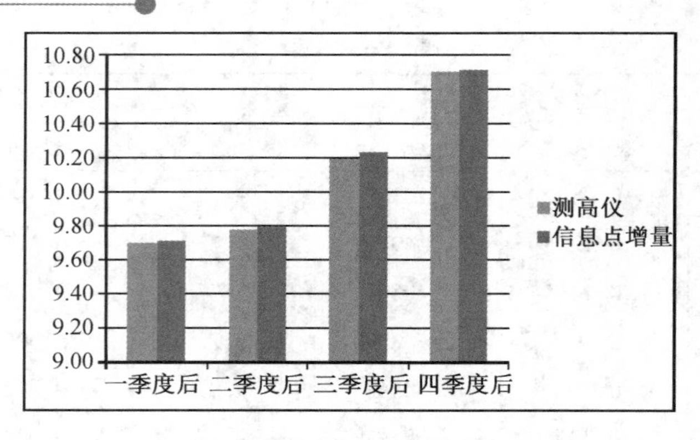

图 9－6　两种测量方法树木高度变化

9.4.3　信息点与直径变化材积量数据

根据树种山杨一元材积公式，可以得到各次直径测量时材积量变化数据。由于胸高位置左下右下信息点水平距离变化与胸径变化是一致的，所以通过信息点距离变化就可实现对树木材积量变化关系研究。在 1 年内 25 次测量中，直径测量和信息点增量测量的树木材积量变化关系数据如表 9－12 所示。

表 9－12　传统与视觉测量树木材积量变化

增量次数	直径测量材积量变化	信息点增量材积量变化	
	$\Delta V_1/V_1$	$\Delta r/r$	$\Delta V_2/V_2$
1	2.570%	1.079%	2.546%
2	1.839%	0.771%	1.816%
3	1.130%	0.471%	1.107%
4	0.642%	0.264%	0.619%
5	0.229%	0.088%	0.205%
6	0.092%	0.029%	0.068%
7	0.229%	0.088%	0.205%
8	0.365%	0.146%	0.342%
9	0.570%	0.233%	0.546%
10	0.842%	0.349%	0.818%
11	0.975%	0.405%	0.952%
12	1.311%	0.548%	1.288%
13	1.779%	0.745%	1.755%
14	2.576%	1.081%	2.552%
15	3.420%	1.436%	3.396%
16	3.969%	1.665%	3.945%
17	4.821%	2.020%	4.797%

表 9 - 12(续)

增量次数	直径测量材积量变化	信息点增量材积量变化	
	$\Delta V_1/V_1$	$\Delta r/r$	$\Delta V_2/V_2$
18	5.499%	2.301%	5.475%
19	5.564%	2.328%	5.539%
20	5.004%	2.096%	4.980%
21	4.359%	1.828%	4.335%
22	3.808%	1.598%	3.784%
23	3.055%	1.283%	3.031%
24	2.561%	1.075%	2.537%

由表 9 - 12 可知,通过树木胸径测量得到的材积量数据,与通过树木图像信息点增量变化得到的材积量变化数据,整体是一致的、相符的。不同测量方法下的材积量变化情况散点图,如图 9 - 7 所示。

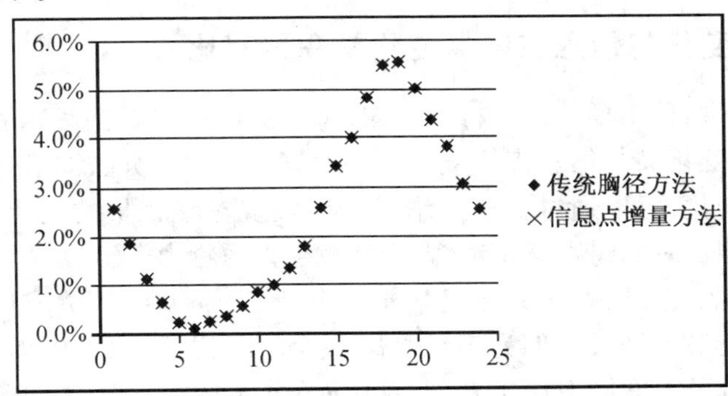

图 9 - 7 胸径测量与信息点增量方法材积量比变化情况散点图

从数据结果可以看出,两种不同的材积量计算方法,其结果非常接近,说明通过信息点增量来进行材积量计算与通过胸径测量得到的数据结果是一致的,为下一步通过信息量增量来计算树木材积量提供了很好的技术基础。

9.5 测量结果分析

9.5.1 视觉、传统测量结果与树木年周期

两种不同的测量方法,在对树木 25 次测量过程中,其数据结果是相近的,与树木实际生长规律也是相一致的。以左下右下信息点间距离变化为基准参考点,在 1 ~ 4 次测量时,信息点间距离略有增加,但其增量变化趋势是逐渐变小,此时树木处于从过渡期到休眠期中间过渡状态,所以其增量在逐渐减小;在 5 ~ 9 次测量时,其增量变化减小到最低,此时树木处于休眠期,各类影响树木的变化因子均处休眠状态;而在 10 ~ 12 次测量时,增量变化明显

较5～9次测量变化大，其状态是从休眠期到生长期进行过渡，从第13次开始至第25次为止，此时树木开始进入生长期，距离增量变化均较大。从上述数据分析可知，无论是视觉测量还是传统测量，二者测量方法所取得的数据结果与树木年周期的变化规律是一致的，1年内25次测量的数据结果是这样，若继续测量下去，则会继续周而复始地按照树木年周期的变化规律进行下去。

9.5.2 视觉比例数据与测高仪数据分析

通过对1年内25次测量过程所得到树木图像数据可知，采取视觉测量方法，在参考初始高度数据基础上，可以得到各次信息点间距离测量时，树木高度的变化数据及其相应增量变化。通过测高仪、视觉测量方法获得的高度数据结果为：一季度后，9.70 m和9.71 m，增长变化为1.15%和1.25%；二季度后，9.78 m和9.79 m，增长变化为：0.824%和0.823%；三季度后，10.21 m和10.23 m，增长变化为4.39%和4.48%；四季度后，10.70 m和10.71 m，增长变化为：4.78%和4.69%。从结果上看，采用视觉方法得到的高度数据与测高仪的高度数据是一致的。虽然两种测量方法数据单位有所差异，二者相对增量比例变化是相近的，说明两种测量方法均是可行的，结果是可信的。

9.5.3 胸径变化与信息点增量变化材积量对比

根据黑龙江林区树种山杨的一元材积公式，树木胸径不同直接影响着树木材积量的变化情况，而树木胸径变化又与信息点距离增量变化联系起来，所以说信息点增量变化直接影响着树木材积量变化，可以通过信息点增量变化实现对材积量的变化研究，而不必再根据胸径去获得各次测量时的树木材积量，大幅度减少人力物力资源浪费。

从试验数据上看，通过胸径获材积量最大增量为0.007 235 931 m^3；最小增量为0.000 092 106 m^3，其最大增长比例为5.564%，最小增长比例为0.092%；利用信息点增量变化而获得的材积量最大增量为0.007 173 890 m^3；最小增量为0.000 068 121 m^3，最大增长比例为5.539%，最小增长比例为0.068%；而且从各次测量材积量数据变化规律来看，两种方法的数据增长比例是非常相近的，说明两种方法的材积量数据变化是一致的。从材积量变化规律、增长比例上看，在各次树木图像测量过程中，材积量增长幅度与直径增长变化和信息点距离增量变化是紧密联系在一起的，与树木的年周期也是相符的，充分说明，基于信息点距离增量的测量方法和手段是可行的。

9.6 其他树种测量结果

为更好地说明通过信息点间增量变化测量方法和准确性与合理性，在试验研究区域内，又选择柳树和榆树作为研究对象，在胸高位置上水平方向标注信息点，同时用测高仪来季度性测量两个参考树种的高度变化数据，并将其信息点增量变化数据进行对比，进一步证实采取信息点增量变化来研究树高的变化规律的可行性与科学性。参考树种分别是柳树和榆树，二者树龄均是9年，两种树木图像如图9－8和图9－9所示。

图9-8　柳树图像

图9-9　榆树图像

通过对图9-8和图9-9中柳树和榆树上所标定的树木图像信息点进行分析和处理，并从高度上进行季度性归并，信息点距离增量变化和测高仪树木高度变化的数据对比，如表9-13所示。

表9-13　二种不同树种测量结果对比

树种	测量方法	参数	初次测量	一季度后	二季度后	三季度后	四季度后
柳树	视觉方法	高度/mm	112.56	114.54	116.05	120.61	125.62
		增量/mm		1.98	1.51	4.56	5.01
		比例		1.76%	1.32%	3.93%	4.15%
	测高仪	高度/m	9.76	9.93	10.06	10.45	10.87
		增量/m		0.17	0.13	0.39	0.43
		比例		1.79%	1.28%	3.85%	4.07%
榆树	视觉方法	高度/mm	106.35	108.30	109.69	114.04	118.85
		增量/mm		1.95	1.40	4.34	4.81
		比例		1.83%	1.29%	3.96%	4.22%
	测高仪	高度/m	9.83	10.01	10.13	10.53	10.96
		增量/m		0.18	0.13	0.39	0.44
		比例		1.80%	1.25%	3.88%	4.16%

从表9-13可知，两种不同树种柳树和榆树的测量结果与树种山杨的数据结果是一致的，无论是视觉测量方法，还是测高仪测量，树木高度的变化数据是非常相近的。这充分表明，基于信息点距离变化的数据结果在不同树种下是同样适用的，测量结果与传统测量方法也是相符的，进一步证实视觉测量方法和手段的可行性、准确性和可靠性。

9.7　结果讨论

采取不同的测量方法，获得的数据信息却是相近的，而且与树木生长的年周期也是一致的。由此说明，通过树木图像信息点增量变化去研究树木高度变化和材积量变化，两种测量方法均是可行的，充分证实了通过信息点水平增量的测量，能够实现对树高和材积量变化规律的反演研究。同时，通过树木信息点图像季度性高度数据分析，其数据结果与测高仪测得的树木高度变化结果也是非常相近的，而且在以柳树和榆树为参考树种前提下，其结果也是相吻合的，说明该方法在其他树种测量上同样是适用的，本测量方法和手段具有巨大的推广价值。

从上述数据分析可知，采取视觉测量方法比采取传统测量方法具有更多的优点和参考价值，具体体现在如下几个方面。

1. 节约人力、物力、财力

采取视觉测量方法，可同时处理和分析图像视场内多树木图像，而不必去对每幅树木图像进行测量；在进行各次测量时，只需固定摄像机空间位置，完成树木图像采集即可，树木特征点提取与处理，则完全可以在实验室进行，简化了测量过程，节约测量成本。

2. 精度高，误差小

传统测量卡尺最小分度为0.02 mm，而图像测量最小单位达到0.004 2 mm，测量精度高；从误差效果上看，传统测量是人为选择信息点像素中心，偶然性大，而视觉测量是通过计算来确定像素中心坐标，树木信息点处理结果更准确、科学。

3. 环境因素影响小

传统测量过程中，每次均需对人工进行测量和数据整理，测量时周围环境因素对测量结果影响较大；而视觉测量，只需完成图像采集即可，其他数据处理回实验室完成即可，即便是风雨交加的天气，树木图像信息点间距离也是相对稳定的。

总之，通过视觉测量方法和相应图像处理算法，完全可以满足传统测量方法所能达到的数据效果，通过信息点间距离变化得到树木高度和材积量方面的数据结果，实现对树木生长量的反演研究。而且对于图像视场内诸多树木，只要找到树木图像中胸高位置两个特征点，就可实现对多树木特征点的距离测量，节约人力、物力和财力消耗，完成对多树木图像生长量的反演变化研究。

9.8 本章小结

本章从各信息点像素中心的空间距离出发，以左下右下信息点间距离为研究对象，将其与胸高位置的直径变化进行对比，证实了二者测量结果的一致性，并且与树木生长的年周期也是相符的。同时，通过图像信息点距离增长比例的变化研究，计算出各次测量时树木高度和材积量的变化情况，实现对树木生长量的反演研究，其结果更准确、科学，符合树木的生长规律。

第10章　总结与展望

本书主要研究了数字图像处理技术与计算机视觉理论在农业图像信息检测过程中的应用研究，探讨了不同作物种类的处理方法和实现手段。尤其以玉米植株图像处理、大豆籽粒图像处理和林木图像处理技术与方法为核心，通过图像采集、图像检测和特征分析等手段进行了实践验证，充分证实了测量手段和处理算法的准确性和可行性。此外，还针对图像处理过程中需要进一步解决和探讨的问题进行分析，提出了下一步需要研究的方案和手段。

10.1　主要研究贡献

本书紧紧围绕农业图像信息检测技术，探讨了在玉米植株、大豆籽粒、甘薯和林木图像等方面的应用研究，并将实践结果与日常生长状态进行了对比研究，探索了不同作物的图像处理手段和算法，本书主要贡献归纳如下。

1. 基础理论研究部分

首先详细介绍了数字图像处理基础，尤其是图像处理过程中不同颜色模型之间转换、区域中心提取、圆形度处理；其次重点介绍了计算机视觉理论下的平行双目处理系统的空间信息点坐标提取方法，以及不同坐标系下坐标变换问题；再次以空间信息点间距测量为中心，进行了信息点距离变化分析和实践研究；最后通过分形参数理论探讨，对个别作物品种特征进行了分析和研究，实现了对农业图像检测技术的应用实践。

2. 玉米植株图像检测部分

以前期理论研究和数据分析为基础，通过实验设计和方案研究，结合玉米植株图像采集、信息点特征提取过程，以信息点间距离变化为载体来研究玉米植株图像生长过程，并将其与玉米实际生长规律进行了对比研究。实践证明基于视觉技术的测量方法和手段，能够很好地完成对玉米植株图像的信息采集和后期处理，实现对植株生长过程的监测研究。

3. 大豆籽粒图像处理部分

本部分图像处理部分主要以成熟后的大豆籽粒为研究对象，通过对大豆籽粒图像分析和处理，以图像分割技术手段，结合区域面积、周长、纹理等特性，实现对大豆籽粒数量、病虫害和侵蚀情况的图像分析，找到病虫害和侵蚀度数据，为进一步探讨大豆质量和籽粒饱满度等特征提供必要的数据支持，也为大豆日常田间管理和生长状况研究提供坚实的理论和实践基础。

4. 甘薯图像处理部分

本部分内容以甘薯等级为参照点，通过对成熟后甘薯图像分析和处理，找到甘薯图像病虫害区域特征和侵蚀程度，并为探讨甘薯产量与品质提供技术支持和理论保障。同时，以计算机视觉理论为核心，结合甘薯病虫害特征，提出了甘薯病虫害图像三维重建方法，并进行了实践研究与分析，得到了未受侵蚀的甘薯图像，实现了对甘薯图像的三维重建算法研究。

5. 林木图像实践研究部分

本部分内容从试验设计角度出发，通过树木图像采集、双目平台搭建和不同坐标系数据变换等手段，实现了对树木图像信息点提取和空间坐标计算，并通过信息点间距离变化来实现树木生长状态的变化研究。同时，以树木生长模型为基点，通过胸高位置信息点间距离变化来逆向得到树木胸径变化规律，并通过胸径变化得到树木高度和材积量变化规律，从而获得由信息点间距离变化引起的树木材积量变化和树高变化，实现对树木生长量的反演研究。而且，在研究过程中，通过不同树种（柳树和榆树）进行了研究对比，充分证实了视觉测量方法的可行性、科学生，与树木生长年周期变化规律也是相一致的。

10.2 下一步研究方向

本书虽然对部分农作物图像进行分析和处理，并结合计算机视觉理论和图像处理知识进行了实践验证，充分证实了农业图像检测技术在农业生产和生活的重要应用前景，对提高农业信息化水平具有重要作用。目前国内农业信息化浪潮蓬勃兴起，由此带来的不仅是令人目不暇接的新技术和新产品，更重要的是它正在改变着人们的生产和生活。尤其是网络信息和资讯信息为农村摆脱贫穷落后带来了新希望，农业信息化成为对我国影响最为深远的社会变革之一。本书在上述研究的基础上，结合本人研究实际和农业信息化特点，通过比较国际和国内研究成果的新进展，确定下一步研究和努力方向如下，主要包括：

1. 玉米植株图像处理研究方面

本书主要针对玉米植株图像进行了深入研究，对植株上 4 个信息点进行了信息提取和分析，实现了对植株图像生长过程的监测研究。但是，对于玉米收获后籽粒情况、病虫害情况等未能进行深入研究，同时对不同测量时间点下玉米叶片变化也未能进行探讨和分析，这将是下一步研究和努力的方向。

2. 大豆图像处理研究方面

本书主要针对大豆籽粒图像进行了研究，以获得大豆籽粒数量、大豆病虫害情况等进行了分析和研究。但未能就大豆生产过程进行分析，对不同时期生长状态未能进行深入探讨，对大豆进行生长过程研究将是下一步重点研究方向，同时也要兼顾不同时期大豆叶片特征对大豆产量、优质率等产生的影响进行研究和分析，寻求最佳图像影响环境分析。

3. 甘薯图像研究方面

本书重点对甘薯图像进行了病虫害分析和特征提取，在研究过程中，通过计算机视觉对甘薯病斑图像进行了三维重建设研究。但是，缺少对甘薯生长过程中叶片特征分析，以及叶片形状对产量影响的变化研究，这将是本研究下一步努力的方向，也是下一阶段需要研究的问题。

4. 林木图像实践研究方向

本书虽然对树木图像采集、处理和分析进行全方位论述，并结合树木生长模型和计算机视觉理论对树木信息点变化进行了确切分析，实现对树木生长量的反演研究。但是，缺少对同一视场下，其他树木图像的同步研究过程分析，而且对采集到的树木图像也需要进一步探讨利用远程无线传输模块进行图像传递，探讨远程控制、传输，实验室进行数据分析处理的新模式，更优质地实现信息处理过程实时化、数据传输无线化，这些将是下一步研究和探索的主要方向之一。

5. 探索水稻图像研究方面

水稻是人们生活必需品，也是民生工程的重要支柱，本书在研究过程中，由于受篇幅限制和个人能力影响，对水稻研究并未深入开展，这也将是研究过程的努力方向。重点以水稻生长全程化为核心，通过育种、催芽、移植、栽培等多个环节对水稻生长过程进行分析和研究，探讨水稻生过程化研究，并结合实践效果进行对照分析，实现通过图像检测技术完成对水稻生长过程的全程化研究。

10.3 研究前景展望

信息技术的高速发展以及全世界范围内信息基础设施的迅速完善加速了知识经济时代的全面发展，同时也为我国实施农业信息化、迎接知识经济挑战、推动农业科技革命提供了良好的技术支撑和机遇。我国国情决定了今后的农业发展将采取工业化、信息化和现代化并进的模式，促进我国农业现代化进程，提高农业和农村工作的现代化水平。发达国家在完成农业工业化和农业机械化后，围绕着如何提高劳动生产率、资源利用率、农业经济效益等方面开展了广泛的农业信息化工作。农业信息化技术应用已经贯穿于农业生产的产前、产中、产后全过程，成为发展现代化农业生产的重要支撑力量。

本书研究内容是农业信息化过程的重要支持手段之一，是农业生产过程数字化的重要节点，对农业信息化建设和快速发展具有着重要现实意义。目前农业信息化技术主要以高新技术应用为前导，以智能化技术应用为载体，以综合化技术应用为手段，逐步完善农业技术领域数字化、信息化水平，全面提高农业信息化对农业生产的支撑过程和实现手段。农业信息化水平高低是提高国家农业生产能力和水平的重要手段之一，是保证国家粮食安全的重要举措，也是现代化大农业数字化能力的重要体现，更是国家农业科技发展的支撑点。本书研究内容迎合了国家农业信息化发展趋势，证实了信息化发展的可行性和科学性，为农业信息化的发展和建设提供必要的技术支持，具有广泛的发展前景和推广价值。

支撑项目与文章及专利

【项目】

［1］ 许杰,邸国辉,孟艳君,等. 主持黑龙江省教育厅科学技术研究项目“基于视觉理论的玉米植株生长状态监测研究”(2013.01—2015.12)(编号:12531445).

［2］ 许杰,冯驰,高云丽,等. 主持黑龙江省教育厅科学技术研究项目“现代图像处理技术在医用X光图像处理中的应用研究”(2008.01—2011.12)(编号:11531261).

［3］ 许杰,富爽,邸国辉,等. 主持黑龙江省教学改革工程项目“以‘应用为主线’的信息处理类课程研究性教学的研究与实践”(编号:JG2013010450).

［4］ 许杰,邸国辉,孟艳君,等. 主持黑龙江八一农垦大学博士学成归来科研启动基金项目“基于二维熵理论的树木信息点提取方法研究”(2016.01—2019.12)(编号:XDB - 2016 - 18)

［5］ 邸国辉,许杰,孟艳君,等. 主持大庆市科学技术研究项目“基于机器视觉的甘薯质量评价研究”(2017.01—2018.05)(编号:ZD - 2016 - 38).

［6］ 戚大伟,许杰,魏崇,等. 主持黑龙江省科技攻关项目“医用X光图像处理系统的研制”(2006.01—2009.12)(编号:GC01KC156).

［7］ 富爽,杜红,贾美娟,等. 主持黑龙江省青年科学基金项目“基于认知的TD - LTE - A异构网频谱感知及分配算法研究”(2015.07—2018.06)(编号:QC2015070).

［8］ 杜红,史国军,李维民,等. 主持黑龙江省教育厅科学技术研究项目“基于农业物联网的频谱感知技术研究”(2014.01—2016.12)(编号:12541583).

［9］ 杜红,富爽,许杰,等. 主持黑龙江八一农垦大学引进博士科研启动基金项目“协作频谱感知技术高效性与安全性的研究”(2013.05—2015.12)(编号:XYB2013 - 23).

【文章】

［1］ 许杰. 基于双目视觉和二维熵树木信息点提取及生长量反演研究［D］. 哈尔滨:东北林业大学,2015.

［2］ 许杰. 基于J2EE的客户信息处理技术的研究与设计［D］. 哈尔滨:哈尔滨工程大学,2005.

［3］ 邸国辉. 声相关测速研究［D］. 哈尔滨:哈尔滨工业大学,2006.

［4］ 许杰,戚大伟. 基于改进加权质心和UKF的移动目标定位算法［J］. 吉林大学学报(工学版),2016,46(4):1354 - 1359. (EI:20163302271 1207)

［5］ 许杰,冯驰,高云丽,等. 基于分数布朗随机模型的X线影像边缘检测算法的探索与实践［J］. 东南大学学报,2011,30(2):336 - 339.

［6］ 许杰. 多重分形理论的动物CT影像处理算法研究［J］. 黑龙江畜牧兽医,2017(5):

86－88.

[7] 许杰.分形参数理论在动物CT影像处理中的研究[J].黑龙江八一农垦大学学报，2012,24(5):73－75.

[8] 许杰，戚大伟.分形参数在X光图像处理中的应用研究[J].牡丹江医学院学报，2007,28(1):70－72.

[9] 许杰，戚大伟.基于视觉技术的林木生长状态无损测量方法[J].西北林学院学报，2016,31(2):268－274.

[10] 许杰，冯驰，高云丽，等.Laplacian增强算子在X光图像处理中的应用研究[J].齐齐哈尔医学院学报，2010,31(11):1 773－1 774.

[11] 许杰，冯驰，高云丽，等.基于LOG算子的医学X光图像边缘检测算法[J].包头医学院学报，2010,26(4):15－16.

[12] Jie X. Anti－PUE Attack Base on Fractal Dimension in Spectrum Sensing[J]. International Journal of Security and Its Applications,2016,10(10):1－12.（EI：20164903052763）

[13] Jie X. Forest Image Processing Method Based on Fuzzy Membership and Two－Dimensional Entropy[J]. International Journal of Signal Processing, Image Processing and Pattern Recognition,2016,9(1):95－102.（EI：20160601906070）

[14] 邸国辉，刘英楠，耿晓琪.模糊识别方法在海拉尔盆地岩性分析中的应用研究[J].黑龙江八一农垦大学学报，2010,22(5):100－102.

[15] 邸国辉，孟艳君，耿晓琪，等.一种机器视觉方法的玉米植株测高方法[J].黑龙江科技信息，2016(6):22－23.

[16] 邸国辉，富爽，孟艳君.求解TSP问题的单纯形与遗传算法的混合算法[J].黑龙江科技信息，2009(8):72－73.

[17] Guohui D, Fulin S, Xinbo X. Cross-range scaling of inverse synthetic aperture radar images with complex moving targets based on parameter[J]. Journal of Supercomputing. [2017－12－08]. https://doi.org/10.1007/s11227－017－2209－1.

【专利】

[1] 邸国辉，许杰，孟艳君.一种可精确调节的双目视觉实验系统：中国，ZL201521047567.0[P].2016－05－11.

参考文献

[1] 王凤花,张淑娟. 精细农业田间信息采集关键技术的研究进展[J]. 农业机械学报,2008,39(5):112-121.

[2] 何勇. 精细农业[M]. 杭州:浙江大学出版社,2003.

[3] 毛竞,关欣,李巧云. 我国数字农业发展现状与发展趋势[J]. 广东农业科学,2007(12):126-128.

[4] 甘阳英,夏宁. 中国各省市数字农业发展现状、问题与建议[J]. 中国农学通报,2009,25(22)344-347.

[5] 罗锡文,臧英,周志艳. 精细农业中农情信息采集技术的研究进展[J]. 农业工程学报,2006,22(1):167-173.

[6] 郑业鲁,薛绪掌. 数字农业综论[M]. 北京:中国农业科学出版社,2006.

[7] 胡林. 农业信息技术与信息系统开发[M]. 北京:中国农业科学出版社,2008.

[8] 马新明. 农业信息化技术导论[M]. 北京:中国农业科学出版社,2009.

[9] 曹卫星. 农业信息学[M]. 北京:中国农业科学出版社,2005.

[10] 应义斌,傅宾忠,蒋亦元. 机器视觉技术在农业生产自动化中的应用[J]. 农业工程学报,1999(9):199-203.

[11] 刘布春,王石立,马玉平. 国外作物模型区域应用研究进展[J]. 气象科技:2002,8(30):193-200.

[12] 黄刘洋,刘晓东,朱林,等. 基于组件技术的虚拟作物生长系统开发平台的设计[J]. 微电子学与计算机,2005,22(1):13-16.

[13] 苏中滨,郑萍,孙红敏,等. 大豆形态生长系统的组件化设计方法[J]. 微型电脑应用,2008,24(7):54-56.

[14] 高亮之. 农业模型研究与21世纪的农业科学[J]. 山东农业科学,2001(1):43-46.

[15] 苏中滨. 数字农业基础[M]. 北京:中国农业科学出版社,2004.

[16] 承继成. 精准农业技术与应用[M]. 北京:科学出版社,2004.

[17] 蔡德聪. 测控技术在现代农业中的应用[J]. 测控技术,2001,20(1):23-24.

[18] 赵春江. 农村信息化技术[M]. 北京:中国农业科学出版社,2007.

[19] 刘世洪. 农业信息化技术与农村信息化[M]. 北京:中国农业科学出版社,2005.

[20] 梅方权. 农业信息工程技术[M]. 郑州:河南科学技术出版社,2004.

[21] 刘纳新. 加快我国农业信息化建设研究[D]. 长沙:湖南农业大学,2007.

[22] 黄婷婷. 我国农业信息化的现状、问题与对策研究[D]. 合肥:安徽农业大学,2007.

[23] 章毓晋. 图像处理[M]. 北京:清华大学出版社,2012.

[24] 朱虹. 数字图像处理基础[M]. 北京:科学出版社,2005.

[25] 章毓晋. 图像处理基础教程[M]. 北京:电子工业出版社,2012.

[26] 杨煊,梁德群. 基于邻域直方图分析的多尺度边缘检测方法[J]. 信号处理,1999,15

(1):32 -36.

[27] 王茜,彭中,刘莉.一种基于自适应阈值的图像分割法[J].北京理工大学学报,2003,23(4):521 -524.

[28] 龚坚,李立源,陈维南.二维熵阈值分割的快速算法[J].东南大学学报,1996,26(4):31 -36.

[29] 赵志强,王昕,陈海松.基于图像二维熵的自适应形态学滤波方法[J].哈尔滨工业大学学报,2008,40(1):103 -105.

[30] 章毓晋.图像处理和分析教程[M].北京:人民邮电出版社,2009.

[31] 阮秋琦.数字图像处理学[M].北京:电子工业出版社,2013.

[32] 张德丰.数字图像处理(matlab 版)[M].北京:人民邮电出版社,2013.

[33] HARTLER R, ZISSERMANA A. Multiple View Geometry in Computer Vision[M]. Cambridge: Cambridge University Press, 2000.

[34] HIGASHI N, Iba H. Particle Swarm Optimization with Gaussian Mutation[C]. Proeeedings of the 2003 Congresson Evolutionary Computation. Piseataway, NJ, 2003(3):72 -79.

[35] Humberto L. Matching Segments in Stereoscopic Vision[J]. IEEE Instrumentation & Measurement Magazine, 2001(3):37 -42.

[36] 丁贤云,朱煜.基于二维熵的人工鱼群材料图像分割方法[J].激光与红外,2010,40(2):210 -215.

[37] 李俊山.局部熵差图像匹配并行算法[J].小型微型计算机系统,2000,21(12):1 233 -1 236.

[38] 马骋,高丽萍,江成顺.基于混沌优化的二维熵图像分割方法[J].信息工程大学学报,2006,7(1):38 -41.

[39] 王栋,朱明.低对比度图像中改进的二维熵阈值分割法[J].仪器仪表学报,2004,25(4):355 -362.

[40] 王培珍,陈维南.基于二维阈值化与 FCM 相混合的图像快速分割方法[J].中国图像图形学报,1998,3(9):735 -738.

[41] 吴继华,刘燕德,欧阳爱国.基于机器视觉的种子品种实时检测系统研究[J].传感技术学报,2005,18(4):742 -744.

[42] 王茂新,裴志远,吴全,等.用 NOAA 图像监测冬小麦面积的方法研究[J].农业工程学报,1998,14(3):84 -88.

[43] 张书慧,陈晓光,张晓梅,等.苹果、桃等农副产品品质检测与分级图像处理系统的研究[J].农业工程学报,1999,15(1):201 -204.

[44] 吴焕明,方漪.基于计算机立体视觉的图像测量技术[J].工程图学学报,2002(4):60 -67.

[45] 蒋焕煜,彭永石,申川,等.基于双目立体视觉技术的成熟番茄识别与定位[J].农业工程学报,2008,24(8):279 -283.

[46] 李伟,林家春,谭豫之,等.基于图像处理技术的种籽粒距检测方法研究[J].农业工程学报,2002,18(6):165 -168.

[47] RAFAEL C G, RICHARD E. Woods Digital Image Processing[M]. Addison - Wesley Publishing

Company,1992.

[48] GONZALEZ R C, WOODS R E. Digital Image Proeessing[M]. Seeond Edition. New Jersey: Prentiee Hall, 2002.

[49] Kenola M P. The Application of Vision Technology in Veneer and Plywood Production[C]. Second International Symposium on Veneer Processing and Products, Vancouvel BC, 2006(5): 9 - 10.

[50] 张汗灵. MATLAB 在图像处理中的应用[M]. 北京:清华大学出版社,2008.

[51] 阮秋琦. 数字图像处理基础[M]. 北京:清华大学出版社,2009.

[52] BAKER H H. Edge-based stereo correlation[C]. Proc. ARPA Image Understanding workshop, Univ, 1980(5): 168 - 175.

[53] HARRIS C, STEPHENS M. A Combined Cornerand Edge Deteetor[C]. Proeeedings of the Alvey Vision Conferenee, 1988: 189 - 192.

[54] 章毓晋. 图像分析[M]. 北京:清华大学出版社,2012.

[55] 章毓晋. 图像理解[M]. 北京:清华大学出版社,2012.

[56] 贾云得. 机器视觉[M]. 北京:科学出版社,2000.

[57] 董再励. 一种基于立体视觉的多视点建模方法[J]. 中国图像图形学报,1997,2(7): 461 - 463,467.

[58] FAUGERASO R L. Laveau 5. 3 Dree on Struetion of Urban Seenes from Sequenees of Images[J]. Computer Vision and Image Understanding, 1998, 69(3): 292 - 309.

[59] WEICKERT J. Application of nonlinear diffusion in image processing and computer vision [J]. Acta Math. Univ. Comenianae, 2001, LXX(1): 33 - 50.

[60] 李一兵,李靖超,林云. 基于分形盒维数的线性调频信号参数估计[J]. 系统工程与电子技术,2012,34(1): 24 - 27.

[61] 赵春晖,马爽,杨伟超. 基于分形盒维数的频谱感知技术研究[J]. 电子与信息学报,2011,33(2): 475 - 478.

[62] 陈小波,陈红,刘佳,等. 基于双门限盒维数与信息维数的协作感知方法[J]. 探测与控制学报,2011,33(4): 72 - 76.

[63] 陈小波,陈红,蔡晓霞,等. 基于分形理论的 CUWB 频谱感知方法[J]. 电子信息对抗技术,2012,27(1): 7 - 10.

[64] MATHUR C N, SUBBALAKSHMI K. Digital signatures for centralized DSA networks [C]. 4th IEEE Consumer Communications and Networking Conference, 2007: 1 037 - 1 041.

[65] RAWAT A S, ANAND P, HAO C, et al. Countering byzantine attacks in cognitive radio networks [C]. 2010 IEEE International Conference on Acoustics Speech and Signal Processing (ICASSP), 2010: 3 098 - 3 101.

[66] WENKAI W, HUSHENG L, SUN Y L, et al. Attack - proof collaborative spectrum sensing in cognitive radio networks [C]. 43rd Annual Conference on Information Sciences and Systems, 2009 CISS, 2009: 130 - 134.

[67] HIGUCHI T. Approach to an irregular time series on the basis of the fractal theory[J]. Physica D: Nonlinear Phenomena, 1988, 31(2): 277 - 283.

[68] 朱华,姬翠翠. 分形理论及其应用[M]. 北京:科学出版社,2011.

[69] 吕铁军,郭双冰. 调制信号的分形特征研究[J]. 中国科学(E 辑),2001,31(6):508 -513.

[70] YA L Z, QIN Y Z, MELODIA T. A frequency-domain entropy-based detector for robust spectrum sensing in cognitive radio networks [J]. IEEE Communications Letters, 2010, 14(6):533 -535.

[71] 瞿波. 分形几何与流体[M]. 上海:上海社会科学院出版社,2014.

[72] AZZOUZ E E, NANDI A K. Automatic identification of digital modulation types [J]. Signal Processing,1995,47(1):55 -69.

[73] 孙红敏,沈维政. 数字农(林)业技术基础[M]. 北京:高等教育出版社,2011.

[74] 罗文村. 基于直方图评价函数的阈值检测与图像分割[J]. 汕头大学学报(自然科学版),2001,16(1):30 -34.

[75] 杨俊,吕伟涛,马颖,等. 基于自适应阈值的地基云自动检测方法[J]. 应用气象学报,2009,20(6):713 -719.

[76] 苏冬雪,吴小俊. 基于多特征模糊聚类的图像融合方法[J]. 计算机辅助设计与图形学学报,2006,18(6):838 -843.

[77] 沈民奋,陈家亮,代龙泉,等. 基于图像分解和区域分割的数字图像修复[J]. 电子测量与仪器学报,2009,23(9):11 -17.

[78] AUJOL J F, CHAMBOLLE A. Dual norms and image decomposition models[J], IJCV, 2005,3(1):85 -104.

[79] Jain A K. Partial differential equations and finite-difference methods in image processing, part 1: Image representation[J]. Optimization Theory and Applications,1977,23:65 -91.

[80] 张超,王雪峰,唐守正. 立体视觉技术应用于林木个体分布格局测定研究[J]. 林业科学研究,2004,17(5):564 -569.

[81] 白景峰,赵学增,强锡富. 针叶苗木计算机视觉特征提取方法[J]. 东北林业大学学报,2000,28(5):94 -96.

[82] CANNY J. A Computational Approach to Edge Detection[J]. IEEE trans on Pattern Analysis and Machine Intelligence,1986,6(8):679 -698.

[83] DARIAN M, THOMAS W P. Optimal recovery approach to image interpolation[C]. Proceedings of 2001 International Conference on Image Processing,2001(1):848 -851.

[84] JEONGHOON K. Development of Reference based Fast Stereo Matching System for the 3D and oscopic Images [C]. Proceeding of the 22nd Annual EMBS International Conference, 2000(7):1 790 -1 791.

[85] ABUTALEB A S. Thresholding of Gray-Level Pictures Using Two-dimensional Entropy[J]. Computer Vision, Graphics, and Image Processing,1989(47):22 -32.

[86] 刘金颂,原思聪,张庆阳,等. 双目立体视觉中的摄像机标定技术研究[J]. 计算机工程与应用,2008,44(6):237 -239.

[87] 杨长江,汪威,胡占义. 一种基于主动视觉的摄像机内参数自标定方法[J]. 计算机学报,1998,21(5):428 -435.

[88] TANG B, SAPIRO C V. Color image enhancement via chromaticity diffusion[J]. IEEE

Transactions on Image Processing,2001,10(5):701 - 707.
[89] 高宏伟.计算机双目立体视觉[M].北京:电子工业出版社,2012.
[90] 祝世平.基于坐标测量机的双目视觉测距误差分析[J].电子测量与仪器学报,2000,14(2):26 - 31.
[91] 王丰元.计算机视觉摄影测量的数学模型[J].中国农业大学学报,1998,3(4):89 - 92.
[92] 马颂德,张正友.计算机视觉:计算理论与算法基础[M].北京:科学出版社,1998.
[93] 邓志东,牛建军,张竞丹.基于立体视觉的三维建模方法[J].系统仿真学报,2007,19(14):3 258 - 3 262.
[94] KAPUR J N,SAHOO P K, Wong A K C. A new method for gray-level picture thresholding using the entropy of the His-togram[J]. Computer Vision,Graphics,and Image Processing,1985(29):273 - 2 851.
[95] KITEHEN,ROSENFELD. Gray-Level Corner Deteetion[J]. Pattern Reeognition Letters,1982(1):95 - 102.
[96] PERONA P,MALIK J. Scale-space and edge detection using anisotropic diffusion[J]. IEEE Tram on Pattern Anal Machine Intell,1990,12(7):629 - 639.
[97] 徐济德.我国第八次森林资源清查结果及分析[J].林业经济,2014(3):6 - 8.
[98] 孙仁山.立木枝干机器视觉识别技术研究[D].北京:北京林业大学,2006.
[99] 马凯.基于立体视觉的树木图像深度信息提取研究[D].南京:南京林业大学,2007.
[100] 张超.树林影像牲提取与立体匹配技术研究[D].北京:中国林业科学研究院,2003.
[101] 阚江明.基于计算机视觉的活立木三维重建方法[D].北京:北京林业大学,2008.
[102] 蔡健荣,孙海波,李永平.基于双目立体视觉的果树三维信息获取与重构[J].农业机械学报,2012,43(3):152 - 156.
[103] 胡天翔,郑加强,周宏平.基于双目视觉的树木图像测距方法[J].农业机械学报,2010,41(11):158 - 162.
[104] 童雀菊,华毓坤,黄元生.用图像处理法采集原木形状参数的研究[J].林业科学,1998,34(3):87 - 96.
[105] 向海涛,郑加强,周宏平.基于机器视觉的树木图像实时采集与识别系统[J].林业科学,2004,40(3):144 - 148.
[106] 王雪峰,张超,唐守正.基于图像理解的树木直径抽取技术[J].林业科学,2005,41(2):16 - 20.
[107] 阚江明,李文彬.基于数学形态学的树木图像分割方法[J].北京林业大学学报,2006,28(2):132 - 136.
[108] JANE Y. A Wavelet Based Coarse-to-Fine Image Matching Scheme in Parallel Virtual Machine Environment[J]. IEEE Transactions on Image Processing,2000(9):1 547 - 1 559.
[109] AUJOL J F,GAUBERT L, BLANC F, et al. Image decomposition application to SAP images [J]. in Scale-Space,2003(1):297 - 312.

[110] DRAPAEA C S,CARDENAS V. Segmentation of tissue boundary evolution from brain MR image sequences using multi-phase level sets[J]. Computer Vision and Image Understanding,2005(3):312 -329.

[111] 王克奇,陈立君. 基于空间灰度共生矩阵的木材纹理特征提取[J]. 森林工程,2006,(1):24 -26.

[112] 刘贵民. 无损检测技术[M]. 北京:国防工业出版社,2007.

[113] 吴东洋,沈丽容,张倩倩,等. 基于颜色矩的木材缺陷聚类识别[J]. 江南大学学报(自然科学版),2009,10(5):520 -524.

[114] 于海鹏,刘一星,刘镇波. 应用数字图像处理技术实现木材纹理特征检测[J]. 计算机应用研究,2007,4:173 -175.

[115] GENG N. Computer Vision Detecting System for Wheat Growth Information[J]. Transactions of the Chinese Society of Agricultural Engineering,2001,17(1):136 -139.

[116] KOENDERINK J. The structure of images[J]. Biological Cybernetics,1984(2):363 -370.

[117] WANG W,FENG J. Image Segmentation Based on Variational Level Set Method[J]. Computer Engineering and Applications,2006,42(18):68 -70.

[118] WANG H. Image search Using Multiresolution Matching with A Mutual Information Model [J]. Proceeding of ICSP,2000(1):951 -954.

[119] Barnard S T. Computational stereo[J]. ACM Computing Survegs, 1982,14:553 -572.

[120] 王克奇,王业琴. 板材图像识别中颜色特征参数的提取[J]. 东北林业大学学报,2006(3):104 -105.

[121] MEDINNI G,NEVATIA R. Segment-based stereo matching[J]. Computer Graphics and Image Processing,1985(31):2 -18 .

[122] GABOR D. Information theory in electron microscopy[J]. Laboratory Investigation,1965,14:801 -807.

[123] CHAMBOLLE A. Image recovery via total variation minimization and related problems [J]. Math,1997,66(2):167 -188.

[124] PARK J S,HAN J H. Motion estimation from image sequeenes using eurvaturein formation [J]. Pattern Reeognition,1998,13(1):1 168 -1 180.

[125] XIAO D. Left-Ventricle Boundary Detection from Nuclear Medicine Images[J]. Journal of Digital Imaging, 1998(1):10 -20.

[126] 李斌. 一种新的立体视觉系统的分析与设计方法[J]. 数据采集与处理,2000,15(4):417 -421.

[127] TOMASI C,KANADE T. Shape and Motion from Image Streams under Orthography:A Factorization Method[J]. International Journal of Computer Vi Sion,1992,9(2):137 -154.

[128] TORR P H S,MURRAY D W. The development and comparis of robust methods for estimating the fundamental matrix[J]. International Journal of Computer Vision,1997,24(3):271 -300.

[129] SMITH S M,BRADY J M. SUSAN—a new approaeh to low leve limage proeessing[J]. International Journal of Computer Vision,1997,23(1):45 -78.

[130] 李华,胡占义.基于射影重建的线性摄像机自标定方法[J].软件学报,2002,13(12):2 286-2 296.

[131] TSAI A,YEZZI A,WILLSKY A. Curve Evolution Implementation of the Mumford-Shah Functional for Image Segmentation,Denoising,Interpolation,and Magnification[J]. IEEE IP,2001,10(8):1 169-1 156.

[132] ZHANG A. 3D Measurement Technology Based on Computer Vision[J]. Transactions of the Chinese Society of Agricultural Engineering,Jan,2001,17(1):32-37.

[133] MRLANS,VAELAV H,ROGER B. Image Proeessing,Analysis,and Maehine Vision[M]. Thoms. Brooks/Code:People 5 Postand Teleeom Press,2002.

[134] Luong Q T,Faugeras. The Fundamental matrix:theory,algorithms,and stability analysis[J]. The International Joural of Computer Vision,1996,1(17):43-76.

[135] 严涛,吴恩华.基于多幅图像的树木造型方法[J].系统仿真学报,2000,12(5):565-571.

[136] 严涛.一种基于单幅图像的树木深度估计与造型方法[J].计算机学报,2000,23(4):386-392.

[137] 杨磊,李文彬,阚江明.基于数学形态学的立木树枝信息提取方法[J].森林工程,2008,24(3):1-5.

[138] 王雪峰.立体视觉技术在林木测定中的应用中的方法初探[D].北京:北京林业大学,2001.

[139] 吕朝晖.立体视觉技术在秧苗直立度测定中的应用[J].农业工程学报,2001,17(4):127-130.

[140] 张祖勋.数字摄影测量学[M].武汉:武汉测绘大学出版社,1997.

[141] VESE L,CHAN T. A Multiphase Level Set Framework for Image Segmentation Using the Mumford and Shah Mode[J]. International Journal of Computer Vision,2002,50(3):271-293.

[142] YAN D. A Stereo Matching Method Based on Objects' Character[C]. Proceedings of ICSP,2000(1):890-893.

[143] MORAVEC H P. Obstical avoidance navigation in the real world by a seeing robot rover[D]. Ph. D. thesis,Stanford AI Lab,1980.

[144] OSHER S,SOLE A,VESE L A. Image decomposition and restoretion using total variation minimization and the H^{-1} norm[J]. Multiscale Modeling and Simulation:A SIAM Interdisciplinary Journal,2003,1(3):349-370.

[145] 吴长高.计算机视觉技术在根系形态和构型分析中的应用[J].农业机械学报,2000,31(3):63-66.

[146] 田捷.由深度数据重建三维物体的一种方法[J].自动化学报,1996,22(3):286-292.

[147] SONF G,TIEN D B. Image segmentation and selective smoothing by using Mumford-Shah model[J]. IEEE Transaction On Image Processing,2005,14(10):1 537-1 548.

[148] GEMAN S,MCCLURE D E. Bayesian image analysis:an application to single photon emission tomography[C]. In Proe. Washington:Statistical Computation Section,Amer. Statistical Assoe,1985.

[149] RAHIMI S,ZARGHAM M,THAKRE A,et al. A parallel fuzzy c-meanalgorithm for image segmentation[J]. IEEE,2004(1):234 -237.

[150] Ma R T,HSU Y P,Feng K T. A POMDP-based Spectrum Handoff Protocol for Partially Observable Cognitive Radio Networks [C]. WCNC 2009 proceedings, 2009,1 -6.